U0219840

高等职业教育专业规划教材

生物反应及制药单元操作技术

王玉亭　主编

中国轻工业出版社

图书在版编目（CIP）数据

生物反应及制药单元操作技术/王玉亭主编. —北京：
中国轻工业出版社，2021.1

高等职业教育"十二五"规划教材

ISBN 978-7-5019-9789-3

Ⅰ.①生…　Ⅱ.①王…　Ⅲ.①生物工程－化学反应工程－高等职业教育－教材②制药工业－化工单元操作－高等职业教育－教材　Ⅳ.①Q81②TQ460.3

中国版本图书馆 CIP 数据核字（2014）第 196826 号

责任编辑:江　娟　　　策划编辑:江　娟　　　责任终审:劳国强
封面设计:锋尚设计　　版式设计:王超男　　　责任监印:张　可

出版发行:中国轻工业出版社(北京东长安街6号,邮编:100740)

印　　刷:三河市万龙印装有限公司

经　　销:各地新华书店

版　　次:2021年1月第1版第2次印刷

开　　本:720×1000　1/16　　印张:18.5

字　　数:370千字

书　　号:ISBN 978-7-5019-9789-3　　定价:37.00元

邮购电话:010-65241695

发行电话:010-85119835　传真:85113293

网　　址:http://www.chlip.com.cn

Email：club@chlip.com.cn

如发现图书残缺请与我社邮购联系调换

210005J2C102ZBW

前　　言

　　高职教学应体现"工学结合",以"必需""够用"为原则,积极适应行业技术发展。目前高职生物制药、生物技术及应用类专业多为理科专业,学生的工科基础薄弱,而行业的发展将越来越多的生物技术及产品制备推向规模化、工业化,要求行业从业人员有一定的工程概念和操作技能。在理科药学类专业中开展工程技术及操作技能的教学活动日益重要。

　　以往,这类教学活动多是通过轻工类专业的"化工原理"或"化工基础"类课程来讲授。但这类课程属于工科类课程,含有大量的公式推导和设计计算,对药学类的理科专业并不适用;另一方面,药学类等理科专业所开设的"生物制药设备""生物工程设备"类课程,多偏重于设备的结构特征,与工艺、工程的结合并不紧密,而对高职教学来说,"设备"课程的实质性内容是设备的操作与维护。显然,原有的课程并不完全适合行业的发展需求。

　　本教材注重通用工艺过程中的单元操作共性,体现相关行业、企业的岗位技能要求,围绕当前生物制药、生物技术及应用领域的产业化特征,按照工程化内容进行设计、编写,同时设计了部分实用、可行的技能训练,侧重于培养学生的动手能力和实操技能,强化工程操作概念。各校可根据实际情况和教学计划灵活选用。

　　本教材由广东食品药品职业学院王玉亭主编,参与本教材编写的有黑龙江农垦科技职业学院李旭颖(编写模块一、模块二和模块五)、黑龙江农业职业技术学院孙佳(编写模块三、模块十一)、杨凌职业技术学院刘彦超(编写模块四、模块六)、开封大学化学工程学院占桂荣(编写模块七、模块八和模块九)、内蒙古农业大学职业技术学院王燕荣(编写模块十)。在编写过程中得到了编者所在院校领导的大力支持和帮助。本书参考了一些已发表的文献资料,在此向相关作者和提供帮助的同志表示由衷感谢!

　　由于时间仓促,编者水平有限,书中难免存在不足之处,敬请同仁与广大读者批评指正。

王玉亭

2014 年 6 月

目　　录

绪　　论

一、课程介绍

本课程是以培养生物反应及制药单元操作技能为目标的专业技能课程，是生物制药技术、生物化工技术、生物技术与应用、功能食品加工等专业的核心技能课程之一。

在生物工程反应及制药生产中，需要大量的工程技术手段。一般来说，这些工程技术手段主要由各个工段（或生产车间）组成，如菌种选育、种子培养、细胞培养、微生物发酵、培养/发酵液分离与纯化、成型加工、制剂加工等。此外，还需要空调、制水、动力等辅助车间。相应的设备主要有原材料的粉碎、原料液配制与输送、空气净化与调节、换热、生物反应、细胞破碎、分离纯化、蒸发浓缩、干燥结晶、制剂加工、工艺用水等。

本课程为原"生物制药设备"和"生物化工基础"两门课程整合后的改革课程，以生物技术产品生产制备所涉及的生物工程反应、分离及制药过程中涉及的工艺流程、设备为核心内容，讲授灭菌与清洗、生物反应、细胞破碎、非均相分离、膜分离、蒸馏、萃取与浸取、离子交换与吸附、制水、色谱与电泳、结晶与干燥、固体与液体制剂等生物反应与制药应用单元操作技术。

二、生物反应与生物技术产品

1. 生物技术产品特性

生物技术产品是指在生产过程中应用微生物发酵技术、酶反应技术、动植物细胞培养技术等生物技术而制得的产品，包括常规的生物技术产品，如发酵生产的有机溶剂、氨基酸、有机酸、蛋白质、酶、多糖、核酸、维生素和抗生素等；以及现代生物技术产品，如用基因工程技术生产的医疗性多肽和蛋白质等。这些产品的生产不同于一般的化学品生产，产品本身又具有许多特殊性。有的是细胞内产物，如胰岛素、干扰素等；有的是细胞外产物，如抗生素、胞外酶等；有的是分子质量较小的物质，如抗生素、有机酸、氨基酸等；有的是分子质量很大的物质，如酶、多糖、多肽、重组蛋白等。概括起来，生物技术产品主要有以下几方面特性：

（1）生物技术产品具有不同的生理功能，其中有些是生物活性物质，如蛋白质、酶、核酸等。这些生物活性物质都有复杂的空间结构，而维系这种特定三维结构的主要是氢键、盐键和二硫键、疏水作用及范德华力等。这些生物活性物质对外界条件非常敏感，酸、碱、高温、重金属、剧烈的振荡和搅拌、空气和阳光等都可能导致生物活性丧失。

（2）生物技术产品有些是胞内产物，有些是胞外产物。胞外产物直接由细胞产生，直接分泌至培养液中。而胞内产物较为复杂，有些是游离在胞浆中，有些是结合在质膜上或存在于细胞器内。对于胞内物质的提取，要先破碎细胞，对于膜上物质，则要选择适当的溶剂，使其从膜上溶解下来。

（3）生物技术产品通常是从产物浓度很低的发酵液或培养液中提取的。除少数特定的生化系统，如酶在有机相中的催化反应外，在其他大多数生化反应中，溶剂全部是水。产物（溶质和悬浮物）在溶剂水中的浓度很低，原因主要是受到细胞本身代谢活动限制及外在条件对传质传热的影响。而杂质的浓度很高，并且这些杂质有很多与目标产物的性质很相近。有的还是同分异构体，如手性药物的制备。

（4）发酵液或培养液是多组分的混合物，且是复杂的多相系统，固液分离很困难。细胞本身的组成成分也非常复杂，不同的细胞具有不同的组成，细胞在培养过程中由于衰老和死亡，使细胞本身自溶而将相应组成成分释放到培养液中，这些混合物中既有大分子的核酸、蛋白质、多糖、类脂、磷脂和脂多糖等，还包含了低分子质量的氨基酸、有机酸等，不仅有可溶性物质，还有以胶体悬浮液和粒子形态存在的组分，如细胞和细胞碎片、培养基残余组分、沉淀物等。组分总数大，不可能做到精确的测定，且各组分的含量和性质还会随着细胞所处环境的变化而变化。

在生物工程下游加工过程中，处理发酵液时，还会添加化学品或其他物理、化学和生物方面的原因而引起培养液组分的变化及发酵液流体力学性质的改变。分散在培养液中的固体和胶体物，具有可压缩性，其密度又与液体接近，加上黏度很大，属于非牛顿性液体，使得从培养物中分离固体很困难。

（5）生物技术产品的稳定性较差，容易随时间变化。如容易受空气氧化、微生物污染、蛋白质水解等。产物失活的主要机制是化学降解，或因微生物引起的降解。蛋白质的稳定性一般都很窄，只能在较小的范围内保持温度和 pH 的恒定。超过这个范围，蛋白质将发生功能的变性和活性丧失。

（6）生物技术产品的生产多为分批操作。生物变异性大，各批发酵液或培养液不尽相同。另外，由于生物技术产品多数是医药、生物试剂或食品等精细产品，必须达到药典、试剂标准和食品规范的要求，对最终产品的质量要求很高。

2. 生物工程产品分离精制的特点

产物的分离精制是从复杂体系中获得最终产品所必须的过程。生物技术产品的特点导致其分离精制过程的实施十分困难。据统计，生物工程产品的分离精制过程成本在产品总成本中占据的比例越来越高，例如，化学合成药物的分离精制成本是合成反应成本的 1～2 倍；抗生素药物的分离精制费用为发酵部分的

3~4 倍；对维生素和氨基酸产品的分离精制费用而言为 1.5~2 倍；对于新开发的基因药物和各种生物制品，其分离精制费用可占整个生产费用的 80%~90%。分离精制技术直接影响着产品的总成本，制约着产品生产的规模化和工业化进程。生物工程产品分离精制呈现着以下几方面特征：

（1）成分复杂 发酵液或细胞培养液中的成分复杂，确切组分不能准确预测，这给后续产品的分离精制工艺设计带来很大困难。对成分数据的缺乏是现在下游加工过程中的共同障碍。

（2）起始浓度低 从生产成本来看，生物工程最终产品的浓度越高越好。但发酵液或细胞培养液、提取液中的产物浓度往往不是很高，在应用多种分离精制技术过程中，产物的浓度不是很高，例如，发酵液中抗生素产品的质量分数为 1%~3%，酶为 0.1%~0.5%，维生素 B_{12} 为 0.002%~0.005%，胰岛素不超过 0.01%，单克隆抗体不超过 0.0001%，而杂质含量却很高，并且杂质往往与目的组分有相似的结构，加大了分离难度。对这一类目标产物的分离精制就要应用多种分离技术，进行多步的分离，这势必增大了过程当中的损耗和加工成本，降低产物的最终收率。

（3）操作条件温和 生物工程技术产品的分离精制一般都需要在十分温和的条件下操作，以避免因外界的强烈干扰而使产品丧失活性。同时，生产过程要尽可能短。从某种程度上说，生物技术产品不是用物质量的多少来衡量，而是生物活性的量化。高温、极端 pH、有机溶剂等都会引起失活或分解。如蛋白质的生物活性与一些辅助因子、金属离子的存在和分子空间构型有关。剪切力会影响蛋白质的空间构型，从而影响其活性。这些都是分离精制过程中需要考虑的。

（4）发酵和培养很多都是分批操作，生物变异性大，各批次的发酵液不尽相同。这就要求下游加工工艺有一定的操作弹性，特别是对染菌的批次，也要能够后处理。发酵液的放罐时间、发酵过程中消泡剂的加入，都对提取有影响。另外，发酵液放罐后，由于条件的改变，还会继续按另一条途径发酵，同时也容易感染杂菌，破坏产品。所以，发酵结束后要尽量缩短发酵液存放时间。发酵废液量比较大，BOD 值较高，必须经过生物处理后才能排放。

（5）某些产品在分离精制过程中，还要求无菌操作以除去对人体有害的物质。如基因工程产品，应特别注意生物安全问题，即在密闭的环境下操作，防止因生物体扩散而对环境造成危害。

3. 生物工程产品分离精制的原理

生物反应产物一般是由细胞、有利的细胞外代谢产物、细胞内代谢产物、残存底物及惰性组分等组成的混合体系。要想从这些混合液中得到目标产物，必须利用混合液中目标组分与共存杂质之间在物理、化学以及生物学性质上的差异，选择合理的分离精制技术，使目标产物与杂质在分离操作中具有不同的传质速率或平衡状态，从而实现分离精制。这些物理性质包括：分子质量、粒度、密度、相态、黏度、溶解度、电荷形式、极性、稳定性、沸点和蒸气压等。化学性质包括：等电点、化学平衡、反应速率、离子化程度、酸性、碱性、氧化与还原性等；生物学性质主要包括：疏水性、亲和作用、生物大分子间的相互作用、酶促反应等。

分离精制技术按照原理可分为机械分离与传质分离两大类。机械分离针对非均相混合物，根据物质大小、密度差异，依靠外力作用，将两相或多相分开。此过程的特点是相间不发生物质的传递，如过滤、沉降、膜分离等。传质分离针对均相混合物，也包括非均相混合物，通过加入分离剂（能量或物质），使原混合物体系形成新相，在推动力作用下，物质从一相转移至另一相，达到分离精制的目的。此过程的特点是相间发生了物质的传递。

某些传质分离过程利用溶质在两相中的浓度与达到平衡时的浓度之差为推动力进行分离，称为平衡分离过程。如蒸馏、蒸发、吸收、吸附、萃取、结晶、离子交换等。某些传质分离过程依据溶质在某种介质中移动速度的差异，在压力、化合价、浓度、电势和磁场等梯度所造成的推动力下进行分离，称为速率控制分离过程，如超滤、反渗透、电渗析、电泳等。有些传质分离过程还要经过机械分离才能实现物质的最终分离，如萃取、结晶等传质分离精制过程都需要经离心分离来实现液－液、固－液两相的分离。此时，机械分离的效果直接影响到传质分离的速度和效果，必须同时掌握传质分离和机械分离的原理和方法，进行合理的运用。

简而言之，对于生物工程技术产品的分离精制，其分离工艺和设备是多种多样的，往往需要将几种分离技术进行优化组合，才能达到高效分离精制的目的。

三、分离精制技术的发展

随着技术的不断进步发展，对生物工程技术产品及药品的分离精制技术也提出了越来越高的要求。近年来，不断有新的分离精制技术出现。简单说，分离精制技术主要呈现以下发展方向：

（1）新技术、新方法的开发及推广应用　近年来，基础理论的探索不断拓展，大量基础数据的获得、数学模型的建立等不断建立和应用。例如，随着膜材料研究的深入，膜技术应用领域也在不断拓展。随着膜本身质量的改进和膜装置性能的改善，在生物技术产品分离过程的各个阶段，将会越来越多地使用膜技术。例如，有报道在研究提取头孢菌素 C 的过程中，利用微滤过滤发酵液；利用超滤去除一些蛋白质杂质和色素；利用反渗透进行浓缩等。另外，如分子蒸馏、双水相萃取、超临界萃取、反胶团萃取、液膜萃取级亲和技术等也逐渐用于工业化生产。

（2）分离精制过程的高效集成化　目前，应用的单元操作技术，如亲和法、双水相分配技术、反胶团法、液膜法、各类高效色谱法等，都是十分适用于分离过程的新型分离技术。在高效集成化方面，如将亲和技术和双水相分配技术组合的亲和分配技术；将亲和色谱和膜分离结合的亲和膜分离技术；将离心的处理量、超滤的浓缩效能及色谱的纯化能力合而为一的扩张床吸附色谱技术等；将膜技术和萃取、蒸馏、蒸发技术相结合形成的膜萃取、膜蒸馏及渗透蒸发技术；色谱技术与离子交换技术等结合形成离子交换色谱、等电聚焦色谱等。通过分离技术的集成，利用每种方法的优点，补充其不足，使分离效率更高。

（3）上下游技术的集成耦合　如很多发酵过程存在着最终产物的抑制作用，近年来，研究开发了各种发酵过程可以消除产物的抑制作用，可以采用蒸发、吸附、萃取、透析、过滤等方法，使过程边发酵边分离。萃取发酵法生产乙醇和丙酮－丁醇，固定化细胞闪蒸式酒精发酵就是典型的范例。

（4）新型分离介质材料的开发　色谱分离中主要困难之一是色谱介质的机械强度差。色谱介质经历了天然多糖类化合物（纤维素、葡聚糖、琼脂糖）、人工合成化合物（聚丙烯酰胺凝胶、甲基丙烯酸羟乙酯、聚甲基丙烯酰胺）和天然、人造混合型几个阶段，主要着重于开发亲水性、孔径大、机械强度高的介质。特别是，加强了对天然糖类为骨架的介质改进。目前，已研究出高交联度的产品或能与无机介质（如硅藻土）相结合的产品。

（5）清洁生产　随着人们生活水平的逐步提高，关注环境，减少环境污染、加强清洁生产已经越来越得到社会的认同。开发或应用高效、环境友好的绿色分离技术，使生物技术产品分离过程在保证产品质量的同时，符合环保要求，保证原材料、能源的高效利用，并尽可能确保未反应原料和水的循环利用。

综上所述，生物工程技术产品分离精制的发展方向是解决传统分离技术中存在的分离效率低、步骤多、消耗大、环境污染大等问题，使分离技术从宏观水平向分子水平发展，从多个相互串联的独立技术向集成化技术方向发展，从低选择性朝着高选择性的技术发展，从环境污染向清洁生产方向发展，从上下游独立操作向集成化操作发展，从使用传统分离介质向应用新型高性能介质方向发展。

模块一　灭菌与清洗

学习目标

[学习要求] 了解典型灭菌的概念、原则与方法，以及灭菌的供热原理和CIP清洗的概念；掌握高压蒸汽灭菌设备的使用与操作，干热灭菌的工艺流程与操作方法，以及CIP清洗的原则与方法，清洗流程和清洗规范；熟悉脉动真空压力灭菌的原理及程序，高压蒸汽灭菌锅、菌种保藏设备、套管式连消塔、蒸汽喷射器等灭菌设备的结构特征及使用。

[能力要求] 了解典型灭菌设备的工作原理；熟悉高压蒸汽灭菌、干热灭菌、CIP清洗等的工作流程与操作。

项目一　概　　述

一、概　　念

在生物产品、食品、药品的生产和实验研究中，生物反应及加工过程的设备及管道、培养基的灭菌与清洗都是必不可少的关键步骤，尤其对培养基材料、各种食品、制剂以及生产中需要的操作工具和材料等。生产过程中的灭菌是保证产品安全、没有杂菌污染的必要条件。在生物技术与产品如食品加工和制药行业，都有相关的政府法规来保证严格的卫生要求。

需要说明一点，灭菌并不等同于消毒。这是两个不同的概念。消毒是指杀灭或清除物品上的病原微生物，使之达到无害化的处理。而灭菌是指用物理或化学的方法杀灭全部微生物，包括致病和非致病微生物以及芽孢，使之达到无菌保障水平。经过灭菌处理后，未被污染的物品，称为无菌物品；未被污染的区域，称为无菌区域。灭菌可包括消毒，而消毒却不能代替灭菌。灭菌是获得纯培养的必要条件，也是食品工业和医药领域中必需的技术。

在工业生产过程中，设备和管道在使用过程中由于生产原料和产品与设备和管道的接触形成物质垢，冷却介质形成水垢等原因形成工业污垢，这些污垢会影响生产的正常运行。严重的污垢沉积，会使设备的生产效率降低，甚至不能正常运行；残留的杂菌会大量消耗营养基质和产物，使生产效率和收率下降，增加生产的能耗和成本等。所以，要经常对设备和管道进行清洗，清洗的目的是维持正常生产，延长设备使用寿命。通过清洗可减少生产中染菌几率，提高生产能力和产品质量，提高原料利用率。减少能耗，降低生产成本。减少生产事故，有利人体健康。

二、原则与方法

灭菌是用理化方法杀死一定物质中的微生物的微生物学基本技术，也是生物工程反应中必备的一项单元操作过程。灭菌的彻底程度受灭菌时间与灭菌剂强度的制约，也与原始存在的微生物群体密度、种类及其本身的耐受力有关。

不同类型的微生物，对环境变化的耐受力不同。例如，细菌营养体对热较敏感；革兰阴性菌比阳性菌更具有抗化学试剂的耐受性；细菌芽孢对化学试剂和热的耐受性更强；病毒的耐力因种类不同而有很大差异，亲水病毒的耐力较亲脂病毒强；真菌对干燥、日光、紫外线以及多数化学药物耐力较强，但不耐热（60℃、1h 一般即可杀灭）。

常用的灭菌方法很多，有化学试剂灭菌、渗透压灭菌、辐射灭菌、热灭菌等。

（1）化学试剂灭菌　大多数化学药剂在低浓度下具有抑菌作用，高浓度下则起杀菌作用。常用的有 5% 石炭酸、75% 乙醇和乙二醇等。该方法有很大的局限性，比如化学灭菌剂必须有挥发性，以便清除灭菌后材料上残余的药物。

（2）渗透压灭菌　这是利用高渗透压溶液进行灭菌的一种方法。例如，在高浓度的食盐或糖溶液中，细胞因脱水而发生质壁分离，不能进行正常的新陈代谢，结果导致微生物的死亡。

［课堂互动］

想一想　为什么蜜饯、果脯等食品可以在常温下放置很久而不会腐败变质？

（3）辐射灭菌　在一定条件下利用射线，可以杀灭微生物。较常用的射线有紫外线、电离辐射等。波长在 25000～80000nm 的激光也有强烈的杀菌能力，以波长 26500nm 最有效。辐射灭菌法仅限于某些材料和物品的表面，应用受到一定的限制。

（4）热灭菌　高温能使微生物细胞内的一切蛋白质变性，酶活性消失，致使细胞死亡。依据加热方式的不同，通常可分为干热灭菌、湿热灭菌等方法。

一般来说，应根据不同的灭菌需求，并视待灭菌材料中微生物的种类、污染状况、被污染物品的性质与状态，选用或者合并使用不同的灭菌方法，例如，在实验室可以使用干热灭菌，对于环境可以使用化学试剂灭菌；工业生产中的培养基、管道、设备等，通常采用湿热灭菌方法；无菌培养所需的净化空气，则使用过滤除菌方法。灭菌前，还应对灭菌的条件（如灭菌温度、压力等）进行充分的论证和确认；灭菌后，应进行灭菌效果的确认，以检验是否达到灭菌的目的。通常情况下采用无菌试验法进行判定。

项目二　湿热灭菌

湿热灭菌法是指用饱和水蒸气、沸水或流通蒸汽进行灭菌的方法。湿热灭菌法灭菌可靠、操作简便、易于控制，具有灭菌效率高、经济实用等特点，是目前应用最广泛的一种灭菌方法。常见的湿热灭菌方法包括沸水煮沸、巴氏消毒、高压蒸汽灭菌和间歇蒸汽灭菌等方法。

湿热灭菌法可在较低的温度下达到与干热灭菌法相同的灭菌效果。这是因为：

（1）湿热中蛋白吸收水分，更易凝固变性。

（2）水分子的穿透力比空气大，更易均匀传递热能。

（3）蒸汽有潜热存在，每1g水由气态变成液态可释放出2.213kJ热能，可迅速提高物体的温度。

微生物的种类与数量、蒸汽性质、待灭菌材料的性质和灭菌时间等是灭菌的主要影响因素。

由于蒸汽潜热大，穿透力强，容易使蛋白质变性或凝固，所以高压蒸汽灭菌法的灭菌效率较高，是药物制剂生产过程中最常用的灭菌方法。

高压蒸汽灭菌时，蒸汽压力可达到0.1MPa左右、温度约121℃，一般能在20~30min内杀死全部的耐热芽孢，但对某些易被高压破坏的物质，如某些糖或有机含氮化合物，应适当降低温度，如0.06MPa（110℃）下灭菌15~30min。如果是产孢子的微生物则应在灭菌后适宜温度下培养几小时，然后再灭菌，以用于杀死刚刚萌发的孢子，如此反复数次，也可达到完全灭菌的目的，即间歇蒸汽灭菌法。

一、常见的蒸汽灭菌器

常用的蒸汽灭菌设备主要有高压蒸汽灭菌器、脉动真空压力灭菌器和蒸汽连续灭菌系统等，灭菌设备的形状包括长方形、圆柱形和管状等。

1. 高压蒸汽灭菌器

高压蒸汽灭菌器是常用的灭菌设备，其原理是以蒸汽为灭菌介质，将一定压力的饱和蒸汽通入灭菌柜内，对待灭菌品进行加热，使微生物的蛋白质及核酸变性导致其死亡，冷凝后的饱和水及过剩的蒸汽可由柜内排出。高压蒸汽灭菌器适用于耐高温高压、不怕潮湿的物品材料，如玻璃容器、金属容器、金属器械、胶塞、溶液、各种培养基、布料、衣物等，广泛应用于各种无菌产品的生产过程，也可用于对干热灭菌不敏感产品的最终灭菌。

高压蒸汽灭菌器属于压力容器，应按照压力容器的使用规范操作，并还应考虑以下因素：

（1）选择的生物指示剂应对高温蒸汽灭菌有较强抵抗力，如嗜热芽孢杆菌就是较理想的一种。

（2）兼顾其他变量对破坏芽孢的影响，如芽孢的繁殖、生物指示剂和培养基之间的影响、蒸汽及灭菌物料的物理特性。

（3）选择合适的灭菌条件，如灭菌时间和温度。

图1-1，图1-2所示为一种常用的手动高压灭菌器。带有夹套的灭菌柜内设有摆放待灭菌物品的物品架。灭菌柜顶部的仪表盒上设置有可指示夹套内蒸汽压力、灭菌柜蒸汽压力的压力表和反映灭菌柜内温度的温度表，灭菌柜上方还装有安全阀和排汽阀。在灭菌器的一侧装有一组阀门，包括进汽总阀、灭菌柜进汽阀、夹套排汽阀和夹套放水阀等。操作时，将放置待灭菌物品的物品架推入灭菌柜内后，先打开蒸汽阀和排汽阀，用蒸汽预热（约10min）排出冷空气；当柜内温度接近100℃时（排汽孔没有雾状水滴），即可关闭排汽阀，等柜内温度上升至比规定温度低1~2℃时，调节进汽阀，使柜内温度达到要求的灭菌温度；到达灭菌时间后，关闭进汽阀，渐渐打开排汽阀，待表压逐渐下降到零且没有余汽排

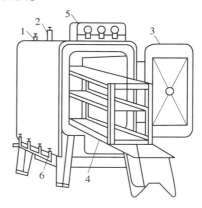

图1-1　高压蒸汽灭菌器结构图
1—灭菌柜排汽阀　2—安全阀
3—柜门　4—物品架
5—仪表盒（夹套压力表、
温度表、灭菌柜压力表）
6—阀门组（总阀、灭菌柜进汽、
夹套排汽与排水）

出时，先将柜门打开稍许，待10~15min后再全部打开。冷却后，取出灭菌物品。

使用高压灭菌器时应注意以下事项：

（1）灭菌器的构造、待灭菌品的体积、数量、排布均对灭菌的温度有一定影响，故应先进行灭菌条件试验，确保灭菌效果。

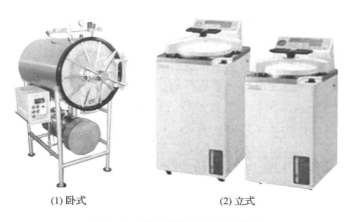

(1)卧式　　　　(2)立式

图1-2　高压蒸汽灭菌器外形图

（2）必须将灭菌器内的冷空气全部排出，否则压力表上显示的压力是蒸汽与空气压力之和，压力虽达到规定值，但温度达不到要求。

（3）灭菌时间应从柜内全部待灭菌物品达到所要求的温度时开始计算。通常，灭菌器显示的温度不是灭菌物品的实际温度，两者间存在误差。目前的灭菌器多采用全自动模式，控制灭菌温度和时间。

（4）灭菌完毕停止加热后，必须使压力逐渐下降至压力表显示为零时，才可放出柜内残余蒸汽；开启灭菌柜时，应先打开稍许，待 10～15min 后再全部打开，以避免因内外压差和温差过大，造成灭菌产品从容器中冲出或使玻璃瓶炸裂。

2．脉动真空压力灭菌器

脉动真空压力灭菌器，又称为预真空压力灭菌器，采用真空泵把空气抽出使灭菌容器内变成真空状态，然后再导入蒸汽，通过多次抽真空和多次充蒸汽的交替作用，使蒸汽在容器内迅速扩散。利用饱和蒸汽冷凝时释放出大量潜热的物理特性，使待灭菌的物品处于高温和潮湿的状态，经过一段时间的保温，达到灭菌目的。

这种灭菌器主要用于对敷料和手术器械等进行高温灭菌，在制药行业中可对瓶塞、操作工具、大量的工作服等不需降温防爆的布类物品或药品进行灭菌，也可用于卫生材料、敷料、器械等的灭菌，或用于固体药材的灭菌、熏蒸和烘干。也常用于食品灭菌。

与高压灭菌器相比，脉动真空压力灭菌器有着显著的优点：

（1）消毒时间为高压蒸汽锅的 1/3。

（2）灭菌效果比高压蒸汽更可靠，且操作方便。

（3）破坏消毒物品的程度轻。

（4）灭菌后的材料已经接近干燥，取出后即可使用。

脉动真空压力灭菌器的操作都是自动控制，一般分为以下几个阶段：

（1）预热升温　将待灭菌物品装入灭菌室后，启动设备，系统自动锁门、自检后，由水环式真空泵对灭菌室内抽真空；待灭菌室内压力达到设定值后，停止抽真空，引入高温蒸汽至压力达到正压；停止进蒸汽并自动排出蒸汽，待灭菌室内压力降至预设压力后，真空泵再次启动，重复以上动作，直至达到预设的脉动次数，此时灭菌室内所有待灭菌物品均达到灭菌温度值，转入下一阶段。

（2）灭菌　进入灭菌阶段后，开始进行计时。当温度高于或低于设定的灭菌温度时，则自动停止进蒸汽或自动排汽，灭菌室内的温度保持在设定的波动范围内（一般是不低于 1℃、不高于 6℃）。

（3）真空干燥　灭菌计时完成后，转入真空干燥阶段，排汽阀自动打开排出蒸汽，当灭菌室内的压力降到设定值后，水环真空泵启动，持续抽真空，随着灭菌室内的冷凝水被蒸发、抽出，灭菌物品逐渐被干燥；当设定的真空干燥时间结束后，泵停止工作，转入平衡阶段。

（4）平衡　空气经除菌过滤器进入灭菌室，当压力上升至外界大气压时，灭菌室密封自动解除，开门取物，灭菌结束。

3. 连续灭菌设备

工业化生产中，大量培养基的灭菌多采用连续灭菌（简称连消）方式，即培养基在连续输送流动中完成灭菌过程，其优点在于：培养基受热时间短、营养成分破坏少，蒸汽负荷均衡、灭菌效果容易控制，设备利用率高、劳动强度低等。连续灭菌系统由多个设备组成，除用于液体增压泵、蒸汽锅炉等外，主要有三个阶段：加热、保温（维持）与冷却，分别由不同的设备实施。

（1）加热　将配制好的培养基经预热（60～75℃）后，由增压泵连续输入加热器内，使之在较短的时间内达到灭菌温度（126～132℃）。常用的加热器有连消塔、喷射器和薄板换热器等。

图1-3（1）所示为套管式连消塔，由蒸汽导管和外套管组成（全塔高达2～3m）。蒸汽导管上开设有很多小孔，小孔的分布下密上疏，蒸汽可从小孔中喷出。小孔的总截面积一般是等于或小于导管的截面积。操作时，待灭菌的液体培养基从塔下部由增压泵送入外套管内，由塔上部流出（一般流速约0.1m/s）；蒸汽由塔顶进入蒸汽导管，呈小气泡均匀地从小孔中喷出，与培养基直接混合加热。培养基在连续流动中完成加热过程。

图1-3（2）所示为喷嘴式连消塔，其主要部件有筒体、喷嘴、挡板等，液体培养基从塔底部进入，由喷嘴喷出并射向挡板，蒸汽从蒸汽进口通入，在喷嘴处与培养液快速混合后射到挡板上，被挡板均匀分散再次混合后进入筒体，由塔顶部流出。也可以将两个喷嘴式连消塔串联使用，使培养基两次加热，增强灭菌效果。

喷射器的结构和工作原理与水力喷射泵相同（图1-4），液体培养基高速流入，在喷射器的吸入室中吸入蒸汽，培养基被瞬间加热，在喉管和扩散管中混合均匀后排出，进入下一阶段。

（2）维持　该阶段的作用是使达到灭菌温度的培养基保温、维持一段时间，完成灭菌过程。常用的维持段设备有维持罐（图1-5）、维持管（一段弯曲的伴热/保温管路）。

维持罐常用圆筒形的耐压容器，用于盛装达到灭菌温度的液体培养基并维持一段时间的温度。其结构包括罐体、夹套、进料管、出料管等。为确保外界微生物不能进入罐内，维持罐还设有无菌呼吸口。维持罐的一般高径比为（2～4）:1，以使其有效体积能满足维持时间8～25min的需要。

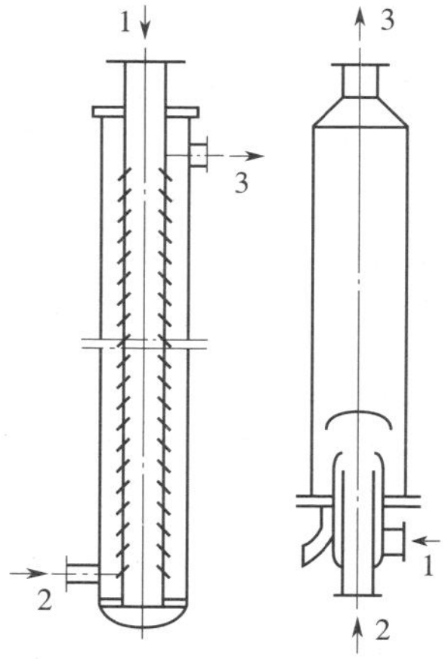

图1-3　连消塔
（1）套管式　（2）喷嘴式
1—进蒸汽　2—进培养基
3—出培养基

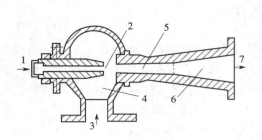

图 1 – 4   喷射器   图 1 – 5   维持罐

1—进培养基   2—喷嘴   3—进蒸汽   4—吸入室

5—喉管（混合段）   6—扩散管   7—出培养基

（3）冷却   完成灭菌的培养基被冷却至能进行下一步发酵或其他生物反应的温度，可通过喷淋式换热器、薄板换热器、列管换热器等来完成冷却过程。

采用连续灭菌系统时，后续的反应器（如发酵罐等）应在事先进行空罐灭菌，以容纳经过灭菌的培养基。同时加热、维持和冷却阶段中培养基所经过的设备、管路系统等也应事先灭菌，然后才能进行培养基的连消。

二、连续灭菌流程

根据加热器的类型，培养基的连续灭菌可分为连消塔加热连续灭菌、喷射器加热连续灭菌和薄板加热器连续灭菌三种典型的流程。

1. 连消塔加热连续灭菌流程

该流程如图 1 – 6 所示，待灭菌的培养基在配料罐中配制，并用蒸汽预热至 60 ～ 70℃后，用泵送入连消塔底部。连消塔是一种套管式的蒸汽加热塔，由内导管和外套管组成。加热蒸汽通入内导管，经内导管上设置的小孔喷入外套管中，将外套管内自下而上流过的培养基加热。由于经小孔喷出的蒸汽与培养基直接混合加热，培养基的温度可迅速升高。一般来说，培养基在连消塔内的停留时间为 20 ～ 30s，这段时间足可以将培养基加热至灭菌温度。随后，培养基被送入维持罐保温一段时间，完成灭菌过程。灭菌后的培养基经喷淋冷却器冷却至正常温度后，进入无菌发酵罐内备用。

在这个流程中，维持罐的体积较大，物料的流动存在返混现象，从而使培养基受热不均而产生局部过热或灭菌不彻底，影响灭菌质量；另一方面，喷淋冷却的管道较长，容易堵塞，所以不适合黏度大、固体含量高的培养基灭菌。

带有维持罐的连续灭菌系统见图 1 – 7。

2. 喷射器加热连续灭菌流程

该流程如图 1 – 8 所示，采用喷射器，使蒸汽与配制好的培养基（生培养基）直接混合加热。在喷射器内，液体培养基被瞬间加热至灭菌温度，进入维

12

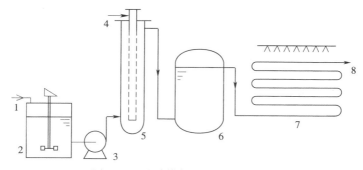

图 1 – 6 连消塔加热连续灭菌流程

1，4—蒸汽 2—配料罐 3—泵 5—连消塔 6—维持罐 7—冷却管 8—无菌培养基

图 1 – 7 带有维持罐的连续灭菌系统

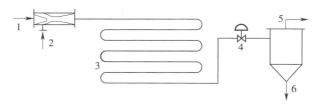

图 1 – 8 喷射加热连续灭菌流程

1—生培养基 2—喷射器 3—维持段 4—膨胀阀 5—抽真空 6—无菌培养基

持段后继续在管道中保持灭菌温度，维持段的管道越长，灭菌时间也越长。灭菌后的培养基经过膨胀阀进入真空冷却器瞬间冷却。

这是目前常用的培养基连续灭菌方法，具有加热、冷却过程极为短暂的特点，能将温度迅速升至140℃而不会引起营养成分的严重破坏，管道式设备能在较大程度上减少液体的返混程度，保证培养基先进先出，避免了灭菌过程中的局部过热或灭菌不彻底的现象。

3．薄板加热器连续灭菌流程

该流程采用一组薄板换热器作为培养基的加热和冷却器（图1–9），生培养

基在不同的薄板换热器中流过，分别
与之前灭菌的高温培养基、高温蒸汽
进行换热，完成预热、升温的过程；
在维持段中完成灭菌过程；从维持段
出来的高温灭菌培养基再流经薄板换
热器，分别与后流入的生培养基、冷
却水进行换热，完成预冷却、冷却的
过程。

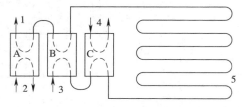

图 1 - 9　薄板加热器连续灭菌流程
1—无菌培养基　2—冷却水　3—生培养基
4—蒸汽　5—维持段

　　在该流程中，培养基在薄板换热器中可以同时完成预热、加热灭菌和冷却过
程，尽管加热和冷却灭菌的时间稍长，但整个灭菌周期较短，节约了蒸汽和冷却
水的用量。

三、超高温瞬时灭菌

　　前述连续灭菌流程中，加热器可以瞬时将培养基升至较高的温度（如 126 ~
132℃），而维持段管路的长短和培养基的流速则决定了灭菌时间的长短（如
15 ~ 30min）。若将培养基的温度再进一步升高，则灭菌时间可以大幅度缩短。
当灭菌对象是以杀灭有害菌营养细胞为主的液体食品时，可以将连续灭菌流程的
温度提高（如 130 ~ 150℃）、缩短灭菌时间（一般为数秒），即高温、瞬时的蒸
汽灭菌，使液体物料中的有害菌致死，而物料中营养物的破坏程度被大幅度降
低。这便是超高温瞬时灭菌（Ultra High Temperature，简称 UHT）。

　　市面上的 UHT，一般指物料在连续流动的状态下，通过热交换器加热至
135 ~ 150℃并保持较短的时间，达到无菌（通常为商业状态下的无菌）状态
（图 1 - 7、图 1 - 10、图 1 - 11），再灌装于无菌包装容器中的成套设备。用 UHT
生产的产品能在非冷藏条件下保持较长时间而不变质。其应用已经从最初的牛奶
拓展到了其他饮料，如各类果汁、茶饮料、豆浆、炼乳、酒类、酱油等。

图 1 - 10　带有闪急冷却罐的连续灭菌系统

图 1 – 11 板式加热连续灭菌系统

四、巴 氏 灭 菌

巴氏灭菌法，也称低温消毒法或冷杀菌法，因巴斯德首创而得名，是湿热灭菌的一种，其特点是利用较低的温度杀死病菌，同时保持物品中营养物质风味不变，常被广义地确定为杀死各种病原菌的热处理方法。其原理在于：不同的细菌有不同的最适生长温度和耐热、耐冷能力，利用病原体不耐热的特点，用适当的温度和保温时间处理，可将其全部杀灭。巴氏消毒的基本原则是，能将病原菌杀死即可，温度太高反而会有较多的营养损失。所以，该方法不是一种彻底的灭菌方法，仍会保留小部分较耐热的细菌或细菌芽孢。因此巴氏消毒牛奶只能在 4℃左右保存 3 ～ 10d。

目前，国际上通用的牛奶巴氏消毒主要有两种方法：一是将牛奶加热到 62 ～ 65℃，保持 30min，称为低温维持法，可杀死各种生长型致病菌，灭菌效率达 97.3% ～ 99.9%，残留的只是部分嗜热菌、耐热性菌及芽孢等，但这些细菌多数是乳酸菌，不但对人无害反而有益健康；二是将牛奶加热到 75 ～ 90℃，保温 15 ～ 16s，称为高温瞬时法，由于灭菌时间更短，其工作效率更高。除牛奶消毒外，巴氏灭菌法也可应用于发酵产品。

五、流通蒸汽灭菌

在常压条件下，采用 100℃ 的流通蒸汽进行加热，加热后的蒸汽排出灭菌器，这种灭菌方法称为流通蒸汽灭菌法。灭菌过程中，灭菌容器与外界大气相通，即蒸汽压力等于大气压力，灭菌时间通常为 30 ～ 60min。该法适用于消毒以及不耐热制剂（如 1 ～ 2mL 注射制剂）的灭菌，但不能保证杀灭所有芽孢，灭菌不够彻底。若加入少量抑菌剂，可杀死抵抗力强的芽孢。

[课堂互动]

想一想 巴氏灭菌和瞬时高温灭菌的牛奶,其营养成分有什么区别? 这两种灭菌方法各有什么优缺点?

六、间歇蒸汽灭菌

微生物营养体在100℃温度下半小时即可被杀死,而其芽孢和孢子在这种条件下却不会失去活性。间歇蒸汽灭菌就是根据这一原理设计的,利用反复多次的流通蒸汽加热,杀灭所有微生物,包括芽孢。具体方法是:用100℃、30min杀死培养基内杂菌的营养体,然后将这种含有芽孢和孢子的培养基在温箱内或室温下放置24h,使芽孢和孢子萌发成为营养体后,再以100℃处理0.5h、放置24h。如此连续灭菌3次,即可达到完全灭菌的目的。若被灭菌物不耐100℃高温,可降温至75~80℃,加热延长为30~60min,并增加次数。该方法适用于不耐高热的含糖或牛奶的液体物料。

七、煮 沸 灭 菌

该方法是将安瓿或其他待灭菌物品放入沸水中将水煮沸至100℃,煮沸5~10min可杀死细菌繁殖体,灭菌效果同流通蒸汽灭菌法;煮沸1~3h可杀死芽孢;在水中加入1%~2%的NaHCO₃时沸点可达105℃,能增强杀菌作用,还可去污防锈。此方法适用于食具、刀剪、载玻片及注射器等。

项目三　其他灭菌方法

一、干 热 灭 菌

干热灭菌可直接利用火焰将微生物烧死(如灼烧接种环、载玻片和试管口等),不能用火焰灭菌时可利用热空气灭菌,即将物品放在烘箱中加热到160~170℃,持续90min,适用于玻璃、金属和木质器皿的灭菌。

用干燥热空气杀死微生物的方法称为干热灭菌。通常将灭菌物品置于鼓风干燥箱内,在160~170℃加热1~2h。灭菌时间可根据灭菌物品性质与体积做适当调整,以达到灭菌目的。干热灭菌设备的主要原理是以传热的三种方式,即对流、传导和辐射对物品进行灭菌,适用于玻璃器皿(如吸管、培养皿等)、金属用具等耐高温物品的灭菌,但不适用于培养基、橡胶制品、塑料制品等。

干热灭菌设备有两大类:一类是间隙式干热灭菌设备,即烘箱;另一类是连续式干热灭菌设备,即隧道式(洞道式)干热灭菌机。连续式干热灭菌设备主要是对洗净的玻璃瓶进行杀灭细菌和除热原的干燥设备。其形式有两种:一种是热空气平行流灭菌,所用的设备是电热层流式干热灭菌机,另一种是远红外线加热灭菌，所用的设备是辐射式干热灭菌机，两种机型均为隧道式。

1. 电热层流式干热灭菌机

安瓿灭菌烘干机是典型的电热层流式干热灭菌机。这种灭菌机主要用在安瓿瓶洗烘灌封联动机上，采用热空气平行流的灭菌方式，可连续对经过清洗的安瓿瓶或各种玻璃药瓶进行干燥、灭菌，除去热原（图1-12）。

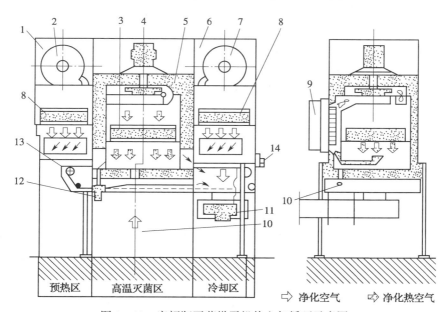

图1-12　安瓿瓶灭菌烘干机热空气循环示意图

1—前层流箱　2—前层流风机　3—热空气高效过滤器　4—热风机　5—高温灭菌箱　6—后层流箱
7—后层流风机　8—空气高效过滤器　9—空气电加热器　10—热区新鲜空气补充　11—后排风机
12—前排风机　13—输送网袋　14—出风口

常温空气经粗效及中效过滤器过滤后进入电加热区加热，高温热空气在热箱内循环运动，充分均匀混合后经过高效过滤器过滤获得百级的平行流净化风，直接对玻璃瓶进行加热灭菌，在整个传送带宽度上，所有瓶子均处于均匀的热风吹动下，热量从瓶子内外表面向里层传递，均匀升温，完成对瓶子的加热灭菌。正常工作时，安瓿瓶在隧道内预热后，高温干燥灭菌区可以达到300℃以上的高温，安瓿瓶经过高温区的总时间超过10min，此间完成灭菌、除热原及干燥的过程。此后，安瓿瓶经过单向流洁净空气的风冷完成冷却，在百级层流的保护下由传送带送至灌装封口，全部过程约30min。为了节能，高温灭菌区平行流热空气是自动循环使用的，加热时所产生的部分温热空气由下部排风机排出，由另一台小风机补充新鲜风。

安瓿灭菌烘干机在使用中应注意以下几方面的维护保养：

（1）空气排出管道不宜过长，否则，应在排风管的终端串联安装一台离心通风机以增加排气效果。

（2）高温干燥区的灭菌温度不宜超过350℃，在满足安瓿瓶灭菌除热原的条件下，尽可能降低灭菌温度，以延长高效过滤器的使用寿命。

（3）应注意检查高效过滤器的使用效果，及时更换净化风的粗效和高效过滤器。

（4）应根据需要调节排风口的调节风门（阀门），控制排出的废气量和带走的热量。

（5）电加热管在使用中应注意安装与接地安全可靠。

（6）每天工作完毕后，应检查并及时清除设备内残留的玻璃碎屑。

（7）烘箱内的风机、输送带上的各传动轴承均应及时更换润滑脂。

2. 辐射式干热灭菌机

这种灭菌机又称为红外线灭菌干燥机，主要用在安瓿瓶洗烘灌封联动机上，进行干燥、灭菌、除热原。

从整体结构上说，这种灭菌机也是隧道式的，包括预热区、高温灭菌区、冷却区三部分（图1－13）。其中，加热装置由若干根石英玻璃管构成，是干热灭菌设备的主要部分；在箱体加热段的两端均设置有风机，可向预热区和冷却区提供单向平行流的空气屏；在冷却区因设置有高效过滤器，空气屏可达到百级净化级别，保护由洗瓶机输送来的安瓿瓶不受污染，同时对已灭菌的安瓿瓶起冷却作用；箱内的湿热空气由箱体底部的排风机排出。

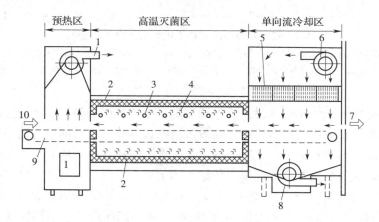

图1－13　辐射式干热灭菌机

1，8—排风机　2—保温层　3—温度传感器　4—远红外线加热管
5—高效过滤器　6—冷却送风机　7—出口　9—传送带　10—入口

二、紫 外 灭 菌

紫外线的波长在200～380nm，包括3个波段：UV－A，波长315～380nm；

UV－B，波长 280～315nm；UV－C，波长 200～280nm。其中具有杀菌作用的是 UV－C 的波段，250～270nm 范围最强，通常用 254nm 左右的紫外线。当紫外线照射细菌、病毒等微生物时，可破坏细胞内 DNA 的结构，使其死亡或丧失繁殖能力，进而达到杀菌消毒的效果。紫外线具有广谱杀菌性，能杀灭各种微生物，包括细菌繁殖体、芽孢、分支杆菌、病毒、真菌、立克次体和支原体等。紫外线照射时，同时也在空气中产生臭氧，臭氧也有一定的杀菌作用。

紫外灭菌的设备是紫外灯，利用紫外线灯管产生的紫外线来照射待灭菌物品，杀灭微生物。紫外灯属于低压汞灯，不同材料制造的紫外线灯，成本和性能也不一样。普通玻璃能阻挡紫外线。石英玻璃对紫外线波段有很高的透过率（80%～90%），通常的紫外灯都采用石英玻璃制作。高硼砂玻璃也有一定的紫外线穿透率（<50%），且制作成本很低，也被用来制作紫外灯，但性能上远比不上石英杀菌灯。由于石英玻璃的热膨胀系数等性能与普通玻璃有较大差异，所以杀菌灯的灯头材料多用胶木、塑料或陶瓷。

项目四　设备清洗

设备在使用前后都需要进行清洗。传统的设备清洗方法是将设备拆卸下来，用人工或半机械方法清洗。这种方式的劳动强度大、时间长、效率低，操作安全不易保障，对产品的质量易造成影响。现在，大规模的现代化生产已普遍采用 CIP 清洗系统（Clean in Place，原位清洗），用机械使清洗剂在设备中循环，清洗过程可自动化或半自动化。当然，有些特殊设备还需用人工清洗。

一、常用洗涤剂

用于清洗的洗涤剂多数都是水溶液。食品、药品等行业对用水的要求较高，甚至在某些场合要使用去离子水，如设备及管道的最后漂洗。

理想的洗涤剂应能够溶解或分解有机物，分散固型物具有漂洗和多价螯合作用及一定的杀菌作用。尚没有一种单一的洗涤剂具有上述的所有性质。目前市面上的洗涤剂都是由碱或酸、表面活性剂、磷酸盐或螯合剂等复配而成。常用的洗涤剂主要有：

（1）碱和酸　烧碱溶液是很好的蛋白质和脂肪洗涤剂。硅酸钠是良好的水溶液分散剂，对积垢的分散十分有效。磷酸三钠因为有良好的分散性和乳化性，使用也较普遍。

（2）表面活性剂　为有效发挥洗涤剂的作用，需添加表面活性剂以减小污垢的表面张力，使污垢物更容易被去除。表面活性剂可分成阴离子型、阳离子型、非离子型和两性型等类型。表 1－1 所示为一些用于清洗罐或管道的洗涤剂。

表 1 – 1 典型洗涤剂的应用 单位：g/L

洗涤剂	罐 CIP 清洗系统	管道清洗	洗涤剂	罐 CIP 清洗系统	管道清洗
0.1mol/L NaOH	4.0		硅酸钠		0.4
磷酸三钠	0.2		碳酸钠		1.2
表面活性剂		0.1	硫酸钠		1.2
三聚磷酸钠		1.0			

尽管设备的杀菌常用蒸汽加热法，但有些场合是不能使用蒸汽杀菌的，如不耐热的软管和管阀件、溶氧电极和 pH 电极等。因此，有时在清洗设备时还需用化学消毒剂。常用的化学消毒剂是次氯酸钠。次氯酸钠溶液对许多金属包括不锈钢都有腐蚀作用，但在 pH 8.0 ~ 10.5 的溶液及较低的温度和浓度下（50 ~ 200mg/L 的氯浓度），并尽量缩短与设备的接触时间，可使腐蚀作用降到最小。近年来，次氯酸钠正逐渐被二氧化氯取代。季胺化合物对设备的腐蚀性较小，但消毒能力相对也较弱。

在某些场合，需要把与有机物表面紧密结合的蛋白质分离洗脱出来，例如色谱分离柱树脂的处理。这些树脂易被烧碱等破坏。这时可用较高浓度的尿素、氯化胍等化合物来进行清洗。

二、CIP 清洗系统

CIP 清洗是指在不拆卸被清洗的设备、容器及管路的情况下，通过机械力让洗涤液循环，对设备、容器和管路进行清洗，清除残留的液体、物料及滋生的微生物等杂质。CIP 清洗系统有多种形式，可以是一次性清洗系统，即清洗剂只供使用一次即舍去；也可以在保证不发生交叉感染的同时，重复利用清洗剂。研究表明，从化学试剂成本、仪器、能耗及人工等多方面核算，一个可重复利用的化学试剂清洗系统比热水清洗系统要便宜得多，当然，其处理费用视不同地区而不同。

一次性清洗系统适用于贮存期短、易变质的洗涤剂，或是设备中有较多残留固形物、洗涤剂不宜重复使用的情况。系统的结构流程如图 1 – 14 所示，包括一个贮罐和一台离心泵，贮罐上设有可测量洗涤剂储量的液位电极，系统中还设有可接入消毒蒸汽的入口及排污口。

如果生产设备是用于单一产品的生产，那么可以考虑把回收的洗涤剂贮存于罐中加热到操作温度后再循环使用，这样可以节省洗涤剂用量，减少排污对环境的污染。图 1 – 15 所示为将洗涤剂重复利用的 CIP 系统，包括新鲜洗涤剂贮罐、水回收罐等。使用循环回收用水配制初洗涤液，这样可节省用水；配料罐内设置的换热管可用来加热洗涤剂，用泵使洗涤剂循环。从贮罐中取样，可监测洗涤剂浓度以保证其正常值。有的还配置了中和罐，以便洗涤剂进行酸碱中和。

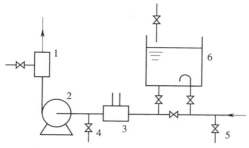

图 1 – 14　一次性使用的 CIP 系统

1—过滤器　2—循环泵　3—喷射器　4—蒸汽进口　5—排污阀　6—洗涤剂贮罐

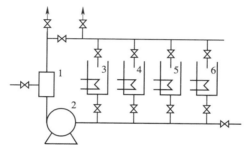

图 1 – 15　洗涤剂重复利用的 CIP 系统

1—过滤器　2—循环泵　3—新鲜洗涤剂贮罐　4—回收洗涤剂贮罐　5—水罐　6—回收水贮罐

三、CIP 清洗的操作

1. 管道、管件与阀门的清洗

生物工程设备和管道多是由铬镍钢或不锈钢制成，这种材料具有较好的抗酸碱腐蚀性，但有些液体如含氯、次氯酸、强碱等仍然会对很多钢材有腐蚀。按照 GMP 的要求，设备和管道的内壁应保证光滑。因此，选用洗涤剂时，要认真检查洗涤剂的组成和化学特性。

在许多临时性场所多使用塑料软管，这类软管的材质、性能差异很大，清洗时应注意洗涤剂对其的腐蚀性。很多软管只能用弱碱清洗，硝酸和铜离子等会加速其老化。金属管路与设备接口、轴承等密封处的密封圈、密封垫、密封填料等材料也多由橡胶、塑料等有机材料制成，有不同的硬度、弹性、拉伸极限、耐温性、耐腐蚀性和膨胀性，清洗时必须做充分的了解，必要时应采用不同的清洗温度、浓度以及不同的洗涤剂。

管件和阀门由于管路通道狭窄，一般采用反复多次的循环冲洗方式，洗涤剂的流速约 1.5m/s，时间约 20min 即可，延长清洗时间往往并不会增加洗涤效果。

需要注意的是，洗涤剂的清洗温度不可太高。较高的温度易导致残留糖分的焦糖化、蛋白质变性以及与洗涤剂成分的聚合等反应，这些反应所形成的产物难以清除。实践证明，一般75℃左右是最高操作温度，最好在发酵或反应过程完毕后残留物干固前立即进行清洗。清洗完毕后，及时将设备、管阀件内液排干净并干燥备用，避免因积水而导致微生物的繁殖。

管件清洗的操作程序见表1－2。

表1－2　　　　　　　　　　管件清洗的操作程序

操作步骤	洗涤时间/min	温度	操作步骤	洗涤时间/min	温度
1 清水漂洗	5～10	常温	4 消毒剂处理	15～20	常温
2 洗涤剂洗涤	15～20	常温～75℃	5 清水漂洗	5～10	常温
3 清水漂洗	5～10	常温			

2. 容器、罐的清洗

对于容器、罐等反应设备的洗涤，常常用一定浓度的洗涤剂充满并浸泡的方法。实际上，这种方法只用于小型罐。对于大型罐，通常是在罐内的顶部喷洒洗涤剂，借助洗涤剂对罐壁上的固形残留物的冲击作用来进行清洗。通常使用两类喷射洗涤设备：球形静止喷洒器和旋转式喷射器。前者没有转动部件，结构简单，价格较低，可提供连续的表面喷射，稳定性较好，但喷射压力不高，喷射距离有限，对器壁的喷射冲击作用较小；后者可在较低喷洗流速下获得较大的有效喷洒半径，冲击洗涤速度比喷洒球大得多，但因有转动装置，其设备投资也较前者大很多。如图1－16即为一种用于酒精发酵罐的旋转式水力喷射洗涤装置，其水平安装的喷射管上均匀分布有一定数量的小孔，但水管两侧的喷射孔方向相反，可借助洗涤剂喷射时的反作用力使水管围绕垂直喷射管旋转，垂直喷射管上也分布有若干喷射孔，在旋转的同时将洗涤液均匀喷射在罐壁上，达到清洗的目的。

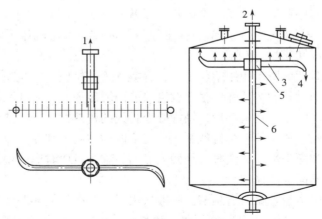

图1－16　旋转式喷射洗涤装置

1, 2—洗涤剂入口　3, 4—水平喷射管　5—喷水管活接头　6—垂直喷射管

典型的罐清洗流程与管件的清洗类似。若罐内装设有 pH、溶氧等传感器对洗涤剂敏感时，应先把这些传感器拆卸下来另外进行洗涤，然后待罐清洗好后重新装上。在罐或管路洗涤过程中必须按规程操作，避免把有腐蚀性的洗涤剂淋洒到头或手等身体上。另外必须注意设备的热胀冷缩及清洗过程中是否会产生负压。当加热洗涤后转为冷洗时，易产生真空作用，故应在罐内装设真空泄压装置，以免损坏。为安全起见，所有的水泵都应设有紧急停止按钮。

3. 生物加工下游过程设备的清洗

在细胞回收或液体除渣澄清过程中常使用的碟片式离心机，若细胞浆不太黏稠时，设备还是不难清洗的，否则就较难清洗，往往要用人工清洗才能获得较好的清洗效果。对错流的微滤或超滤系统常使用 CIP 系统清洗。应注意有些滤膜不能耐受腐蚀性的洗涤剂或较高的清洗温度。

色谱分离柱的清洗有其特殊性。通常，填充的 HPLC 介质对碱较敏感，不能耐受 NaOH 等碱性洗涤剂，这时可用硅酸钠代替。若色谱系统使用的是软性介质，则只能在较低的压力和流速下进行清洗。若此介质不能耐受强碱，则只能延长清洗时间。设备的内径和长径比是影响清洗效果的重要参数，如长而细的设备比短而粗的设备洗涤效果往往好得多。某些情况下（如 CIP 清洗）不能进行直接的清洗时，应将填充基质卸下来，再用洗涤剂浸泡洗涤。

[能力拓展]

清洗程序往往依行业的不同而有所差异，以饮料行业为例，其清洗程序如下：

1. 常温或 60℃ 以上热水洗涤 3～5min，60～80℃、1%～2% 碱液洗 10～20min，再用 60℃ 以下清水洗涤 5～10min，最后清水洗涤 3～5min。

2. 常温或 60℃ 以上热水洗涤 3～5min，60～80℃、1%～2% 碱液洗 5～10min，再用 60℃ 以下清水洗涤 5～10min，90℃ 以上热水杀菌 10～20min。

清洗时保持洗涤液的流量，实际上是为了保持洗涤液的流速，提高流体的湍动性，从而对容器、管道、阀件等的内壁产生一定的冲刷作用，以取得较好的清洗效果。

4. 辅助设备的清洗

辅助设备如泵、过滤器、热交换器等的清洗比较简单，但必须注意：

（1）空气过滤器常被发酵罐冒出的泡沫污染，不易清洗干净，必要时需人工清洗，这一点也同样适用于液体过滤装置。

（2）无论何种热交换设备，若是用于培养基的加热或冷却，则换热面上的结垢或焦化是很难避免的，也不易清洗。适当提高介质的流速，对减少此类问题非常有效。

四、设备清洗规范

与其他加工处理过程类似，清洁过程也必须认真控制以确保设备的卫生程度符合清洗规范。

1. 清洁程度的检验

清洁程度的检验包括设备检验、操作检验和成效检验。

设备安装及操作期间的检验是相应特定的，处于手动状态。执行清洗程序时进行检验，验证设备不同部位残留污脏物的去除、清洗程序的执行状况，然后分析这些地方污脏物的各种残留成分。

成效检验要求设备能完成它的设计任务，包括一次性的或者重复使用清洗操作系统。检验通常进行 3 次，且每次均要求设备处于正常的操作状态并符合要求。

2. 表面清洁规范

（1）无残留固体污脏物或垢层。

（2）在良好光线下无可见污染物，且在潮湿或干燥的状况下，表面均没有明显的气味。

（3）触摸表面，无明显的粗糙或滑溜感。

（4）把白纸印在表面后检查无不正常颜色。

（5）在排干水后，表面无残留水迹。

（6）在波长 340~380nm 光线检查表面无荧光物质。

除上述检验外，还应进行一些定量的检测，主要是检测蛋白质和细胞残留物。

3. 蛋白质污脏物的检测

先用标准浓度蛋白质溶液把表面润湿后再干燥，置于某容器或管路中试验表面，然后按工艺规程对含上述试验表面的容器或管路进行洗涤操作。洗涤过程结束后取出试验表面，甩干去掉水，把硝化纤维纸压在表面上以吸收蛋白质残留，再将消化纤维纸浸入考马斯亮蓝溶液后放入醋酸溶液中过夜，根据蓝色的深浅，确定蛋白质的残留情况。

4. 残留细胞的检验

将已知的微生物细胞涂布在试验表面并干燥，放入容器或管路中，按工艺规程执行清洗操作。清洗结束后，把试验表面取出并甩干水。把试验表面印在固体培养基上恒温培养，计算平面的残留活菌数。

除上述的方法，还可把已知数量的试验微生物细胞与污脏物混合涂布在表面上，然后进行清洗操作。再在表面上涂上营养琼脂，培养后计算清洗前后的活菌数即得清洗效果。此外，近年来发展起来的荧光测定法及 ATP 生物荧光法更加快捷。

致热物质的检测也是必要的。传统的试验方法是动物试验，通常往试验兔子体内注入一定量的热原试样并检测其体温的升高，再根据预先绘制的标准曲线查出其浓度。

最后，还必须检查最终漂洗结果，常用方法是将一滴酚酞试剂滴在漂洗过的样本表面，若试剂变红则表明存在 NaOH 残留。

[技能要点]

灭菌的方法很多，应依据不同的灭菌对象选择不同的灭菌方法。工业生产中，对于培养基、管道、设备的灭菌，通常采用蒸汽灭菌法，属于湿热灭菌方法中的一类，即利用高温高压蒸汽杀灭微生物。常用的湿热灭菌设备主要有高压蒸汽灭菌器、脉动真空压力灭菌器和连续灭菌系统、水浴灭菌器等，所采用的灭菌操作流程也不相同，如高压蒸汽灭菌、脉动真空压力灭菌、连消/喷射/薄板加热连续灭菌、超高温瞬时加热灭菌等。其他灭菌方式还有化学试剂灭菌、空气干热灭菌、紫外照射灭菌、巴氏低温灭菌等。

工业上设备清洗主要使用 CIP 清洗技术，可以实现设备的不拆卸原位清洗。依据洗涤剂是否重复利用，常用的 CIP 清洗流程又分为一次性使用和重复利用两种典型的流程。针对设备、管道等的不同，清洗的方式也不相同。清洗之后还需要对设备、管道等进行清洁程度的确认。

[思考与练习]

1. 名词解释

消毒，灭菌，高压蒸汽灭菌，脉动真空压力灭菌，巴氏灭菌，UHT 灭菌，CIP 清洗

2. 填空题

（1）巴氏灭菌法有两种方式：一种是在 61.7～62.8℃下处理____min，称为____法；另一种是在 71.6℃或略高温度下处理____min，称为____法。

（2）用干燥热空气杀死微生物的方法可称为____，应用这类方法的设备有两大类：一类是____灭菌设备，如烘箱；另一类是____灭菌设备，如隧道式干热灭菌机。

（3）辐射式干热灭菌机又称____，主要用在水针剂的____上，从整体上说是____式的，以流程顺序依次包括____区、____区和____区三部分。

（4）设备清洗后应进行清洁程度的检验，包括____检验、____检验和____检验。在验证设备不同部位残留污脏物的去除程度时，应进行定量检测，主要是检测____和____。

3. 选择题

（1）紫外线包括不同的波段，其杀菌能力不同，其中____nm 波段的紫外线杀菌力最强。

　　A　200～230　　　B　250～270　　　C　220～260　　　D　280～300

（2）连续灭菌可以使培养基在连续流动输送中完成灭菌过程，请问以下灭菌过程可在哪个设备中完成：加热培养基____；恒温，完成灭菌过程____；冷却_____。

A　喷射器　　　　　B　膨胀阀　　　　　C　真空罐　　　　　D　维持段

（3）超高温瞬时灭菌的灭菌时间一般为数秒，灭菌温度一般为____℃。

A　100～120　　　　B　130～150　　　　C　180～200　　　　D　260～300

4．简答题

（1）高压蒸汽灭菌器的适用范围是什么？

（2）试述脉动真空压力灭菌器的工作原理。

（3）简述设备清理的操作规范？

模块二　生　物　反　应

学习目标

[学习要求] 了解生物反应的基本过程及特点，理解无菌操作的概念，熟悉生物反应器的结构原理及使用方法，掌握无菌操作设备及环境的使用技术，以及生物反应过程的检测与控制。

[能力要求] 了解生物反应对反应器的要求，熟悉常用的生物反应检控方法，掌握典型生物反应器的结构特点、操作技术及无菌操作设备的使用。

项目一　生物反应基本知识

一、生物反应过程

将生物技术的实验室成果经工艺及工程开发，而成为可供工业生产的工艺过程，称为生物反应过程，主要研究生物反应过程中有普遍性意义的特殊工程技术问题，如大规模细胞培养、大规模培养基和空气的灭菌、细胞生长和产物形成的动力学、生物反应器的优化操作和设计、生物反应过程的参数检测和计算机应用、生化产品的分离纯化等。典型的生物反应过程包括四个方面：

（1）原材料的预处理　包括原料的选择，必要的物理与化学加工，培养基的配制和灭菌等。

（2）催化剂的制备　在发酵过程中，首先进行菌种的改造，改造的手段可用传统诱变选育方法，也可用现代生物技术手段，选择高产、稳产、培养要求不甚苛刻的菌种，在经过多次扩大培养、达到足够数量和一定质量后，作为"种子"接种到发酵罐中。

（3）反应器及反应过程的监控　反应器是进行生物反应的核心，其目的是为细胞或酶提供适宜的反应环境，其结构、操作和条件与反应原料的转化率、产品的质量和成本有着密切关系。

（4）产物的分离纯化　用适当的方法和手段，将一定含量的目的产物从反应液中提取出来并加以精制，以达到规定的质量要求。

生物反应器是生物反应过程的核心，通常将反应前与反应后的操作称为上游加工过程和下游加工过程。典型生物反应过程如图 2-1 所示。

生物反应过程具有下列特点：

（1）反应过程采用生物催化剂（微生物菌种、酶及动植物细胞），反应通常

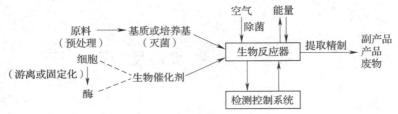

图 2-1　典型的生物反应过程

在常温常压下进行，可运用现代生物技术手段构建或改造生物催化剂，但生物催化剂易于失活，易受环境的影响和杂菌的污染，一般不能长时间使用。

（2）采用可再生资源为主要原材料，来源丰富、价格低廉，过程中废物的危害性较小，但原料成分往往难以控制，给产品质量带来一定影响。

（3）与化工生产相比，生产设备较为简单，能量消耗一般也较少，但反应中的底物（基质）浓度不能过高，因此导致反应器的体积较大，且要求在无杂菌污染情况下操作。

酶反应过程的专一性强，转化率高，但成本较高，发酵过程成本低，应用广，但反应机理复杂，较难控制，反应液中杂质较多，给提取纯化带来困难。

二、反应过程的氧传递

生物反应过程中广泛存在着传质过程。各种营养成分必须通过传质才能到达细胞表面并为细胞所吸收。同样，细胞产生的代谢产物也需要通过传质才能进入培养液。氧是好氧细胞生长必需的营养成分，需要通过空气供给。另外，二氧化碳是乙醇发酵代谢的产物，需要以气体的形式排出。包括生物制药在内的大多数生物反应，多是好氧过程。这里，重点讨论生物反应过程中氧的传递问题。

1. 氧传递的阻力

所谓氧的传递，指的是被通入反应液内的空气中的氧进入到反应液内成为溶解氧、最终被细胞捕获、供细胞代谢使用的过程。我们知道，氧是难溶气体，在 $25\,^{\circ}\!C$、$0.1MPa$ 时，空气中的氧在纯水中的溶解度仅为 $8.5g/m^3$。在培养液中氧的平衡浓度会更低，如果培养液中的细胞呼吸比较旺盛，细胞浓度又比较高，耗氧量将会非常大，为了保证生物反应的正常进行，必须不断地通入无菌空气进行供氧。评价一个生物反应器的优劣，供氧能力是重要指标之一。

对于大多数细胞培养过程，供氧都是在培养液中通入无菌空气进行的。细胞分散在液体中，只能利用溶解氧，因此，氧从气泡中到达细胞内要克服一系列传递阻力。图 2-2 描述了氧的传递模式。

从图 2-2 中可以看出，空气中的氧传递到细胞内并参与反应，其实是包含了两个过程：一是气泡中的氧穿过气液界面进入到反应液内，称为氧的气液传递过程；二是液体中的氧穿过固液界面进入细胞内，称为固液传递过程。氧传递过程中遇到来自多个方面的阻力：第 1~4 项是供氧方面的阻力；第 5~8 项为耗氧方面的阻力。当单个细胞以游离状态悬浮于液体中时，第 7 项阻力消失，当细胞被吸附在气泡表面时，4、5、6、7 项消失。

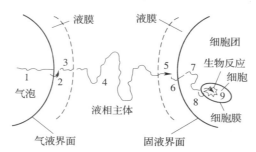

图 2 - 2　氧从气泡到细胞的传递过程示意图

1—气相主体内的传递　2—气液界面的传递　3—气液界面液膜的传递

4—液相主体内的传递　5—细胞团表面液膜的传递　6—固液界面的传递

7—细胞团内的传递　8—细胞壁的传递　9—胞内反应

2．气体溶解过程的双膜理论

氧从气相主体到液相主体，其过程推动力是气相与细胞内的氧浓度之差。其间氧的传递要克服气膜、气液界面和液膜的传递阻力。通常界面处的阻力可以忽略不计，所以传递的阻力主要是存在气膜和液膜之中，如图 2 - 3 所示。这便是双膜理论的核心内容。按照双膜理论，氧的传递过程的总推动力可以表述如下：

（1）气泡中的氧通过气相边界层传递到气液界面上。

（2）氧分子由气相侧通过扩散穿过界面传递到液相侧。

（3）氧分子在界面液相侧通过液相滞流层传递到液相主体。

（4）在液相主体中进行对流传递到生物细胞表面液膜外面。

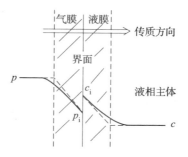

图 2 - 3　气 - 液界面氧浓度分布

（5）通过生物细胞表面的液相滞流层扩散进入生物细胞内。

这其中，气液界面上的传递阻力最大，主要集中在气膜和液膜的滞流层（层流内层）上，滞流层越厚，这种阻力就越大。而滞流层的厚度受多方面因素的影响，比如流体流动状况、流体性质等。

3．气液间氧传递速率的影响因素

（1）气液相中氧的浓度　气液相之间的氧浓度差是传氧过程的总推动力。提高这个浓度差，可以提高传氧的推动力。

培养液中溶质浓度越高，氧的溶解度越低，氧传递的推动力就越小。细胞对培养液浓度有一定要求，不可能用稀释培养液来提高。

提高气相中氧分压的最简便方法是提高反应器的压力。但是，随着罐压的升高，二氧化碳的分压也会升高，由于二氧化碳的溶解度比氧大得多，有可能对某些培养过程产生不良的影响。

理论上说，向空气中补加氧气，增加空气中氧的分压（即富氧通气），也可以提高气液相之间的氧传递速率，但这是以提高成本为代价的，且由于氧难溶于水，氧传递速率的提高是有限的，一定要通过实验来证实其是否有利于产率的提高。

（2）气液相之间的传氧系数　传氧系数的大小直接与氧传递阻力有关，而氧传递阻力又主要集中在气液界面两侧的气膜和液膜的滞流层上，则只需要破坏这个滞流层，即可提高传氧速率。

① 搅拌强度：增强搅拌可以打碎气泡，使气泡更小、分布更加均匀、增加气液两相的接触面积，强化发酵液的湍流程度、减少液膜厚度、降低传质阻力、提高氧的传递速率，还可以减少菌丝结团、延长气泡停留的时间。但是增加搅拌速率也会增大剪切力，会使细胞受到伤害，也增大了动力消耗。

② 通气速率：增加通气量，可以增加反应液中的气泡量，同时也能起到一定的搅拌效果，但同时也会产生大量的泡沫，易造成溢罐。产生大量空转气泡的现象，称为气泡"过载"。

③ 反应液体积：一般来说，在同等搅拌强度下，反应液体积增大，会降低搅拌效果；减少反应液体积，能提高溶解氧的浓度，但反应液的体积至少应浸没搅拌器。

④ 反应液性质：受液体表面张力的影响，反应液中的小气泡会逐渐合并成较大的气泡。反应液的黏度影响液膜的表面张力，进而影响液体中气泡合并的难易程度。随着生物反应的进行，反应液中细胞分泌物增加，使得液体黏度增大，液膜表面张力也随之增大，加剧了气泡合并的倾向。当较多的小气泡合并成大气泡时，即出现了起泡现象。泡沫形成后，反应液中的气体很难得到及时更新，即 CO_2 的排出和 O_2 的进入都变得比较困难，大大增加了氧的传递阻力。

加入消泡剂，可以降低液膜的表面张力，阻止气泡的合并。但另一方面，消泡剂也改变了液膜的组成，可能会增加液膜的传质阻力，降低气液界面的流动性，在一定程度上反而降低了氧传递速度。另外，有些消泡剂可能会对细胞具有生理毒性。所以，消泡剂加入量应慎重权衡。

三、生物反应器

能够进行生物化学反应的场所称为生物反应器。生物组织、微生物和细胞等活性个体是生物反应器，人工制造的发酵罐、动植物细胞培养器、酶反应器等各种生物培养用的装置，也是生物反应器，可称为机械类反应器。本课程只介绍机械类反应器和相关的辅助设备。

[知识链接]

转基因动植物也可以用作生物反应器。随着基因工程、细胞工程技术的发展，人们通过转基因技术构建转基因动植物，利用其自身的生理功能，在体外或体内通过自身的代谢获得目标产物，包括细胞分泌产物、细胞或组织器官等。现在已有利用转基因动物生产药用蛋白的成功实例。

1996年10月，我国科学家在上海成功研制出5头能够高效表达人凝血因子IX的转基因山羊，按照理想设计，一头转基因山羊一年提供的人凝血因子IX活性蛋白（用于治疗血友病）的量，相当于上海全年献血总量所含同类蛋白的总和。

利用转基因动物生物反应器生产药用蛋白一般有两种技术路线：第一种是将目的基因在同源组织中表达蛋白质；第二种是将目的基因构建成杂合基因，转入动物胚胎，通过转基因动物的分泌器官收集并提纯药用蛋白。转基因动物分泌的蛋白经过后加工，与人体天然蛋白的结构十分相近，具有完全相似的生物活性。

生物反应器形式有多种多样，按照不同的区分方式，如表2-1所示。

表2-1　　　　　　　　　　　生物反应器的分类

区分依据	反应器类型		区分依据	反应器类型
反应器内流型	理想反应器	柱塞流式	操作方式	间歇反应器
		全混流式		连续式反应器
	非理想反应器			半连续式反应器
反应器内相态	均相反应器		结构特征	罐式反应器
	非均相反应器			管式反应器
是否通氧	通风发酵式			塔式反应器
	嫌气发酵式			膜式反应器
生物有机体种类	微生物反应器		反应器内气液混合方式	机械搅拌混合式
	动物细胞反应器			泵循环混合式
	植物细胞反应器			直接通气混合式
	酶反应器			连续气相式

柱塞流反应器是指流体在反应器内从进口流到出口，中间没有返混，一些固定化细胞培养反应器、膜反应器及管式反应器等属于这种情况。

全混流反应器是指流体在反应器内经过了充分混合，搅拌罐式反应器是典型的全混流反应器。

非理想反应器内流体的流型介于柱塞流和全混流之间，属于有部分返混的柱塞流。一些具有返混的管式反应器属于非理想反应器。

间歇反应器、半连续反应器和连续反应器是反应器的三种典型操作方式。

均相反应器是指反应器内只有一相，如均相酶反应器，酶作为催化剂溶解在反应器中，形成单一的液相。非均相反应器内反应物质有两相以上，比如，一般的生物催化反应器内有固相（生物体）、液相（培养液）、气相（空气），固定床和流化床也属于典型的非均相反应器。

因为微生物、动物细胞和植物细胞的生长特性有很大差别，因此其反应器形式也不相同。酶反应器作为一种催化反应器，与生物培养反应器有不同的要求。

对于需氧的生物培养来说，空气和培养液如何混合接触是一个非常重要的因素。目前常用的混合方式有四种，如图 2-4 所示。机械搅拌混合是通过搅拌器的作用将通入培养液内的空气打碎成大量小气泡，使其与液体充分混合接触。泵循环反应器则依靠一个外置液体循环泵，将液体从反应器出口泵回到入口，实现液体的循环并与空气进行充分接触。直接通气混合是将空气通过罐底气体分布器直接通入实现气液混合接触。连续气相反应器中的气体从液体表面流过进行气液接触，托盘生物培养属于这种气液接触方式。

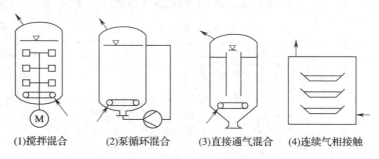

(1)搅拌混合　　(2)泵循环混合　　(3)直接通气混合　　(4)连续气相接触

图 2-4　生物反应器的气液混合形式（图中箭头表示气体流向）

罐式反应器的高径比一般在 1:3，管式反应器高径比一般大于 30，塔式反应器高径比通常大于 10。膜式反应器使用各种膜作为反应器内部关键组件，有时膜起着分离作用，有时膜起固定化细胞和酶的作用。

项目二　无菌培养与操作

一、无菌操作环境与设备

无菌操作是指在防止微生物进入的洁净环境内开展各种微生物及细胞的接种、培养、检测等一系列的操作。无菌操作是进行生物技术操作的基础。所维持的洁净无菌环境又称为无菌环境。常见的无菌环境包括：无菌操作台、无菌室或洁净间、GMP 车间等。

1. 无菌室

无菌室也称接种室，通常是发酵接种、菌种纯化等操作的专用工作室。在微生物操作中，菌种接种移植是一项主要操作，其特点就是要保证菌种的纯净，防止杂菌的污染。

（1）无菌室的设置　无菌室可认为是一个小型的 GMP 生产洁净区，应按照无菌操作的要求，对进入室内的空气和所有物品、人员进行净化、消毒处理，室内的温度、湿度、洁净度、空气压力、气流速度、气流分布、噪声、振动、照明和静电均控制在要求范围内，确保严格的无菌操作环境。无菌室有多种设计形式，应当视具体的建筑环境进行经济而科学的设置。一般来说，无菌室可参照 GMP 的洁净车间进行设置，有以下基本要求：

① 缓冲间：无菌室至少应有内、外两间，内面是工作间，外面是缓冲间。房间容积不宜过大，以便于空气灭菌。通常设计为内间 $2 \times 2.5 = 5$（m^2）、外间 $1 \times 2 = 2$（m^2），高度 $\leq 2.5m$，并设置天花吊顶。

② 洁净风：为保持无菌室内的洁净环境，通常参照 GMP 洁净车间的通风要求，将净化空气引入其中，并使室内空气压略大于外部。洁净风进入无菌室的入口，可设置在天花板上或与门相对的墙上，洁净风的排气口则设置在靠近门的下方墙壁上。入口处设置高效过滤器。无菌室的工作间和缓冲间应采取同样的洁净风设置方式。

③ 内开门：无菌室内为洁净区，为保持无菌环境，洁净区内保持为正压差。内开门的设置，可有效防止外部空气的进入。

④ 紫外灯：无菌室的工作间和缓冲间除正常的照明外，应设置紫外灯，以便在操作前后对空气环境进行杀菌消毒。

⑤ 传递窗：为避免操作过程中人员频繁地进出，降低受污染的几率。有时也常常在缓冲间和工作间的墙壁上设置一个小窗，用作无菌操作过程中必要的内外传递物品通道，称为传递窗。传递窗的大小可视具体情况而定，通常设置成内外两扇窗，两扇窗为内开方式，之间留有可放置传递物品的空间，必要时还需要在该空间内设置紫外灯。注意：传递物品时，两扇窗必须交替开启，绝不允许同时开启。

（2）无菌室内的设备和用具　无菌室内放置的物品越少越好，通常仅放置工作台、冰箱、酒精灯等常用的接种和消毒工具。工作台应表面光滑，易进行清洁和表面杀菌。

缓冲间内也常常设有放置已灭菌的工作服、工作帽和工作鞋等设施，操作人员可在此进行更衣。

[课堂互动]

想一想　进入无菌室内的设备和用具如果消毒不彻底，会出现什么样的后果？这些设备和用具该如何消毒？

（3）无菌室的灭菌　无菌室灭菌可用熏蒸、喷雾和紫外照射。当无菌室使用较长时间、污染较严重时，可用甲醛、乳酸或硫黄进行熏蒸，这是一种较为彻底的灭菌措施。

在每次使用无菌室之前要进行喷雾，喷雾可促使空气中微粒及微生物沉降，防止桌面、地面上的微尘飞扬，并有杀菌作用。常用的喷雾剂有 5% 石炭酸、75% 酒精等。在进行无菌操作时，最好先将周围的操作环境进行喷雾。

每次使用无菌室前后都应进行紫外线照射。不同种类的微生物对紫外线的敏感性不同，用紫外线照射时必须保证足够杀灭微生物的照射剂量。通常应照射 30～60min。

（4）无菌室操作规程　无菌室的一般性操作规程如下：

① 无菌室使用前应进行紫外照射灭菌 30min 以上，也可在将必要的操作用器材、物品等放入室内后再开启紫外线灯照射。照射结束后立即开启洁净空调。也可在使用前 30min 用 75% 酒精（或 5% 石炭酸）对操作区域进行喷雾。

② 操作人员应更换无菌工作衣帽后，方能进入无菌室。在开始操作前，应先用 75% 的酒精棉球擦拭双手及周边操作区域。

③ 进行无菌操作时，动作要轻缓、果断，尽量减少空气波动。如遇棉塞着火，可用手紧握或用湿布包裹熄灭，切勿用嘴吹；如遇有菌培养物洒落或打碎有菌容器时，应立即用 75% 的酒精棉擦拭后丢弃至专用的盛装容器内，再用酒精棉球擦手后方可继续操作。

④ 工作结束，立即将操作台面收拾干净，将非存放在无菌室内的物品和废弃物全部拿出后，再用 75% 酒精喷雾，或开启紫外线灯照射 30min。

2. 超净工作台

超净工作台是专用于洁净操作的设备，可提供较高洁净度的局部工作区域，可视为一种小型的无菌室。其工作原理为：空气由通风机吸入，经高效过滤器过滤后，成为洁净空气，以垂直或水平气流的状态持续送入操作区域。在洁净空气的控制下，超净工作台可达到百级洁净度，保证了无菌操作对环境洁净度的要求。

根据气流的方向不同，超净工作台可分为垂直流式和水平流式（图 2-5）。垂直流的风机及高效过滤器皆安装于操作台顶部，洁净风呈垂直层流状态流向操作台面；水平流的高效过滤器安装于操作台的背面，洁净风由里向外呈水平层流状态流出。根据操作方式不同，又可分成单边操作和双边操作两种形式。

超净台的优点是操作方便自如、工作效率高，准备时间短，基本上可随时使用。在一些无菌要求不是很高的情况下，可将超净台放置在环境比较清洁、无对流风的实验室内，代替无菌室使用；而在一些无菌要求较高的场合，可将超净台放置在无菌室内，以提高操作环境的洁净度。

使用超净工作台应注意以下几点：

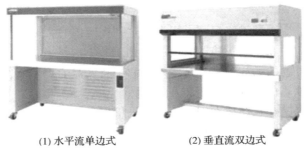

(1) 水平流单边式   (2) 垂直流双边式

图 2 - 5 超净工作台

（1）注意及时清除工作台内的灰尘、杂物。

（2）在使用之前 30min 启动紫外线照射杀菌，之后立即启动风机。

（3）操作时注意个人的安全防护，穿紧口工作服，戴紧口帽。

（4）工作期间，尽量避免超净工作台周边的空气流动。

（5）必须在全部无菌操作结束后，才能停止工作台运转。

（6）定期对超净工作台进行性能检测。

二、无菌培养与菌种保藏

1．无菌培养

（1）培养基 实验室配制培养基主要是通过烧杯、量筒、玻璃棒等玻璃器皿完成。工业上大量培养基的配制可使用带有搅拌和加热装置的配料罐，可通过泵送至贮罐、发酵罐或等反应器内待用。

（2）灭菌 配制好的培养基一般用高压蒸汽法灭菌。实验室少量培养基可用高压蒸汽灭菌器灭菌，工业上较大量培养基的灭菌可使用反应容器在线灭菌，或是通过连续灭菌流程进行灭菌。灭菌后的玻璃器皿等可放置于干燥箱中。图2－6是目前实验室中常见的电热恒温干燥箱。这类干燥箱以物品干燥为目的，温度一般在 60℃ 以上，工作原理是：通过内部的电热元件和风扇叶轮，将空气加热后驱动其在室内强制循环，形成较均匀的温度。

（3）无菌操作 菌种的选育、保藏、接种、检测等操作都需要在无菌的洁净区内进行如划线接种、梯度稀释、平板涂布等，这些操作可在无菌室内进行，也可在超净工作台上进行。

（4）菌种培养 接种后的平皿、试管或三角瓶等，需放入生化培养箱内或振荡摇床上进行培养。

生化培养箱（图2－7）的结构原理与烘箱相似，主要用于微生物培养、组织培养等实验。按照培养对象的不同，培养箱可分为需氧和厌氧两种培养箱。生化培养箱的温度一般可在 4～60℃ 调控，有的生化培养箱还配有加湿、消毒系统，可自动控制湿度、定时消毒、自动换气等。生化培养箱使用应遵循以下一般原则：

① 启动后，应立即设定温度，当温度达到规定值后再放入待培养的物品。
② 运行中应注意观察、控制温度的变化。
③ 箱内培养物的摆放不宜过挤，应有利于空气流通。
④ 尽量减少箱门的开启时间和开关次数。
⑤ 切忌将细菌和真菌放在同一培养箱内培养。
⑥ 每批培养结束后要定期消毒，避免交叉污染。

图2-6　电热恒温干燥箱

图2-7　生化培养箱

少量的微生物及细胞培养可在振荡摇床上进行。这是一类广泛应用于菌种繁殖、菌种筛选、培养基配方以及初级种子制备等需氧生物反应的培养设备，其结构原理是将盛装有培养液三角瓶（又称为"摇瓶"）固定于支持平台（称为"摇床"）上，平台可在电动机的驱动下，通过偏心轮的作用做旋转或往复式的振荡运动。振荡的目的是促进三角瓶内培养液的通气与营养成分的传质。

摇床有多种形式。根据三角瓶运动方式的不同，可将摇床分为往复式和旋转式。微生物或细胞的生长需要合适的温度及供氧，根据控温和供氧方式，可将摇床分为开放式和封闭式。开放式摇床须放置于空调房间内，控制房间的温度和室内新鲜空气来供给摇床上微生物或细胞培养的需要；封闭式摇床是将放置有三角瓶的摇床板整体封闭在一个相对封闭的空间内，类似于生化培养箱，可在一定范围内调节控制空气的温度和氧的供给，满足培养的需要。而根据控温的方式不同，又可分为空气循环调节温度的气浴式控温摇床和水浴调节温度的水浴式控温摇床。图2-8所示为一种开放式气浴振荡摇床。摇床上固定三角瓶的方式也有多种，如尼龙魔术贴、弹簧网格或是弹簧夹，使用上也各具特色。和生化培养箱的使用相似，振荡摇床的使用应遵循以下的一般原则：

往复式摇床适用于培养细菌和酵母菌等单细胞菌体。其振荡频率和冲程对培养液中氧的吸收有显著影响。旋转式摇床采用旋转的形式，具有较好的传氧速率和较低的功耗，适用面更广。

① 细胞的生物反应过程先将三角瓶牢固地安装在摇床板上，设定好温度及振荡频率（即摇床转速）后，再启动摇床。注意：有些摇床需要先将振荡频率调为零，启动电机后再逐步增加振荡幅度至规定值。

② 注意保持封闭式振荡摇床内的通风顺畅。

图 2-8　开放式气浴振荡摇床

③ 切忌将细菌和真菌放在同一摇床内培养。

④ 注意做好摇床的日常维护：全温（4~50℃）气浴摇床，应定期做加热驱潮处理；水浴摇床应注意检查并及时补充水槽内的水量；保持箱内外洁净，并定期消毒。

[能力拓展]

液氮的沸点是77K（-196℃），在正常大气压下温度低于-196℃就会形成液氮，如果加压，可以在比较高的温度下得到液氮。

液氮外泄处理方法：吸入氮气浓度不太高时，患者最初感胸闷、气短、疲软无力；继而有烦躁不安、极度兴奋、乱跑、叫喊、神情恍惚、步态不稳，称为"氮酪酊"，可进入昏睡或昏迷状态。吸入高浓度，患者可迅速昏迷、因呼吸和心跳停止而死亡。一旦发生液氮外泄，首先要迅速撤离泄漏污染区人员至上风处，并设置隔离区域，严格限制出入；通知消防及相关单位；应急处理人员戴自给正压式呼吸器，穿防寒服，戴防寒手套；不要直接接触泄漏物；尽可能切断泄漏源；禁止人员在低洼或下风区停留。

2. 菌种保藏

菌种保藏的基本措施是低温、干燥、真空。常用的菌种保藏方法有：斜面低温保藏、石蜡油封藏、沙土管保藏、麸皮保藏、冷冻真空干燥保藏和液氮超低温保藏等。

低温是菌种保藏常用的手段，因此低温设备是菌种保藏的主要工具。常用的有冷藏箱、冷冻箱、超低温（-80℃）冰箱及液氮罐等。常规的冷藏箱、冷冻箱与日常的冰箱相同，这里主要讨论超低温冰箱和液氮罐。

（1）超低温冰箱　又称为超低温冰柜、超低温保存箱等（图2-9），按照可达到的低温，主要有三类：-60℃、-80℃和-150℃超低温冰箱，广泛应用于生物制品、化学试剂、血浆、疫苗、菌种、细胞及其他生物样本等的低温保存。超低温的工作原理见本书姊妹篇《生物工程基础单元操作技术》的相关内容。

超低温冰箱的维护和保养对于延长其寿命和正常使用尤为重要，如果温度控制不准确，会带来极大损失。超低温冰箱维护和保养的一般原则如下：

① 超低温冰箱应定期清洁，清洗时宜用干布清除冰箱内外部和配件上的少量尘埃，也可使用中性洗涤剂清洗后再用纯净的湿布擦拭干净，不可对冰箱内部和上部直接冲水。清洁完毕后进行安全检查，确保冰箱插头不会虚接，插头没有异常热度等。

② 当遇到警报器启动报警时，通常可通过以下方面进行检查：检查电源是否有问题或插头是否被拉出插座；检查内部温度计是否超出合适的范围，在此情况下，物品置入会使冰箱升温，并触发警报器；检查是否一次性置入物品过多。

③ 当发现冰箱冷却不充分时，应检查蒸发器表面是否有冰霜；冰箱门是否开关过频；冰箱背部是否接触墙面；是否放入过多物品。

④ 当发现冰箱噪声过大时，应检查冰箱是否稳固，可调节活动螺丝，使四角稳固地支撑在底板上；检查是否有物件接触到冰箱背部。

在实际使用过程中，还会遇到许多其他问题，如制冷管慢渗漏易造成散热管不热、冰箱不停机甚至制冷剂严重缺损等故障。遇到这类情况需要及时维修，排除障碍，使冰箱达到最佳的工作状态。

（2）液氮罐　这里所说的液氮罐是指放置于室内、可贮存液氮的静置贮存罐（图2－10），罐内设置有可从罐口取放的吊筐，筐内放置需要保藏的菌种、细胞等生物材料。

图2－9　超低温冰箱　　　　　　　　图2－10　液氮罐

液氮罐应存放在通风良好的阴凉处，使用和存放时均不可倾斜、横放、倒置、堆压及撞击。拿取物品时，应戴好保温防护手套，防止被液氮冻伤；同时也快拿快放，以减少液氮的损耗。液氮罐在使用过程中应经常检查，可以用眼观测，也可以用手触摸外壳，若发现外表挂霜，表明罐体有泄漏，应停止使用并送至专业厂去检修。

项目三 发 酵 罐

微生物反应器常常是罐式反应器，又称为发酵罐。发酵罐是微生物大量生长繁殖的空间，是一类重要的生物反应器。根据结构的不同，可分为好氧式发酵罐和厌氧式发酵罐。目前，大多数生物工程产品是通过好氧代谢反应获得的，这一类生物反应器称为好氧式发酵罐，又称为通风发酵罐。

通风发酵罐可分为机械搅拌通风发酵罐、气升式发酵罐、自吸式发酵罐、鼓泡塔式发酵罐等类型。目前应用比较广泛的是机械搅拌通风发酵罐、气升式发酵罐。

一、机械搅拌通风发酵罐

机械搅拌通风发酵罐又称为通用发酵罐。这是应用最为广泛的发酵罐，利用机械搅拌器的作用，使空气和发酵液充分混合，促使氧在发酵液中溶解，以供给微生物生长繁殖、发酵所需要的氧气。

机械搅拌通风发酵罐的基本结构如图2-11所示，主要由以下部件组成：罐体、搅拌装置、夹套（换热器）、消泡器、洁净空气和排放尾气的进出口、物料进出口以及检测电极等，检测电极一般包括温度、pH和溶解氧（Do）。因发酵罐的大小和制造材料的不同，其结构形式也会有一些变化。

1. 罐体

这是设备的主体，通常为密闭的搅拌罐，由空心圆柱体和椭圆形或碟形封头构成，可承受一定压力和温度，一般能耐受 130℃ 和 0.25MPa（绝压）。罐体通常用不锈钢制造，小型的发酵罐也可用耐压玻璃制造。

罐体的上下封头一般为碟形，小型罐则采用平板盖。封头与圆柱体之间可以是焊接的，也有用法兰连接的。通常在罐顶封头上设置有进料、排气、接种以及压力检测、消泡电极和视镜、人孔（手孔）等。发酵过程的检测电极等通常设置在罐侧壁上，对于玻璃罐体则设置在罐顶，这些检测电极包括温度电极、pH电极

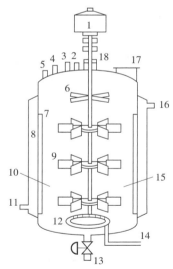

图 2-11　机械搅拌通风发酵罐
1—电动机　2—进消泡剂　3—进酸碱
4—排气　5—接种补料　6—消泡器
7—挡板　8—夹套　9—搅拌器
10，15—检测电极（温度、pH、Do）
11—进夹套　12—气体分布器
13—放料口　14—进气　16—出夹套
17—人孔　18—轴封

和溶解氧电极等。

罐体的封顶上设置有驱动搅拌器的电动机，电动机的传动杆通过设置在封顶的轴封与罐内的搅拌器相连接驱动。在一些大型发酵罐上，电动机常设置在罐体的下面，如图2-12（3）所示。

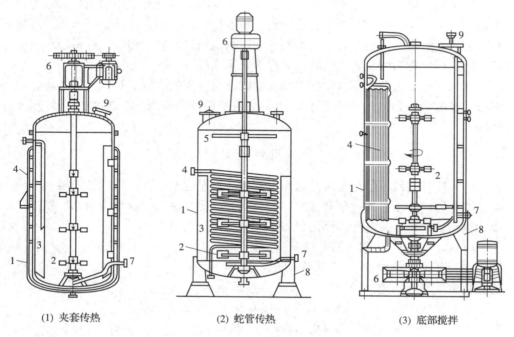

(1) 夹套传热   (2) 蛇管传热   (3) 底部搅拌

图2-12　通用发酵罐示例

1—罐体　2—搅拌器　3—挡板　4—蛇管或夹套　5—消泡浆

6—传动机构　7—进气管　8—支座　9—人孔

生物发酵需要的合适温度可通过罐体上设置的各种形式的换热器来调控，常用的换热器有沉浸式盘管、夹套等，换热器的进出口设置在罐壁上。为发酵液提供溶解氧的洁净压缩空气经进气管进入罐内，进气管可设置在罐顶、罐壁或罐底上。

为了能够观察罐内的反应状况，罐体上还设有视镜。小型罐的视镜常设置在罐壁上，大型发酵罐的视镜多设置在罐顶。为了便于罐内的维修，大型发酵罐的罐顶上还设置有人孔。

2. 换热器

发酵罐的换热器通常有两种形式：夹套和沉浸式蛇管。小型罐多采用夹套式，以减少罐内的结构，但传热效果较差；大型罐常采用蛇管的形式，可在罐内分成若干组对称安装。依据安装和排列结构不同，又分为盘管和竖管，如图2-12（2）、（3）所示。

3. 搅拌器

搅拌器的主要作用是混合和传质，使通入的空气分散成细碎气泡并与发酵液充分混合，提高溶氧速率，并促进生物细胞悬浮分散于发酵体系中，以维持适当的气－液－固（细胞）三相的混合与传质，同时强化传热过程。

搅拌器有多种形式，常用的搅拌器主要有两类：涡轮式和螺旋桨式。涡轮式搅拌器的结构比较简单，通常是在中央圆盘上设置六个叶片，根据叶片的形式又可分为平叶式和弯叶式（图2－13）。前者是典型的搅拌器形式，有很好的气泡分散效果；不足的是容易在叶片后面形成气穴，影响气液传质。后者采用弯曲的叶片，减少了气穴的形成，提高了载气能力。

螺旋桨式搅拌器采用类似螺旋推进器的结构，在发酵罐内形成由下向上的轴向螺旋运动，与涡轮式搅拌器相比，混合效果较好，但气泡分散程度较差。目前，国内外较流行的主要有两种：MaxFlo式和A315式（图2－14）。

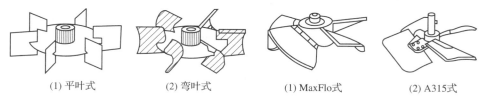

(1) 平叶式　　　　(2) 弯叶式　　　　(1) MaxFlo式　　　(2) A315式

图2－13　涡轮式搅拌器　　　　图2－14　螺旋桨式搅拌器

图2－15描述了这两类搅拌器的搅拌效果。按照气液扩散的原理，气液混合主要通过主体对流混合、涡流扩散混合与分子扩散三种方式实现。涡轮式搅拌器可产生较强的涡流扩散效果，气泡分散性好，但主体对流混合较差，容易产生层流。螺旋桨式搅拌器可在轴向产生较好的主体对流混合，但涡流扩散效果较差，即气泡分散性较弱。

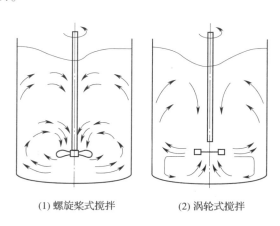

(1) 螺旋桨式搅拌　　　　(2) 涡轮式搅拌

图2－15　不同搅拌器的搅拌状态

　　为使涡流式搅拌也能获得较充分的混合效果，常常在罐内的转轴上设置 2～3 层搅拌器，同时在罐内壁上设置挡板，促使径向的层流改变为轴向的对流，增加溶氧速率，强化传质效果，也减少了气穴的产生。有些罐内设置的竖管换热器也有一定的挡板效果。

　　4. 轴封

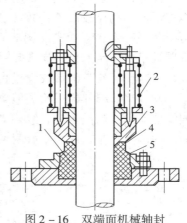

　　轴封的作用是密封罐顶或罐底与轴之间的缝隙，防止泄漏和染菌。发酵罐上常用的是双端面机械轴封。这种轴封由动环和静环构成基本组件（图 2－16），制作动环的材料是硬质合金（通常是碳化钨钢），制作静环的材料是聚四氟乙烯，因而动环和静环均具有耐热性能好、摩擦系数小等特性；此外，还有动环密封圈和静环密封圈（统称为 O 形环）。动环和静环分别通过 O 形环固定在搅拌轴和机座上，机座则固定在罐壁上。动环和静环之间通过表面光滑的硬质合金端面相互接触，在弹簧作用下两个端面紧密贴合，即使在转动时也能达到密封效果。

图 2－16　双端面机械轴封

1—O 形环　2—弹簧

3—动环　4—合金端面　5—静环

　　5. 空气分布器

　　其作用是使空气分布均匀，通常有两种结构：单管式和环管式。环管式由一根环形管道构成，管上分布有直径 2～3mm、朝向下方的喷气孔，喷孔的总截面积约等于通气管的截面积，常用于小型发酵罐中；单管式的结构简单，仅为一根管口向下的单管，管口正对发酵罐的底部，是大型发酵罐中经常采用的通风形式。为保护罐底，减轻气体冲击对罐底造成的腐蚀，常常在罐底中央衬上不锈钢圆板，称为补强板。

　　6. 消泡器

　　发酵液中含有的蛋白质等物质，在通风搅拌条件下会产生大量的泡沫，严重时，大量的泡沫会导致发酵液从排气管溢出和增加染菌机会。消除泡沫的方法有两种：加入化学消泡剂；使用机械消泡器。常用的机械消泡器有：耙式消泡器、涡轮消泡器和离心式消泡器。耙式和涡轮消泡器可安装于罐内（图 2－17），离心式消泡器则安装于发酵罐的排气口上。

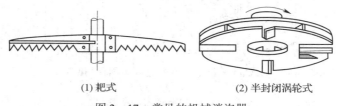

(1) 耙式　　　　　　　　(2) 半封闭涡轮式

图 2－17　常见的机械消泡器

二、气升式发酵罐

气升式发酵罐是另一种广泛应用的生物反应器，由罐体、导流管、循环管和空气喷嘴等部件组成。这类罐中没有机械搅拌器及相关装置，采用高速气流和密度差推动发酵液流动、混合。常见的有环流式、鼓泡式、空气喷射式等气升式发酵罐。依据环流管的设置方式，可以将气升式发酵罐分成内循环和外循环两种，内循环方式中，又有中央导流筒式和双带导流式（图2-18）。

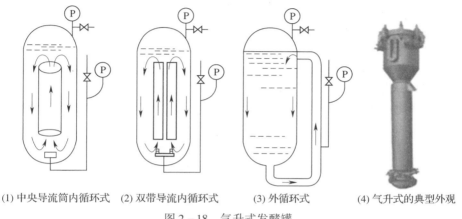

  (1) 中央导流筒内循环式 (2) 双带导流内循环式   (3) 外循环式   (4) 气升式的典型外观

图2-18　气升式发酵罐

气升式发酵罐工作时，压缩洁净空气通过喷嘴射出，流速可达到250～300m/s，推动发酵液沿环流管流动，并以气泡的形式分散于液体中。含大量气泡的液体沿环流管上升。在上升过程中，气泡中的氧溶解于发酵液内，过量的气泡在罐的顶部释放出来，发酵液气含率下降，形成富含溶氧和较少气泡的液体。由于发酵罐上部液体气泡少密度大，下部液体气泡多密度小，在密度差和重力作用下，上部液体沿循环管下降，下部液体上升，形成发酵液在发酵罐内的循环流动。空气喷嘴高速喷出的气流也推动发酵液沿循环管流动。发酵液的循环流动，促进了氧的溶解和液体内的传质传热。

气升式发酵罐在工作时，发酵液必须维持一定的环流速度才能使发酵液保持一定的溶解氧浓度。发酵液在环流管内循环一次所需要的时间，称为循环周期。培养不同微生物时，所需要的循环周期也有所不同。例如，黑曲霉发酵生产糖化酶时，当微生物浓度为7%时，循环周期要求为2.5～3.5min。如果大于4min，糖化酶会因缺氧导致活力急剧下降。因此，在选用此类设备时，应先通过小试来考察合理的循环周期。

环流管高度对环流效果有很大的影响，实验表明环流管高度应大于4m，罐内的液体要高出环流管的出口，否则环流效果明显下降。但过高的液面会产生"液体循环短路"现象，使罐内溶解氧分布不均匀，一般罐内液面高度不应高出

43

循环管出口 1.5m。

气升式发酵罐的优点是结构简单、能耗低、液体中的剪切作用小。在同样的能耗下，氧的传递能力比机械搅拌式发酵罐要高得多，广泛用于大规模生产单细胞蛋白质。气升式发酵罐不适用于黏度较高或含大量固体的培养液。

项目四　细胞反应器

动植物细胞培养是指动物或植物细胞在离体的条件下进行的增殖，所形成的是细胞而不是动植物组织。

动植物细胞在生长过程中对环境条件要求十分严格，除要求无杂菌、恒温、严格的 pH 和适当溶氧等条件之外，还需要较弱的剪切力。一般来说，动植物细胞对剪切力比较敏感，尤其是动物细胞，很容易受到剪切力的伤害，植物细胞耐受性较动物细胞强一点，但仍然低于微生物。因此，动植物细胞培养液的混合过程中不能产生较大的剪切力。另外，动植物细胞的培养过程是一个耗氧的过程，但耗氧量不及微生物大，而且过量气泡和氧浓度也对细胞的生长不利。因此，用于培养细胞的反应设备不同于微生物发酵罐，有其独特的结构要求。

一、动植物细胞的生长特点

动物细胞无细胞壁，耐受剪切力弱，而且，动物细胞在生长时必须要贴附在固体或半固体壁上，即具有贴壁培养的特性。因此，动物细胞培养器要能提供大面积的固体壁，在溶氧传质时不产生或产生弱小的剪切力。适合于动物细胞培养的生物反应器主要有三大类：贴壁培养反应器、悬浮培养反应器和贴壁 - 悬浮培养反应器。

植物细胞有细胞壁，其抗剪切性能高于动物细胞，但低于微生物。植物细胞也不像动物细胞那样有较强的贴壁生长特性，因而与微生物培养设备比较相近。植物细胞的培养设备主要有机械搅拌式、鼓泡塔式、气升式、转鼓式和固定化式生物反应器。通常将各式发酵罐的搅拌方法和通风系统改造后，即可用来进行植物细胞培养。如把圆盘蜗轮式搅拌器改造成大平叶搅拌器后，发酵罐可用来进行烟草细胞的培养。图 2 - 19 所示为常见的动植物细胞反应器搅拌形式。

二、贴壁培养设备

这类设备可分为培养瓶和膜反应器两类。

1. 培养瓶

动物细胞培养瓶有扁瓶和滚瓶两种（图 2 - 20）。扁瓶容量小，适合于实验室使用；滚瓶的容积从 4 ~ 40L 大小不等，是目前许多生物制品厂生产疫苗时的主要生产设备。

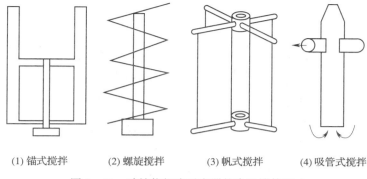

(1) 锚式搅拌　　　(2) 螺旋搅拌　　　(3) 帆式搅拌　　　(4) 吸管式搅拌

图 2 - 19　动植物细胞反应器的常见搅拌形式

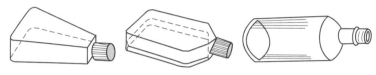

图 2 - 20　动物细胞培养瓶

2. 膜反应器

培养瓶的贴壁表面积与瓶体积之比约为 0.35 左右, 接种培养操作均依靠手工完成, 操作劳动强度大, 限制了培养规模的扩大。可以利用中空纤维膜来进行大规模的细胞贴壁培养。这种细胞培养装置由中空纤维膜组件、循环泵、培养液贮槽等组成 (图 2 - 21)。其中, 中空纤维膜组件由成千上万根中空纤维管组成。

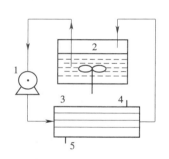

图 2 - 21　中空纤维细胞培养反应器
1—培养液循环泵　2—培养液贮槽
3—中空纤维膜组件　4, 5—细胞反应液进出口

中空纤维是一种由聚砜等聚合物制成的非常细的管状纤维, 其管壁是一种半透性多孔膜, 氧与二氧化碳等小分子可以自由地穿过膜进行双向扩散, 包括细胞在内的大分子有机物则不能通过。将成束的中空纤维管以列管的形式密闭固定于反应容器中, 容器的两端分别安装管程和壳程流体的进出口, 即构成中空纤维膜组件 (图 2 - 22)。

中空纤维管非常细小 (一般内径为 $200 \sim 500 \mu m$, 壁厚 $50 \sim 100 \mu m$), 其外壁有着巨大的表面积 (每 $1 m^3$ 的中空纤维所提供的表面积可达几千平方米), 可以供动物细胞贴壁生长。工作时, 培养液在反应器外部充氧后进入中空纤维的内腔 (管程), 水分、氧及营养成分可穿过半透膜进入中空纤维的外腔 (壳程) 且无气泡生成, 含动物细胞的反应液充填于壳程内, 细胞贴附在纤维管的外壁, 吸收从纤维管内获得的氧及营养成分。细胞代谢产物及成熟、脱落的细胞则随反应液由外腔流出。这种反应器的缺点是: 因反应空间狭小而导致细胞生长速度较

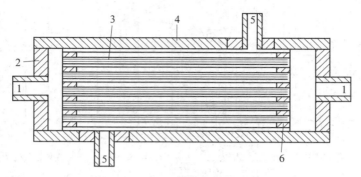

图 2 - 22　中空纤维细胞膜组件结构

1—中空纤维内腔进出口　2—密封板　3—中空纤维束

4—外壳　5—中空纤维外腔出口　6—固定板

慢，贴壁生长的细胞容易堵塞管壁上的微孔而降低半透膜的通透性，堵塞后不易清洗和维护，往往因一根纤维管的损坏致使整台设备报废，带来较大的损失。

三、悬浮培养设备

1. 笼式搅拌反应器

笼式搅拌反应器又称为通气搅拌式动物细胞培养反应器，是在微生物发酵反应器基础上改进的一类细胞培养装置，适用于悬浮细胞培养或生长在微载体上的贴壁细胞培养。图 2 - 23 所示为这种反应器的结构示意图。反应器由罐体和笼式搅拌器组成。罐体与一般反应罐相似，但笼式搅拌器的结构比较特殊，可大幅度降低搅拌对培养液产生的剪切力，同时避免大量气泡的产生，如图 2 - 24 所示。搅拌器是一个由电磁驱动的圆筒状旋转搅拌笼体，包括中空的搅拌内筒、由不锈钢丝网构成网状笼壁和内筒顶端的 3 个吸管搅拌叶组成，内筒与笼壁间环形空间的下方设有环形布气管。

工作时，洁净空气通过空心轴内的气体管线，由环形布气管鼓泡进入环形空间，形成气液混合区。气泡中的氧溶于液体中，过多的气泡从空心轴的排气管排出。充了氧的液体可通过笼壁进入搅拌器外的液体区。构成笼壁的丝网孔径很小（约 200 目），只能允许液体进出，而细胞和气泡均不能透过。随着搅拌笼的转动，吸管搅拌叶在旋转中使内筒顶部形成负压，将反应液从内筒底部吸入，由搅拌叶排出。这样，在反应器内就形成了三个相互独立的区域：搅拌器内筒的液体上升区、搅拌笼外的液体下降区、内筒与笼壁间的气液混合区，悬浮细胞气液随着反应液分别在内筒和笼外形成循环流动，反应液既可以在气液混合区内充氧，气泡又不能透过笼壁与细胞接触，不会伤害到细胞。由于吸管搅拌叶的旋转速度很缓慢，为 30 ~ 60r/min，形成柔和的搅拌，在保证反应液传质的同时，将剪切力降到了比较小的程度。

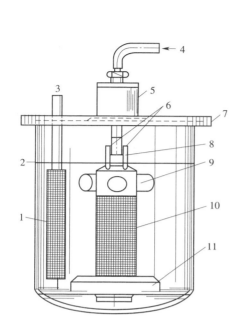 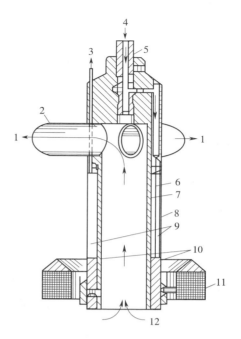

图 2 – 23　笼式通气搅拌反应器结构

1—出液口滤网　2—液面　3—出液口

4—进气　5—搅拌悬挂装置　6—出气口

7—罐顶　8—空心轴　9—吸管搅拌叶

10—搅拌笼体　11—电磁搅拌转子

图 2 – 24　笼式搅拌反应器剖面结构

1—出液体　2—吸管搅拌叶　3—出气体

4—进气体　5—空心轴　6—进气管

7—搅拌内筒　8—笼壁　9—气液混合室

10—环形布气管　11—磁性转子　12—进液体

这种反应器也可以用来进行微载体细胞的悬浮培养。例如，在疫苗制备的 Vero 细胞培养中，就是采用了这种反应器。

2. 微载体培养设备

针对动物细胞的贴壁生长特性，人们开发了对动物细胞有很好亲和性的微小球体，可使动物细胞贴附在微小球体上，贴附了细胞的微载体悬浮在培养液中，细胞吸收营养成分不断生长。这种培养方式结合了贴壁与悬浮两种培养方法的特点，适合于大规模动物细胞培养。

微载体是一种用不锈钢、玻璃、陶瓷、聚氨酯塑料等惰性材料制成的多孔载体，其多孔性可为细胞的贴附生长提供比较大的表面积，细胞贴附生长于载体的外表面和多孔的内表面上，而微载体又可以悬浮在培养液做悬浮培养。

搅拌式通风发酵罐、气升式通风发酵罐、笼式通风搅拌器，以及流化床和固定床反应器等，都可以用来做贴壁 – 悬浮培养反应器。

项目五　发酵过程的检测控制

在微生物发酵以及其他生物反应过程中，为了使生产稳产高产，降低原材料消耗，节省能量和劳动力，防止事故发生，实现安全生产，必须对生物反应过程和反应器系统实行控制，即控制生物生长在某种最佳条件下，以获得最优化的产品。控制生物生长涉及生物代谢反应的各个过程，需要使用各种检测装置获得反应器内部的物理、化学与生物信息，获知生物反应过程的状况，再根据这些信息通过各种手段及时改变这些条件，使之有利于生物反应过程的进行，获得产品。前者称为反应过程的检测，后者称为反应过程的控制。

按照目前对发酵过程的了解，发酵过程的检测和控制主要包括三个方面：

（1）物理参数　包括温度、压力、通气量、搅拌速度、培养液量（液面高度）、泡沫量、气泡分布、补料速度、冷却介质流量等。

（2）化学参数　包括液相 pH、溶氧浓度、溶解 CO_2 浓度、气相 O_2 浓度及 CO_2 浓度等。

（3）生化参数　细胞浓度、细胞存活率、细胞形态、培养液中各营养成分与代谢产物浓度（蛋白质、DNA、糖、脂……）、酶活性等。

一、检　测　方　式

发酵过程的参数检测有多种方式，可分为在线检测、就地检测和离线检测。

所谓在线检测，即利用能够感应检测参数变化的传感器，直接将反应器中的过程状况，通过电信号传递到显示系统和控制单元。也有一些参数的检测可以不需要信号传递，如压力表、温度表等，或称之为就地检测。而有些参数必须先从反应器内取出物料，再用仪器分析或化学分析方法进行检测，这种方式称为离线检测。离线检测容易引起染菌，出结果也需要一定时间。这里，我们主要讨论的是在线检测和就地检测，而这些检测均用各种检测仪器来实现。这类检测仪器称为传感器。

传感器能够感应生物反应过程的各种物理和化学变化，并将这些变化转化为电信号，供放大、显示、记录以及送到反应器的控制单元。能够应用在生物反应器上应满足以下条件：

（1）反应灵敏快速　传感器的灵敏度对生物反应过程的检测和控制非常重要。一般来说，传感器的信号感知都有一定的滞后性，即传感器得到的数值与实际情况有一个时间差。这个时间差越小，对生物反应过程的检测和控制就会越准确。

（2）结构简单，易保持清洁　生物反应需要无菌操作，用于生物反应的环境必须在较长一段时间内切断任何可能的染菌渠道。传感器一般是直接插到生物反应器上，常使用 O 形环密封圈进行密封。

（3）性能可靠稳定 生物反应过程是较长时期的无菌培养过程，其间一般都不允许中途更换或者是重新标定传感器，因此，传感器必须具有较好的可靠性与稳定性。

（4）能耐受蒸汽灭菌的温度与压力 蒸汽灭菌的温度一般可达 130℃以上，压力也在 0.15MPa 左右，安装于生物反应器上的传感器必须能耐受这样的温度和压力。

（5）具有反应专一性 生物反应的培养液往往含有较多的成分，且有气、液、固多个相态，以及传感器表面上的结垢和细胞碎片的沉积，这种复杂的反应体系要求传感器必须有较高的感应信号选择性。

二、典型的生物传感器

1. 温度计

一般的生物反应过程，包括培养基灭菌和发酵过程在内，其工作温度的范围是 0~150℃。对于实验室小型设备，常用半导体温度计或水银触点温度计作测温和控温用。但这类温度计往往没有电信号输出，属于就地测量，不能参与组成自动控制系统，但可以用作参数测量的校正。对于较大型的生产设备，常用的温度传感器有热电偶、半导体热敏电阻和铂电阻等。其中，铂金属电阻值与温度之间具有良好的线性函数关系。铂电阻温度传感器是当前生物反应器的标准配置，具有精度高、稳定性强、输出线性好的优点。

2. 压力表

发酵罐的压力表一般采用隔膜式表。为了便于远距离监控，常把压力表上的压力信号转换成电信号。安装时应做到不留死角，耐热压，密封性好，以保证反应器的无菌操作环境。

3. pH 电极

生物反应过程中常用的 pH 电极是玻璃氢电极（图 2-25），这是发酵罐上 pH 检测的标准配置，属于复合电极，其结构如图 2-26 所示，由两部分组成：一是由一个玻璃球连接一个柱状玻璃管组成的容器，里面充满了缓冲溶液；另一部分在玻璃球上方围绕柱状玻璃管形成的另一个环状空间，里面充满了电解液。环状空间底部有个隔膜小窗口，能将电解液与外部隔开，但可以进行内外离子交换而保持 H^+ 浓度的平衡，并传递到参比电极上。玻璃球底部有一层非常薄的特殊玻璃膜，这层膜在与水溶液接触时，能够在表面形成一个水化凝胶层，凝胶层里有可以活动的 H^+。玻璃膜的内外各有这样一层凝胶层，内层由于有缓冲液，H^+ 浓度相对稳定，当外层溶液 H^+ 发生变化时，玻璃层内外层电位发生变化，这个变化经玻璃膜、球内缓冲液传递到测量电极上，这样，在测量电极和参比电极之间就形成了可反映外部溶液 H^+ 浓度变化的电位差，并输出电信号，实现测量溶液 pH 的目的。

玻璃氢电极在使用前，应先将电极头部浸泡于水溶液中，以便使玻璃膜充分润湿。每次发酵（蒸汽灭菌前）前，都必须对电极进行标定。标定时分别采用酸、碱和中性标准溶液反复校准，校准方法与普通的 pH 计操作相同。

玻璃氢电极在发酵罐上使用时，要加装不锈钢保护套，电极与发酵罐壁之间使用"O"形环密封。电极内的电解液容易从隔膜窗渗出而损失，应及时从填充口处补充电解液。电极不用时，应将电极头浸泡于相同的电解液中。

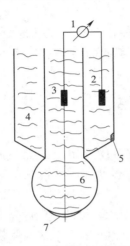

图 2-25　玻璃氢电极原理示意图
1—输出电信号　2—参比电极
3—测量电极　4—电解液　5—隔膜窗
6—内部缓冲液　7—玻璃膜

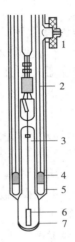

图 2-26　pH 玻璃电极结构
1—参比液填充口　2—参比电解液
3—缓冲液　4—参比电极　5—隔膜窗
6—测量电极　7—玻璃膜

4. 溶氧电极

对于好氧生物反应来说，培养液中的溶解氧浓度是一项重要指标，直接影响细胞的生长和产物的生成。氧在液体中的浓度一般都比较低，只有通过在线检测才能得到比较准确的结果。溶氧电极属于电化学电极，一般分为两种：电流电极和极谱电极。两者的基本结构相同（图 2-27）：在电极头部有个仅允许氧分子通过的透氧膜，氧分子在阴、阳两极间产生可以测量的电流，电流的大小与参与反应的氧分子数量成正比，由此可测得发酵液中的溶氧浓度。电流电极和极谱电极的区别在于两者的电化学反应不同，电解液与电极的组成也不相同。

溶氧电极在使用前，必须进行原位标定，即在发酵罐的安装位置上，取发酵过程中最大和最小的氧饱和条件作为溶氧值的零及饱和浓度条

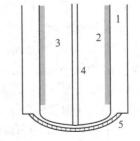

图 2-27　溶氧电极的结构
1—电解液　2—阴极　3—绝缘介质
4—阳极　5—透氧膜

件。零溶氧值可以通过向培养液中通入氮气来获得，由于较长时间的氮气置换，使反应器内充满了氮气，可认为氧浓度为零；饱和氧浓度可通过较长时间向培养液中通入空气来实现，由于此时尚未接种，没有氧的消耗，溶液中的氧可认为达到了饱和。所以，生物反应过程中检测到的溶氧值是一个相对值。

5. 消泡电极

在通风发酵这类生物反应过程中，常常会因起泡而影响反应进程。消泡电极是能够感知培养液泡沫的一种传感器。常用的消泡电极有两种：电容电极和电阻电极。电容电极由两部分组成，分别安装于罐内反应液的上方，当泡沫出现时，在两个电极之间产生与泡沫量呈正比关系的电容变化，从而可以定量测出泡沫量；电阻电极则是利用泡沫与电极接触构成电流回路的特点来检测泡沫，只能定性检测泡沫的生成与否。

6. 流量计

检测气体的流量计有体积流量计和质量流量计两类。

体积流量计用的是转子流量计，转子流量计可以直接读数，不能输出电信号。

质量流量计是根据对流体的固有特性（如质量、导电性、电磁感应和导热性）的响应而设计的。在没有气体流过时，沿着测量管轴向的温度分布大体上是左右对称的，而有气体流过时，气流进入端的温度降低，而流出端温度升高。这种温度差通过变送器转变为与质量流量成线形关系的电信号，从而获得精度很高的流量测定值。

7. 搅拌转速

常用搅拌转速测定方法主要有磁感应式和光感应式，利用搅拌轴或电机轴上装设的感应片切割磁场或光线而产生电信号，此信号的脉冲频率与搅拌器转速相同，记录输出的脉冲频率就可以测定搅拌转速。

8. 溶解 CO_2 浓度

发酵液中溶解 CO_2 浓度可以用 CO_2 电极测量，电极的工作原理与 pH 计类似，不同的是电极内装的是饱和碳酸氢钠溶液。CO_2 电极经高温灭菌后必须校准才能使用。

9. 尾气中气体成分

发酵罐排放气体中主要含有 O_2、CO_2 和其他气体。O_2 含量可以用顺磁氧分析仪、极谱电位法和质谱法测定，应用最广泛的是顺磁氧分析仪。顺磁氧分析仪的工作原理是：O_2 分子有很强的顺磁性，容易被磁场吸引而造成磁场强度的变化；气体中 O_2 含量越高，气体的磁效应越强。这种磁效应可以通过抗磁性物体受到的排斥扭力表现出来，两者间具有线性关系，因而可以测出气体中 O_2 含量。CO_2 含量可以用红外线二氧化碳测定仪测定。

10. 细胞浓度

细胞浓度是控制生物反应的重要参数之一，其大小和变化速度对细胞的生化反应都有影响。细胞浓度与培养液的表观黏度有关，间接影响发酵液的溶氧浓度。在生产上，常常根据细胞浓度来决定适合的补料量和供氧量，以保证生产达到预期的水平。发酵过程中，可以使用流通式浊度计，在线检测发酵液中的全细胞浓度。流通式浊度计的工作原理与分光光度计相同，在一定浓度范围内，全细胞的浓度与光密度（也称消光系数，OD）值成线性关系。

三、发酵过程的控制

生物反应过程检测的目的是为了控制，而控制的目的是为了使生物反应处于最佳反应状态，以最小的消耗获得最优、最多的合格产品。实际运行中，生物反应器的主要控制参数包括温度、pH、溶氧、泡沫、生物体（细胞）浓度和比生长速率等。

工业上，这些参数的控制都是通过相应的检测电极，将检测到的电信号送至信号控制仪，通过与控制仪内预先设定的参数值进行比对，再自动输出相应的指令，这些指令被传送至执行机构，通过相应的动作来实施参数的调控，即所谓的自动控制；也可以由控制仪将检测值显示出来，通过人工手段来实施调控，即人工控制。下面就几种典型的参数控制，来说明其控制原理。

1. 温度的控制

温度的控制有多种方式，小型反应器可将加热器或制冷装置直接与反应液体进行加热或制冷。但一般的生物反应器，多使用换热器（如沉浸式蛇管或夹套等）来调节反应器内的温度。如图 2 – 28 所示，铂电阻电极将感知的反应器内温度传送至温度控制仪，与设定的温度比较后，由温度控制仪发出指令，调节外置水浴的冷水进口阀门和加热装置，以改变水浴内的温度，再将水浴内调节至相应温度的水送入反应器内的换热器，与培养液进行热交换，从而调节反应器内的温度。外置水浴内的加热装置可以是电加热管，也可以用通入蒸汽的沉浸式蛇管。

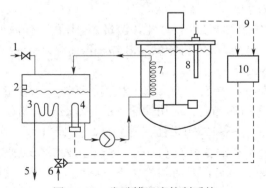

图 2 – 28　发酵罐温度控制系统

1—进水口　2—液面报警器　3—冷却管　4—加热装置　5—出冷却介质
6—进冷却介质　7—沉浸式蛇管　8—温度电极　9—设定温度　10—温度控制仪

2. pH 的控制

生物反应器内 pH 控制依靠向反应器内添加酸或碱溶液来完成，如图 2-29 所示，当 pH 电极测得反应器内 pH 高于设定值时，pH 控制仪向酸泵发出指令，启动酸泵向反应器内滴加酸液；否则，向碱泵发出指令，启动碱泵滴加碱液。

3. 溶氧的控制

好氧生物的培养中，生物体利用的氧是来自培养液中呈溶解状态的氧，称为溶氧。溶氧的不足将直接影响生物的生长代谢，进而影响产物的合成。所以必须控制溶氧浓度。

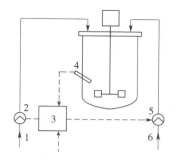

图 2-29 发酵罐的 pH 控制
1—酸 2—酸泵 3—pH 放大控制仪
4—pH 探头 5—碱泵 6—碱

溶氧浓度取决于氧进入培养液的速度和生物消耗氧的速度。如果前者大于后者，溶氧浓度升高，否则降低。后者取决于生物体的生长状况，只有前者可以通过直接控制而调整。氧进入培养液的速度取决于四个因素：搅拌速度、通气量、通气中的含氧量和反应器内的氧气的分压。因此，溶氧浓度的控制可以从这些方面入手。增加搅拌速度能够提高培养液的湍动程度，不仅提高气相中的氧进入培养液的速度，还有利于产生更多的小气泡，增加气相氧与培养液接触的面积和时间，在一定条件下是最有效的调节手段；但搅拌速度的增加是有限的，一方面是受设备功率和条件的限制，另一方面搅拌转速过大也同时增加了搅拌桨叶对培养液的剪切力，对细胞造成伤害。增加通气量也能增加气相氧进入液相的速度，但同样也受到培养液体积和设备条件的限制，且过大的通气量也容易造成气泡过载、泡沫过多等现象，反而不利于生物反应的进行。同样，气相氧分压的提高也存在同样的问题。事实上，空气中已有的氧浓度足够维持与液相溶解氧达成饱和平衡，而这些溶解的氧能够被微生物利用的却仅有很少的一部分。所以，溶氧的调节更多的是采用在一定范围内调节搅拌转速和通气量。

图 2-30 所示为常见的溶氧浓度控制方案。

方案（1）采用调节通气的方式，溶氧电极将检测到的溶氧浓度信号传送到信号放大控制仪，再由控制仪向三个阀门发出控制指令，分别调节高浓度的氧气、氮气和空气进入反应器。这种方式不改变搅拌速度。在生物培养的开始和结尾阶段，生物耗氧量少，可减少氧气的通入量，可用氮气和空气进行调配；在生物高速生长阶段，生物耗氧量增大，可用空气或高浓度的氧气进行调配。这种溶氧控制方式适用于动植物细胞等对搅拌剪切力比较敏感的生物培养。

方案（2）采用搅拌加通气的控制方式，适合微生物及其他对剪切力不敏感的生物培养。这种方式可以灵活控制，如设定搅拌优先或通气优先，即当溶氧浓度低于设定值时，先增加搅拌速度，再视情况增加通气量；或者设定搅拌不变，通气改变等。

对大多数的生物培养过程来说，通气量和搅拌转速即是生物培养过程的主要控制指标，也是工程设备的重要参数，常被视为培养过程各工艺段的标志。如果用溶氧来控制这两类参数，会给培养过程带来混乱。所以，除某些特殊情况外，溶氧多是被用作生物培养过程的检测参数而非控制参数。

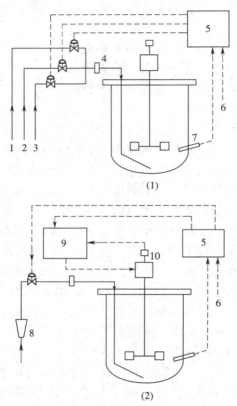

图 2 – 30　发酵罐的溶氧控制系统

1—氧气　2—氮气　3—空气　4—气体过滤器　5—溶氧浓度信号放大和控制仪
6—溶氧浓度设定值　7—溶氧电极　8—流量计　9—转速控制仪　10—转速显示与检测

4．泡沫的控制

在进行通气、搅拌或者有气体产生的生物培养过程中，气泡的产生是必然的。适度及不稳定的气泡有助于增加气液接触面积、延长气体在液体中的停留时间和强化气液间的传质。但过度、持久的稳定性泡沫则会对培养过程带来一系列的伤害。工业生产中一般使用如下方法控制泡沫：

（1）化学消泡　加入化学消泡剂是最常用的消泡方法。消泡剂是一类表面活性剂，有较低的表面张力，能竞争性地取代泡沫中起稳定作用的蛋白质类表面活性物质，从而降低泡沫的局部表面张力，使其因受力不均而破裂，起到消泡作用。生物工业上使用的消泡剂一般要求：在培养液中不溶解、易分散、无毒性、热稳定，且无爆炸性、挥发性和腐蚀性，有较强的消泡能力，价格低廉。

最早使用的消泡剂是天然油脂，具有价廉、易得、无毒的特点，但消泡效果弱，作用时间短；工业上应用较多的消泡剂是相对分子质量在 2000 以上的聚醚（泡敌）及聚二甲硅氧烷（硅油）。

（2）机械消泡 常用的机械消泡方法是使用安装在搅拌轴上的消泡器，详见前述。

实际消泡时，常常将化学消泡与机械消泡结合使用。例如，将电阻式消泡电极设置在反应器内的适当高度上，当气泡不大时，可通过安装在搅拌轴上的耙式消泡器消除泡沫，当泡沫进一步增加并触及消泡电极后，泡沫与电极间构成电流回路，启动消泡泵，向反应器内泵入消泡剂；当泡沫减少后，泡沫与消泡电极脱离接触，电流回路断开，消泡泵关闭，停止加入消泡剂。这是目前大多数发酵罐常用的消泡方式。

5. 生物体浓度的控制

生物培养过程中，生物体是生产的核心。生物体必须保持合适的浓度。浓度过低容易造成生物产品的产量降低而增加生产成本；浓度过高则会因反应器传氧能力的限制而造成生长代谢抑制，进而降低生产力。

最佳生物体浓度的大小受多方面因素的影响，除生物体本身的生理特性、培养液营养组成等生物学因素外，在过程控制方面，反应器中的供氧和好氧的平衡是主要的决定因素。当溶氧浓度能稳定在保持较优的生物生长和产物合成的最低值（临界值）之上，则此时的生物体浓度是恰当的。如果不是因通气、搅拌、压力、温度、pH 等环境条件变化引起的波动，那么当溶氧浓度低于临界值时，则说明生物体浓度过高，此时应采取措施以降低生物体浓度；反之，则说明生物体浓度过低，应采取措施提高生物体浓度。

通过检测反应过程排气中的氧和二氧化碳浓度，也可以估计生物体浓度。如果排气中二氧化碳浓度太高或者氧浓度太低，就表明生物体浓度过高；否则，则说明生物体浓度过低。

实际生产中，以上两种方法常常结合起来使用，既能控制合适的生物体浓度，又能保持生物体浓度的稳定，从而产生比较理想的生产效率。

[技能要点]

将生物技术的实验室成果经工艺及工程开发而成为可供工业生产的工艺过程称为生物反应过程。典型的生物反应过程包括原材料的预处理、生物催化剂的制备、生物反应器及反应条件的选择与监控等过程。学习本模块内容时，一定要以生物反应的规律为理论依据，深入理解各反应设备的功能和作用。生物反应过程要在无菌环境下操作，从菌种保藏、接种操作到菌种的筛选培养，都需要有相应的操作设备和手段，同时还需要相应的灭菌手段来确保无菌环境的实施。

目前工业应用的大多数生物反应一般都是好氧发酵，需要通气。搅拌可以使通入的气体能均匀分散到培养液中，但同时也增加了可能会对一些细胞（如动物细胞）带来伤害的剪切力。因此，生物反应器有多种形式，如机械搅拌、气升循环及笼式搅拌等形式。对生物反应过程的检测和控制可通过各种传感器等信号控制系统和执行机构来完成，这些传感器包括温度、pH、溶氧浓度、泡沫以及搅拌转速、通气量等，通过对这些参数的合理检测与控制，确保生物反应过程的完成。

[思考与练习]

1．名词解释

生物反应器，机械搅拌通风发酵罐，培养基

2．填空题

（1）机械搅拌式发酵罐常用的搅拌器主要有两大类，分别是_____、_____。

（2）无菌室也称_____，通常是_____、_____等操作的专用工作室，其特点就是能保证菌种操作环境的纯净，防止____的污染。

（3）通风发酵罐可分为_____、_____、_____、_____等类型。

（4）可用于培养动物细胞的反应设备除培养瓶外，主要还有_____和_____。

3．选择题

（1）机械搅拌式发酵罐空气分布器的形式有_____。

A　单管式　　　　B　喷射式　　　　C　漩涡式　　　　D　平流式

（2）玻璃氢电极常用来检测生物反应过程中的哪项参数？_____

A　溶氧浓度　　　B　pH　　　　　　C　温度　　　　　D　泡沫

（3）按照双膜理论，进入生物反应液中空气里的氧传递到细胞表面，传递阻力最大的阶段是_____。

A　空气中的氧→气泡中　　　　　　B　气泡内的氧→液体中

C　液体中的氧→细胞表面　　　　　D　细胞表面的氧→细胞内

4．简答题

（1）简述气升式发酵罐的特点。

（2）简述溶氧电极检测的工作原理。

（3）为什么无菌室可以确保无菌操作环境，请简述。

模块三　细　胞　破　碎

学习目标

[学习要求] 了解包涵体蛋白的分离，熟悉各种细胞的结构特征与破碎特点；掌握常用细胞破碎方法的操作。

[能力要求] 了解典型细胞破碎设备的工作原理，熟悉高压均质机、球磨机、超声波粉碎仪工作流程与操作。

项目一　细胞壁的结构与组成

大多数的微生物细胞和植物细胞均含有细胞壁，细胞壁里面是细胞膜。细胞膜和它所包围的细胞浆合称为原生质体。动物细胞没有细胞壁，仅有细胞膜。通常细胞壁较坚韧，细胞膜脆弱，易受渗透压冲击而破碎，因此细胞破碎的阻力主要来自于细胞壁。

一、细　　菌

几乎所有细菌的细胞壁都是由肽聚糖组成。肽聚糖是一种难溶性的聚糖，借助短肽交联形成网状结构，包围在细胞外，使细胞具有一定的形状和强度。革兰阳性菌的细胞壁结构与革兰阴性菌有很大不同。革兰阳性菌的细胞壁主要由肽聚糖层组成，而革兰阴性菌在细胞壁肽聚糖层的外侧，分别有由脂蛋白和脂多糖与磷脂构成的两个外壁层（图 3 – 1）。

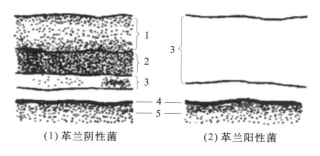

(1) 革兰阴性菌　　　　　　(2) 革兰阳性菌

图 3 – 1　细菌的细胞壁结构

1—外层（磷脂、脂多糖）　2—中层（脂蛋白）　3—内层（肽聚糖）　4—细胞膜　5—细胞质

细胞壁肽聚糖层的结构如图 3 – 2 所示，由聚糖支架、四肽侧链及五肽交联桥共同构成。聚糖支架由 N – 乙酰胞壁酸、N – 乙酰葡萄糖胺借助 β – 1，4 糖苷

键相互连接组成。四肽侧链与聚糖支架上的胞壁酸分子连接。五肽交联桥连接两个相邻的四肽侧链。革兰阳性菌的细胞壁较厚，15～50nm，肽聚糖含量占40%～90%。革兰阴性菌的肽聚糖层为1.5～2.0nm，外壁层为8～10nm。因此，革兰阳性菌的细胞壁比革兰阴性菌坚固，较难破碎。

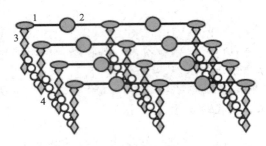

图 3-2　细胞壁肽聚糖层的结构

1—乙酰胞壁酸　2—乙酰葡萄糖胺　3—四肽侧链　4—五肽交联桥

二、霉菌和酵母菌

酵母的细胞壁呈"三明治"结构，外层是甘露聚糖、中间层为蛋白质、内层为葡聚糖（图3-3）。壁外含有由多糖构成的类似荚膜的结构，包括异多糖、甘露聚糖和淀粉类物质。酵母菌的细胞壁比革兰阳性菌的细胞壁厚，更难破碎。例如，面包酵母的细胞壁厚约70nm。霉菌的细胞壁亦主要由多糖构成，此外还有少量蛋白质和脂质等成分。

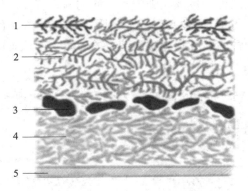

图 3-3　酵母细胞壁的结构示意图

1—磷酸化甘露聚糖　2—甘露聚糖　3—蛋白质　4—葡聚糖　5—质膜

三、植　物　细　胞

植物细胞壁是存在于植物细胞外围的一层厚壁，由胞间层、初生壁、次生壁三部分构成。主要成分为多糖物质。

（1）胞间层 又称中胶层，位于两个相邻细胞之间，为两相邻细胞所共有的一层膜，主要成分为果胶质。

（2）初生壁 位于胞间层内侧，通常较薄，1～3μm厚，有较大的可塑性，可使细胞保持一定形状，又能随细胞生长而延展。其主要成分为纤维素、半纤维素，并有结构蛋白存在。细胞在形成初生壁后，如果不再有新的壁层积累，初生壁便是它们永久的细胞壁。如薄壁组织细胞。

（3）次生壁 指部分植物细胞在停止生长后，其初生壁内侧继续积累形成的细胞壁层，位于质膜和初生壁之间。次生壁的主要成分为纤维素，常有木质素存在，通常较厚且坚硬，5～10μm，使细胞壁具有很大的机械强度。

综上所述，微生物细胞和植物细胞的细胞壁组成如表3－1所示，从表中可以直观地看出各种不同的细胞壁破碎的难易程度。

表 3 – 1　　　　　　　　　　　　细胞壁的组成

	G^+细菌	G^-细菌	酵母	霉菌	植物细胞
壁厚/nm	20～80	10～13	100～300	100～250	2～7μm
层次	单层	多层	多层	多层	多层
主要组成	肽聚糖 多　糖 磷壁酸 蛋白质 脂多糖	肽聚糖 脂蛋白 脂多糖 磷　脂 蛋白质	葡聚糖 甘露聚糖 蛋白质 脂　类	多聚糖 脂　类 蛋白质	纤维素 半纤维素 果胶物质 木质素 蛋白质
破碎难易程度	较难	较易碎	较难	难	很难

项目二　细胞破碎方法与设备

[课堂互动]

想一想　为什么细胞破碎会有难有易？

细胞破碎是指利用外力破坏细胞膜和细胞壁，使细胞内容物包括目的产物成分释放出来。这是分离纯化细胞内合成的非分泌型生化物质（产品）的基础。目前已建立了很多破碎细胞、释放细胞内容物的方法。根据作用方式不同，这些方法可以大致分为两大类：非机械法和机械法。表3－2描述了细胞破碎方法的分类。

表 3 - 2　　　　　　　　　　　　　细胞破碎方法一览表

方法		原理	效果	成本	主要应用范围
机械法	匀浆	细胞受大的撞击力和剪切力作用而破碎	适中	适中	动、植物及微生物细胞
	研磨	细胞被研磨物磨碎	适中	便宜	动、植物及微生物细胞
	珠磨	借助磨料和细胞间的剪切及碰撞作用破碎细胞	剧烈	适中	植物及微生物细胞
	压榨	很大的压力迫使细胞悬液通过小孔（<细胞直径的孔），致使其被挤破、压碎	剧烈	适中	动、植物及微生物细胞
	超声波	用超声波的空穴作用使细胞破碎	剧烈	昂贵	细胞悬浮液小规模处理
非机械法	物理法 溶胀	渗透压破坏细胞壁	温和	便宜	血红细胞的破坏
	物理法 冻融	急剧冻结后在室温缓慢融化，并反复进行，使细胞受到破坏	温和	便宜	动、植物及微生物细胞
	化学法 化学试剂处理	特定化学试剂可破坏细胞壁或增加其通透性	适中	适中	动、植物及微生物细胞
	化学法 酶溶	细胞壁被消化，使细胞破碎	温和	昂贵	植物及微生物细胞

一、非 机 械 法

1. 溶胀法

常规的溶胀法是将一定体积的细胞液加入到 2 倍体积的水中。由于细胞中的溶质浓度高，水会不断渗进细胞内，致使细胞膨胀变大，最后导致细胞破裂。

现在的溶胀法是预先用高渗透压的介质浸泡细胞来进一步增加渗透压。通常是将细胞置于高渗透压的介质（如较高浓度的甘油或蔗糖溶液）中，达到平衡后，将介质突然稀释或将细胞转置于低渗透压的水或缓冲溶液中。由于渗透压的突然变化，水迅速进入细胞内，使细胞壁和膜膨胀破裂。

溶胀法属于物理法。此法是在各种细胞破碎法中最为温和的一种，适用于易于破碎的细胞，如动物细胞和革兰阴性菌。但这些方法破碎效率较低、产物释放速度低、处理时间长，不适于大规模细胞破碎的需要，多局限于实验室规模的小批量应用。

2. 化学渗透法

某些化学试剂，如有机溶剂、变性剂、表面活性剂、抗生素、金属螯合剂等，可以改变细胞壁或膜的通透性（渗透性），从而使胞内物质有选择性地渗透出来。根据所用化学试剂的类型，化学试剂处理法又具体分为以下几种方法。

（1）酸碱处理法　蛋白质为两性电解质，改变 pH 可改变其荷电性质，使蛋白质之间或蛋白质与其他物质之间的相互作用力降低而易于溶解。因此，用酸碱调节 pH，可提高目标产物溶解度。这种处理法较为剧烈且选择性差。高浓度的碱液易导致多种降解反应及蛋白质失活。因此尽管该法简单易行，且价廉，但远不如溶胀法（渗透冲击法）、增溶法、脂溶法实用。

（2）增溶法 这是利用表面活性剂的增溶作用来使细胞破碎。较典型的方法是将体积为细胞体积 2 倍的某浓度的表面活性剂溶液加入到细胞中去，表面活性剂能将细胞壁破碎，制成的悬浮液可通过离心分离除去细胞碎片，然后再通过吸附柱或萃取器分离制得产品。

这种方法之所以有效，原因在于表面活性剂的化学性质。表面活性剂都含有一个亲水基和一个疏水基，前者通常是离子，后者通常是烃基。因此，表面活性剂是两性的，既能和水作用，又能和脂作用。表面活性剂均须达到一定浓度后才具有破碎细胞的作用。同时，细胞破碎后，在其后的产物提取精制过程中，还需设法分离除去这些表面活性剂，以确保生物制品的纯度和质量要求。

（3）脂溶法 这是用脂溶性溶剂破碎细胞一种方法，如丙酮、氯仿、甲苯这一类溶剂可部分溶解细胞壁、细胞膜的结构，使细胞释放出各种酶类等物质，并进而导致整个细胞破碎。这种方法的操作比较简单，例如，在细胞悬浮液中加入 10% 体积的甲苯，细胞壁脂质层吸收后导致胞壁膨胀，最后裂开，这时细胞质就释放到周围培养基中。

3. 酶溶法

酶溶法利用能溶解细胞壁的酶来处理细胞，使细胞壁受到部分或完全破坏后，再利用渗透压冲击等方法破坏细胞膜，最后导致细胞破碎。利用此方法时，必须根据细胞的结构和化学组成选择适当的酶。常用的有溶菌酶、$\beta - 1$，3 - 葡聚糖酶、$\beta - 1$，6 - 葡聚糖酶、蛋白酶、甘露糖酶、糖苷酶、肽链内切酶、壳多糖酶、蜗牛酶等。细菌主要用溶菌酶处理，酵母需用几种酶进行复合处理。使用溶酶系统时要注意控制温度、酸碱度、酶用量、先后次序及时间。

溶菌酶适用于革兰阳性菌细胞壁的分解，应用于革兰阴性菌时，需辅以 ED-TA 使之更有效地作用于细胞壁。真核细胞的细胞壁不同于原核细胞，需采用不同的酶。酵母细胞的酶溶需用 Zymolyase（几种细菌酶的混合物）、$\beta - 1$，6 - 葡聚糖酶或甘露糖酶。

通过调节温度、pH 或添加有机溶剂，可诱使细胞产生溶解自身的酶，这种酶溶法称为自溶。例如，酵母在 45 ~ 50℃ 下保温 20h 左右，可发生自溶。

酶溶法操作条件温和、选择性强，酶加到细胞悬浮液中能迅速与细胞壁反应使其破碎，是细胞破碎的有效方法。但酶的价格昂贵、通用性差、有时存在产物抑制，较难应用于大规模工业操作。

二、机　械　法

机械破碎处理量大，破碎速度较快，时间短，效率较高，是工业规模细胞破碎的重要手段，细胞受到挤压、剪切和撞击作用，易被破碎。图3－4描述了细胞破碎机理。由于机械搅拌产生热量，破碎要采用冷却措施。机械破碎主要的方法有高压匀浆法、珠磨法和超声波等方法。

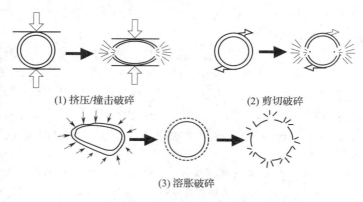

(1) 挤压/撞击破碎　　　　　　(2) 剪切破碎

(3) 溶胀破碎

图3－4　细胞破碎机理

1. 高压匀浆法

高压匀浆又称高压剪切破碎。图3－5是一种较典型的高压匀浆器，由高压泵、匀浆阀和冷却系统组成。其中，高压匀浆阀是破碎细胞的核心部件，其结构与工作原理如图3－6所示：细胞悬浮液在高压泵的作用下，通过针形阀高速喷入匀浆阀内，速度可达100~400m/s；由于突然减压和高速的冲击，细胞悬浮液在阀杆与撞击环之间产生剧烈的撞击，使细胞破碎；匀浆阀内通常设计有两个由阀杆和撞击环构成的撞击区，并通过阀杆与阀座间的狭窄缝隙垂直连接，构成细胞悬浮液的流动通道；细胞悬浮液在匀浆阀内经过两次撞击后，改变方向从出口管流出。细胞在两次撞击和流经缝隙通道时，在高速流动中经历了剪切、碰撞及由高压到常压的变化，在撞击力、剪切力和空穴爆破力等作用下，细胞被拉伸延长而变形，从而造成细胞的破碎。

高压匀浆法适用于酵母和大多数细菌细胞的破碎，料液细胞浓度可达到20%左右。团状和丝状菌易造成高压匀浆器堵塞，一般不宜使用高压匀浆法。高压匀浆操作时温度会升高，为保护目标产物的生物活性，需对料液做冷却处理，多级破碎操作中需在各级间设置冷却装置。由于料液通过匀浆器的时间很短，通过匀浆器后迅速冷却，可有效防止温度上升，保护产物活性。操作中影响细胞破碎的因素主要有压力、循环操作次数和温度。增加压力或增加破碎次数都能提高破碎效率，但压力增加到一定程度后零部件磨损较大。通常撞击环较易磨损，应定期更换。为防止污染，使用前后高压室至出口管需彻底清洁。

图 3 – 5　高压匀浆器

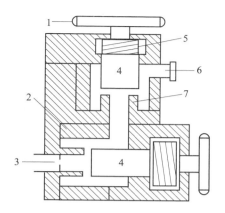

图 3 – 6　高压匀浆阀结构简图
1—调节手柄　2—撞击环　3—细胞悬浮液
4—阀杆　5—调节弹簧　6—匀浆液　7—阀座

高压匀浆操作中应注意以下事项：

（1）该法常用来裂解细菌和酵母。

（2）适用于中等体积（10～30mL）的样品，体积太大或太小均不适宜。

（3）为获得样品最佳破碎效果，样品可以第二次甚至第三次通过高压匀浆。

（4）温度敏感物质有必要低温操作。多次实施时，每次样品都要冷却。

2．珠磨法

珠磨法是利用玻璃小珠与细胞悬浮液一起快速搅拌，由于研磨作用，使细胞获得破碎。它用玻璃珠替代磨料。少量样品（湿重不超过3g）可在试管内进行，大量样品则需使用特制的高速珠磨机。

图 3 – 7 是水平密闭型珠磨机的结构简图。珠磨机的破碎室一般是水平设置的圆筒状，也有的是球状。破碎室内放置微小的研磨珠粒。珠粒的粒径为 0.1 ～ 1.0mm，多是玻璃（密度为 2.5g/cm³）或氧化锆（密度为 6.0g/cm³）材质，填充率为80%～85%（体积分数）。破碎室内设置有搅拌器。在搅拌桨的高速旋转下，微珠与细胞悬浮液相互搅动，微珠和微珠之间，微珠和细胞之间发生冲击、碰撞，使悬浮液中的细胞在研磨、剪切和撞击中被破碎。在破碎室的料液出口处设置有可隔离微珠的狭缝分离器，将微珠与破碎后的细胞匀浆液分离，不被料液带出。由于操作过程中会产生热量，易造成某些生化物质破坏，所以破碎室还配置有冷却夹套，以控制破碎时的操作温度。

提高搅拌速度、增加小珠装量、降低酵母悬浮液的浓度和通过珠磨机的循环速率均可增大破碎效率。但是，在实际操作时，各种参数的变化必须适当，如过大的搅拌转速和过多的微珠装量均会增大能耗，并使磨室内温度迅速升高。微珠可依据待破碎细胞的种类选择合适的规格，应根据细胞的大小、浓度及便于分离

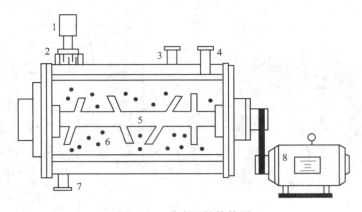

图 3 – 7　珠磨机结构简图
1—出细胞匀浆液　2—珠液分离器　3—出冷却液
4—进细胞悬浮液　5—搅拌桨　6—微珠　7—进冷却液　8—电机

来选择。例如细菌的体积比酵母小得多，须采用较小的玻璃小珠才有效，但是其直径又不能小于珠液分离器狭缝的宽度，否则微珠就会被带出。

珠磨法破碎细胞可采用间歇或连续操作。珠磨法的细胞破碎效率随细胞种类而异，但均随搅拌速度和悬浮液停留时间的增大而增大。特别重要的是，对于一定的细胞，存在适宜的微珠粒径，使细胞破碎率最高。通常选用的微珠粒径与待破碎细胞的直径比应在 $30 \sim 100\mu m$。一般来说，悬浮液中细菌细胞浓度在 6% ～ 12% 、酵母细胞浓度在 14% ～18% 时破碎效果较理想。

珠磨破碎操作的有效能量利用率仅为 1% 左右，破碎过程常常会产生大量的热能。因此，在设计操作时应充分考虑换热能力问题。珠磨法适用于绝大多数微生物细胞的破碎，但与高压匀浆法相比，影响破碎率的操作参数较多，操作过程的优化设计也比较复杂。

使用珠磨法的注意事项如下：

（1）通常是用来破碎酵母。

（2）微珠在使用前应做如下处理：浓盐酸洗后，双蒸水洗至中性，烘干并预冷。

3. 超声波法

超声波具有频率高、波长短、定向传播等特点。超声波细胞破碎法就是利用超声波来处理细胞悬浮液，使细胞破碎。超声波破碎法是一种很强烈的破碎方法，适用于多数微生物的破碎。

超声波破碎细胞的机理与液体中空穴的形成有关。当超声波在液体中传播时，液体中的某一小区域交替重复地产生巨大的压力和拉力。由于拉力的作用，使液体拉伸而破裂，从而出现细小的空穴。这种空穴泡在超声波的继续作用下，又迅速闭合，产生一个极为强烈的冲击波压力，由它引起的黏滞性漩涡在悬浮细胞上造成了剪切应力，促使其内部液体发生流动，而使细胞破碎。也可以利用这个原理来清洗、消除设备、材料上的污垢等，如超声波清洗机。并非所有的超声波频段都可以用来破碎细胞。破碎细胞通常是用 $15\sim25\text{kHz}$ 的频率。

超声波破碎仪就是用来产生超声波并破碎细胞的一类设备（图3-8），其核心部件是超声波振荡器，有不同的类型，常用的为电声型，由发声器和换能器组成，发生器能产生高频电流，换能器的作用是把电磁振荡转换成机械振动。超声波振荡器又可分为槽式和探头式（探头直接插入介质）两种型式，一般来说，后者的破碎效果比前者好，大多数超声波破碎仪多采用探头式。而超声波清洗机则多采用槽式。

图3-8 超声波破碎仪

超声波法破碎细胞会受到多方面因素的影响，比如超声波的强度、频率、操作温度、压强和处理时间等，此外细胞悬浮液的离子强度、pH和细胞的种类和性质等也有很大的影响。不同的微生物，用超声波处理的效果也不同，例如杆菌比球菌易破碎，革兰阴性菌细胞比革兰阳性菌易破碎，酵母菌效果较差。细菌和酵母菌悬液用超声波处理时，时间宜长点。有些菌体破碎要 $5\sim10\text{min}$ 或更长。为了防止长时间运转产生过多的热量，常采用间歇处理和降低温度的方法进行。

使用超声波破碎时必须注意将超声波强度控制在一定限度内，即刚好低于溶液产生泡沫的水平。因为产生泡沫会导致某些活性物质失活。过低的强度将降低破碎效率。一般在正式实验前先用多余样品进行预实验，调校至合适的超声波强度。正式破碎时，只能对超声波强度做微小的调整。

在处理少量样品时，超声波破碎法具有操作简便，细胞损耗少，比较适合于小规模的实验室应用。

使用超声波破碎法也有比较明显的缺陷。例如，超声波产生的化学自由基团能使敏感的活性物质变性失活；超声波的噪声令人难以忍受；超声波破碎法的有效能量利用率极低，操作过程产生大量的热，因此对冷却的要求相当苛刻，最好在冰水中或有外部冷却的容器中进行操作；大容量的超声波装置的声能传递、散热均有较大困难。所以，超声波破碎法不易放大，主要用于实验室规模的细胞破碎。

此外，使用超声波破碎时还应该注意以下事项：

（1）超声波破碎常用于多种细菌和脑组织匀浆。根据具体情况可以适当延长破碎时间，一般不宜超过10min，但最多处理1g细菌或组织。

（2）应用相差显微镜检查细胞破碎的效率。

（3）进行超声波破碎时，在整个破碎过程中探头不能脱离待破碎细胞液的表面。

上述各种机械破碎法的作用机理不尽相同，有各自的适用范围和处理规模。这里所说的适用范围不仅包括菌体细胞，还包括目标产物。例如，核酸的相对分子质量很大，在破碎操作中容易受剪切损伤。利用高压匀浆器、珠磨机、超声波破碎仪等机械法破碎设备破碎大肠杆菌、提取质粒DNA的研究表明，只有珠磨法的完整质粒收率在90%以上，而其他方法的收率低于50%。因此，针对目标产物的性质（如相对分子质量、分子形态、稳定性等）选择合适的细胞破碎方法并确定适宜的破碎操作条件是非常重要的。通常选择破碎方法遵循以下一般原则：

（1）提取的产物在细胞质内，选用机械破碎法。

（2）在细胞膜附近则可用温和的非机械法。

（3）提取的产物与细胞壁或膜相结合时，可采用机械法和化学法相结合的方法，以促进产物溶解度的提高或缓和操作条件。

（4）为提高破碎率，可采用机械法和非机械法相结合的方法，如破碎面包酵母时可先用细胞壁溶解酶预处理，然后再用高压匀浆机在95MPa的压力下匀浆四次，总破碎率可接近100%，而单独用高压匀浆机的破碎率只有32%。

三、常见的工艺问题及处理

机械法进行细胞破碎中常见的工艺问题主要是细胞破碎率低，或者细胞破碎液温度过高。

造成细胞破碎率低的主要因素有：细胞液浓度过低、细胞液破碎循环次数少、操作压力低、流出液量过大、搅拌速度低以及研磨剂用量少等。可以针对上述不同的情况采取不同的措施，如，对待破碎的细胞液进行过滤或离心富集（特别是粒度较小的细菌），加大循环次数，适当提高高压匀浆机的操作压力并减少细胞破碎液的流出量，适当提高搅拌转速、增大研磨剂用量。

细胞破碎液温度过高容易引起释放的胞内物质变性失活或分解，必须避免细胞在破碎过程中温度升得过高。细胞破碎液温度过高的主要原因有：料液温度高，细胞浓度大，操作压力高，搅拌转速大，冷却介质流量小或温度高等。可以采取的相应措施有：对料液进行预处理降低温度（如与干冰混合或采用冷却介质进行间歇换热降温），将待破碎的细胞浆液进行适当稀释，在保证破碎率的前提下适当降低操作压力，适当降低转速，以及加大冷却介质用量或降低冷却介质温度。

[知识链接]

超声波是频率高于20000Hz的声波，它方向性好，穿透能力强，易于获得较集中的声能，在水中传播距离远，可用于测距、测速、清洗、焊接、碎石、杀菌、消毒等。在医学、军事、工业、农业上有很多的应用。超声波因其频率下限大约等于人的听觉上限而得名。

项目三　包　涵　体

重组DNA技术为大规模生产目标蛋白质提供了崭新的途径，开辟了现代生物技术发展的新纪元。但是，人们在分离纯化基因工程表达产物时却遇到了意想不到的困难。采用分子生物学技术导入的外源基因在细菌中获得外源蛋白质的高效表达，常常造成相当多的蛋白质产物在细菌内凝集为不可溶、没有生物活性的聚集体，即包涵体。

一、包涵体的概念

从基因工程的角度，存在着这样的包涵体定义：在某些生长条件下，大肠杆菌能积累某种特殊的生物大分子，它们致密地集聚在细胞内，或被膜包裹或形成无膜裸露的结构，这种水不溶性的结构称为包涵体（Inclusion Bodies，IB）。可以这样认为，包涵体是病毒在增殖的过程中，在寄主细胞内形成的一种光学显微镜下可见的蛋白质性质的病变结构，多为圆形、卵圆形或不定形。一般是由完整的病毒颗粒或尚未装配的病毒亚基聚集而成，少数则是宿主细胞对病毒感染的反应产物，不含病毒粒子。

包涵体存在于细胞内的多个部位。有的位于细胞质中（如天花病毒包涵体）。有的位于细胞核中（如疱疹病毒），或细胞质、细胞核中都有（如麻疹病毒）。有的还具有特殊名称，如天花病毒包涵体称为顾氏（Guarnieri）小体，狂犬病毒包涵体称为内基氏（Negri）小体。昆虫病毒可根据包涵体的形状、位置而分为细胞质型多角体病毒、核型多角体及颗粒体病毒等。

嗜酸性包涵体见图3-9。

包涵体基本由蛋白质构成，其中50%以上是克隆产物，这些产物的一级结构是完全正确的，但是立体构型却存在错误，所以没

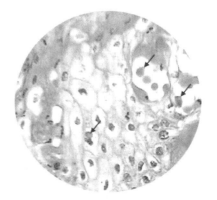

图3-9　嗜酸性包涵体

有生物学活性。天然细菌蛋白很高水平表达时也有凝集的倾向，尤其是单个氨基酸残基突变的天然蛋白也可能形成包涵体。溶解包涵体，使其中的蛋白产物恢复活性是相当困难的。这就促使科学家一方面探讨在表达中避免蛋白产物包涵体的形成；另一方面也开展研究，如何从包涵体中分离出有活性的蛋白产物，即蛋白质复性。

包涵体颗粒直径为 $0.1 \sim 3.0\,\mu m$，随表达产物而异。较大的包涵体可在相差显微镜下观察到，呈现深色的折光点，所以包涵体又称光折射体。包涵体中的蛋白质大部分是基因表达产物。这些基因表达产物的一级结构是正确的，但立体结构是错误的，所以没有生物活性。为此，欲获得天然活性态的目标产物，必须分离回收包涵体后，溶解包涵体并使其中的目标蛋白恢复应有的天然构型和活性。所以，包涵体的出现不仅增加了生化工程师生物分离过程设计的难度，也为生物化学家的蛋白质折叠机理研究提出了新课题。

二、包涵体的形成

包涵体形成的原因比较复杂，至今尚不完全清楚。一般认为包涵体的形成是外源蛋白质，在生成的过程中，缺少某些协助因子或者由于周围的物理环境（如温度较高或 pH 接近等电点等）不适，使其难以连续进行次级键的形成，中间产物相互凝集而积累成包涵体。

目前，将包涵体形成的因素归结为以下几个方面：

（1）重组蛋白的表达率过高，超过了宿主细胞的正常代谢，由于胞内蛋白水解能力达到饱和，导致重组蛋白在细胞内沉积下来。

（2）由于蛋白的合成速度太快，以致没有足够的时间进行肽链的折叠，二硫键不能正常配对，导致重组蛋白的溶解度变小。

（3）与重组蛋白的氨基酸组成有关，含硫氨基酸含量越高就越容易形成包涵体。

（4）重组蛋白是宿主细胞的异源蛋白，大量生成后，缺乏后续修饰所需的酶类和辅助因子，如折叠酶等，导致中间体大量积累成沉淀。

（5）与重组蛋白本身的溶解性有关。

（6）在细胞分泌的某个阶段，蛋白质间的离子键、疏水键或共价键等化学作用导致包涵体的形成。

三、包涵体的分离

由于重组蛋白形成包涵体，包涵体又位于细胞质中，因此可以选择破碎细胞的方法得到包涵体。从目前的研究来看，包涵体是一种致密性凝聚体，密度较大，低速离心便可沉淀，与细胞碎片和可溶性产物分离。

包涵体的一般纯化步骤是：

破碎细胞→分离包涵体→溶解包涵体→蛋白质产物的构型复原等

破碎细胞的常用方法主要有：机械破碎和化学破碎。细胞破碎后采用离心分离包涵体，然后加变性剂溶解包涵体，最后采用透析或超滤除变性剂使蛋白质产物的构型复原从而使蛋白质复性。

例如在人 γ - 干扰素的提取中，先把发酵液冷却至 10℃ 以下，离心（4000rpm）分离，除去上清液得到细胞后，将细胞悬浮于 10BV 的 PBS 缓冲液中，于冰浴下进行超声波破碎，反复 5 次，每次 5s，再离心（4000rpm）分离后，用 0.1% TritonX - 100 的溶液充分搅拌均匀，洗涤三次后，再次离心（10000rpm）20min 后，可得到包涵体。细胞破碎后离心分离的包涵体沉淀物中，除目标蛋白质外，还有其他蛋白质、核酸等，经过洗涤，可以除去吸附在包涵体表面的不溶性杂蛋白、膜碎片等，达到纯化包涵体的目的。洗涤多使用较温和的表面活性剂（如 TritonX - 100）或低浓度的弱变性剂（如尿素）等。通常情况下，洗涤剂的浓度不能太高，以免包涵体也发生溶解。

四、包涵体的变性溶解

包涵体中不溶性的活性蛋白产物必须溶解到液相中，才能采用各种手段使其得到进一步的纯化。一般的水溶液很难将其溶解，只有采用蛋白质变性的方法，才能使其形成可溶性的形式。常用的变性增溶剂有十二烷基磺酸钠（SDS）、尿素、有机溶剂（乙腈、丙酮）、pH > 9.0 的碱溶液或盐酸胍等。

十二烷基磺酸钠是曾经广泛使用的变性剂，可在低浓度下溶解包涵体，主要是破坏蛋白质肽链间的输水相互作用。但是结合在蛋白质上的 SDS 分子难以除去。一般 SDS 的使用浓度为 10 ~ 20g/L。

尿素和盐酸胍可以打断包涵体内的化学键和氢键。用 8 ~ 10mol/L 的尿素溶解包涵体，其溶解速度较慢，溶解度为 70% ~ 90%。在复性后除去尿素不会造成蛋白质的严重损失，同时还可选用多种色谱方法对提取到的包涵体进行纯化。但用尿素溶解对蛋白质很难恢复活性。盐酸胍对包涵体的溶解效率很高，可达 95% 以上，溶解速度快，缺点在于成本较高，且除去盐酸胍时，蛋白质会有较大损失，而且盐酸胍对后期离子交换提纯有干扰作用。

对于含半胱氨酸的蛋白质，其包涵体形式通常含有链间形成错配的无活性的二硫键，加入还原剂可使二硫键处于可逆断裂状态。常用的还原剂有二硫基乙醇（2 - ME）、二硫苏糖醇（DTT）、二硫赤藓糖醇、半胱氨酸等。对于目标蛋白无二硫键的包涵体，加入还原剂也有增溶作用，可能是含有二硫键的杂蛋白影响了包涵体的溶解。

五、蛋白质的复性

虽然包涵体是表达蛋白非天然形式的混合物，但是其肽链本身是完整的，或者说一级结构是正确的。从包涵体纯化表达蛋白的一个优点是包涵体易于与细胞其他成分分离。一般的水溶液很难溶解包涵体，只有在变性剂（如盐酸胍、脲）溶液中才能很好溶解。这时，溶解的包涵体蛋白获得完全变性，即除一级结构和共价键保留外，所有的氢键、疏水键全被破坏，疏水侧链完全暴露。然后，在一定条件下除去变性剂促使产物蛋白完成正确的蛋白折叠过程，获得天然结构，该过程称为复性。蛋白质复性是十分复杂的过程，目前采用的方法主要有两种。一种是稀释溶液，使溶液中变性剂浓度逐步降低，蛋白质开始复性。此法简单易行，但操作时的溶液用量体积有时过大，降低了蛋白质浓度。另一种是透析、超滤或电渗析除去变性剂。透析法经常用于实验室，用水或缓冲液进行透析，变性剂透过膜扩散浓度逐渐降低，蛋白质获得复性。该法的溶液总体积和蛋白质浓度变动不大，但时间较长，有时会形成蛋白质沉淀。

在复性过程中必须注意的问题是：包涵体蛋白如含有两个以上二硫键时，有可能产生肽链内和肽链间的错配。这种情况，在复性之初需用还原剂（二硫苏糖醇、β-巯基乙醇、还原型谷胱甘肽等）打开二硫键，复性过程中用氧化剂（谷胱甘肽、半胱氨酸、碱性条件下的空气等）促进正确二硫键的形成。

由于蛋白质复性十分复杂，通常包涵体蛋白复性率很低，常用的复性方法其复性率一般不超过20%。复性收率低的主要原因是：复性过程中同样存在竞争反应动力学过程，变性剂浓度降低后，变性的蛋白质容易发生聚集，形成不可逆变性沉淀。应该看到不同的产物蛋白具有不同的结构和功能，其复性过程也各不相同，存在明显的差别和不同难易程度。由于生物个体之间相差很大，包涵体产物的变性和复性仍主要凭经验摸索。具体的产物蛋白复性方法需要根据基本原理和初步试验，设计及筛选最佳复性方案。迄今包涵体蛋白复性方法的改进仍在不断研究之中。

[能力拓展]

蛋白质折叠

蛋白质的基本单位为氨基酸，而蛋白质的一级结构指的就是其氨基酸序列，蛋白质会由所含氨基酸残基的亲水性、疏水性、带正电、带负电……特性通过残基间的相互作用而折叠成一立体的三级结构。虽然蛋白质可在短时间中从一级结构折叠至立体结构，研究者却无法在短时间中从氨基酸序列计算出蛋白质结构，甚至无法得到准确的三维结构。因此，研究蛋白质折叠的过程，可以说是破译"第二遗传密码"——折叠密码的过程。

但是，既然包涵体产物的一级结构是正确的，根据一级结构决定高级结构的原则，包涵体经过适当的变性和复性处理，应该可以完全再折叠成天然活性态分子。因此，20世纪80年代后期以来人们开展了广泛的蛋白质复性研究。例如，研究表明，单克隆抗体具有协助蛋白质复性的作用；向稀释液中添加适当浓度的聚乙二醇，可防止复性过程中的凝聚沉淀现象，使蛋白质复性收率提高2倍，利用反胶团萃取人工变性蛋白质（核糖核酸酶A）后除去变性剂复性，收到了令人振奋的结果；由于一个反胶团仅容纳一个蛋白分子，有效地防止了变性分子间的聚集沉淀，复性率可达100%。近年来，相关的基础和应用研究非常活跃，已经远远超出了包涵体产物复性的范畴，对生物分离技术和观念的革新产生了极大的推动作用。

[技能要点]

细胞破碎就是利用外力破坏细胞膜和细胞壁，使细胞内容物包括目的产物成分释放出来的过程。大多数微生物细胞和植物细胞均含有细胞壁，因此细胞破碎的阻力主要来自于细胞壁。细胞破碎的方法可大致分为非机械法和机械法两大类，其中机械法主要有高压匀浆法、珠磨法和超声波法，相应的设备则有高压匀浆机、球磨机和超声波粉碎仪。不同的细胞破碎方法有各自不同的适用范围和应用规模，其影响因素包括有细胞种类、目标产物等。

[思考与练习]

1. 名词解释

细胞破碎技术，酶溶法，珠磨法，超声波法，包涵体，蛋白质的复性

2. 填空题

（1）外加酶法破碎细胞时需要选择＿＿＿＿＿＿＿，并要控制特定的反应条件，如＿＿＿＿＿＿。

（2）常用的化学试剂细胞破碎方法有＿＿＿＿＿＿。

（3）超声破碎机通常在＿＿＿＿＿的频率下操作，可分为＿＿＿＿＿和＿＿＿＿＿直接插入介质两种型式，其机理是＿＿＿＿＿＿。

3. 选择题

（1）丝状（团状）真菌适合采用以下何种设备破碎？（　　　）

A　珠磨机　　　　B　球磨机　　　　C　高压匀浆机　　　　D　万能粉碎机

（2）可用于小量细胞破碎的设备是（　　　）。

A　高压匀浆机　　B　胶体磨　　　C　珠磨机　　　　　　D　超声破碎仪

4. 简答题

（1）比较革兰阴性菌和革兰阳性菌细胞壁组成的异同点？

（2）在选择细胞破碎方法时需要考虑哪些因素？

（3）什么是包涵体？

模块四 非均相分离

学习目标

[**学习要求**] 了解过滤、离心的基本原理，熟悉典型过滤、离心设备的结构特征，掌握过滤、离心操作的基本过程。

[**能力要求**] 了解沉降和过滤设备的工作原理，掌握旋风分离器和板框压滤机等设备的工作流程与操作。

项目一 非均相分离的目的

生物工程产品生产及制药过程中常常需要将混合物进行分离。这些混合物可分为均相物系（均相混合物）和非均相物系（非均相混合物）两大类。均相混合物在物系内部不存在相界面，各处物料性质均匀一致，如可相互溶解的液体组成各种溶液，不同组分的气体组成气体混合物等。非均相混合物在物系内有相界面存在，且相界面两侧是截然不同的物料，或是不同的物相，或是同种但不互相溶解的物相，如含尘气体（气相－固相）、雾（气相－液相）、悬浮液（液相－固相）、泡沫液（液相－气相）和乳浊液（液相－液相）等。

非均相混合物中，有一相是处于非连续的分散状态，称为分散相或分散物质；另一相呈连续的状态，包围在分散物质的周围，称为连续相或连续介质。根据连续相的状态，非均相物系分为两类：气态非均相物系，如含尘气体、含雾气体等；液态非均相物系，如悬浮液、乳浊液、泡沫液等。由于非均相物系中的连续相与分散相具有不同的物理性质（如密度），工业上一般采用机械方法将这种相态的物质进行分离，即造成分散相和连续相之间的相对运动而实现两相间的分离。本模块内容就是介绍通过机械法分离非均相物系的单元操作。

一、非均相分离的工业应用

1. 收集分散相

之前提到的固体物料气力输送过程中，气流中携带的固体物料颗粒需要分离出来；生物工程反应中排放的部分含雾气体或制水等过程中排放的二次蒸汽，需要将气流中夹带的液滴分离出来；从气流干燥器、喷雾干燥器等生物工程产品干燥过程中的排气，往往夹带大量的固体颗粒产物，以及发酵液、浸泡液、破碎悬浮液、结晶沉淀液等生物工程反应液中均含有大量的固体颗粒产品，必须将这些有价值的悬浮颗粒物加以收集、回收或者循环应用等。

2. 净化连续相

微生物发酵排气、产尘车间的空气净化、破碎提取液中无用悬浮颗粒物的去除、反应产品液的净化澄清等。

3. 安全生产与环境保护

为确保生物工程产品及制药生产的安全性，为达到 GMP 要求的洁净生产环境而需要的制风、制水过程，都需要利用机械分离的方法来处理生产用风、用水；生产过程排放的废气、废液，必须进行净化处理使其浓度符合排放规定以保护环境；破碎过程中很多含碳的颗粒细粉与空气混合易产生爆炸的危险性，必须分离之以消除安全生产的隐患等。

二、非均相分离的方法

利用机械法分离非均相物系，按其所涉及的物料流动方式，大致可分为过滤和沉降两类操作。非均相分离过程及典型设备见表 4 - 1。

表 4 - 1　　　　　　　　　　非均相分离过程及典型设备

主要推动力	非均相物系	过程	设备
重力	气体 - 固体 液体 - 固体	沉降 澄清	降尘室 沉降器
压力差	液体 - 固体	过滤	过滤机
离心力	气体 - 固体 液体 - 固体 液体 - 固体	沉降 沉降 沉降或过滤	旋风分离器 悬液分离器 过滤式离心机、沉降式离心机
电场	气体 - 固体	沉降	电除尘器
声场	气体 - 固体	沉降	超声波强音雾笛等

项目二　过滤操作

过滤是分离悬浮流体中颗粒物的最普遍和有效的单元操作之一。通过过滤操作，可以获得较清洁的液体或固体产品。与沉降相比，过滤操作可使悬浮液的分离更加迅速、彻底。在某些场合下，过滤是沉降的后续操作。

一、　过滤的机理

1. 过滤及过滤推动力

过滤是指在外力的作用下，悬浮液中的液体通过多孔介质的孔道而固体颗粒被截留下来，从而实现固、液分离的操作。

　　过滤操作所处理的悬浮液称为滤浆，用于截留固体颗粒或溶液中所含的微粒或大分子物质的多孔材料称为过滤介质（当过滤介质是织物时，也称为滤布），通过介质孔道的澄清液体称为滤液，被截留的物质称为滤饼或滤渣。在膜分离过程中，截留下来的液体称为浓缩液，透过的滤液称为透过液。

　　推动过滤操作的外力可以是重力、压力差或惯性离心力，因此，过滤操作又分为重力（常压）过滤、加压过滤、真空过滤和离心过滤。工业上应用最多的是压力差。压力差产生的方式有：滤液自身重力、抽真空、液体泵增压。过滤介质两侧的压力差是过滤的推动力。

　　2. 过滤介质

　　过滤介质的作用是使滤液通过，截留固体颗粒并支撑滤饼，要求其具有多孔性、耐腐蚀性及足够的机械强度。

　　工业上常用的过滤介质有织物介质、堆积介质和多孔性固体介质。用于膜过滤的介质则为各种无机材料膜和有机高分子膜。

　　（1）织物介质　由天然纤维、化学纤维、玻璃丝、金属丝等编织而成。用金属丝编织的称为滤网，用各种纤维编织的称为滤布。织物介质在工业上的应用最广。

　　（2）堆积介质　用细沙、石棉、炭屑、硅藻土等堆积的颗粒床层，以及非编织纤维（如玻璃棉）等的堆积层，借助颗粒间的微细孔道将固体颗粒截留，使滤液通过。一般用于处理含固体微粒少的悬浮液（如水的净化）。由堆积介质堆积起来的过滤层也称作滤床。

　　（3）多孔性固体介质　用多孔陶瓷，多孔塑料板，多孔金属、多孔玻璃等制成板状或管状的过滤材料，称为滤板、滤管或滤器。此类介质多耐腐蚀，有较高强度，孔道细微，能截留小至 $1 \sim 3\mu m$ 的固体颗粒。

　　（4）微孔滤膜　这是一类由高分子材料制成的薄膜状多孔介质，可截留 $0.01\mu m$ 以上的微粒，适用于精滤。

　　3. 过滤方式

　　目前，工业上的过滤方式基本上有两种：深层过滤和滤饼过滤。

　　（1）深层过滤　当悬浮液中所含颗粒很小，而且含量很少（液体中颗粒的体积小于 0.1%）时，可用较厚的粒状床层做成的过滤介质（自来水净化用的砂层）进行过滤。由于悬浮液中的颗粒尺寸比过滤介质孔道直径小，当颗粒随液体进入床层内细长而弯曲的孔道时，靠静电及分子力的作用而附着在孔道壁上，过滤介质床层上面没有滤饼形成。因此，也称为深层过滤。由于它用于从稀悬浮液中得到澄清液体，所以又称为澄清过滤，例如自来水的净化及污水处理。

　　过滤机理见图 4 - 1。

　　（2）滤饼过滤　悬浮液过滤时，液体通过过滤介质而颗粒沉积在过滤介质表面而形成滤饼。颗粒比过滤介质的孔径大时会形成滤饼。不过小颗粒由于"架桥现象"（图 4 - 2）开始时滤液较浑浊，随着"架桥现象"逐渐形成滤饼层，此时滤饼层成为有效的过滤介质，滤液变得澄清。适用于颗粒含量较高等悬浮液。

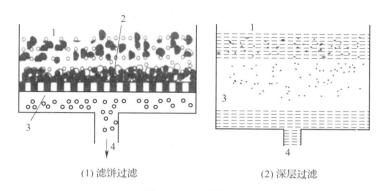

(1) 滤饼过滤　　　　　　　　　(2) 深层过滤

图 4 - 1　过滤机理

1—混悬液　2—滤饼　3—过滤介质　4—滤液

近年来，膜过滤（包括超滤和微孔过滤）作为一种精密分离技术，得到飞速发展，并应用于许多行业的生产中。工业生产中悬浮液固相含量一般较高，这里我们只讨论滤饼过滤。

4. 滤饼与助滤剂

（1）滤饼的压缩性　　滤饼是由被截留下来堆积在过滤介质表面而形成的颗粒物沉积床层。随着过滤操作的进行，滤饼的厚度和流动阻力都会逐渐增加。

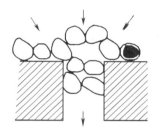

图 4 - 2　架桥现象

滤饼可分为可压缩滤饼和不可压缩滤饼两种。如果构成滤饼的颗粒是不易变形的坚硬固体（如硅藻土、碳酸钙等），则当滤饼两侧压力差增大时，颗粒的形状和颗粒间的空隙都不会发生明显变化，床层的单位厚度可视为恒定，这类滤饼称为不可压缩滤饼；反之，有的悬浮物颗粒比较松软（如菌体、胶体物等），当滤饼两侧的压力差增大时，颗粒的形状和颗粒间的空隙便会有明显的改变，单位厚度饼层的流动阻力也随压力差的增大而增大，这类滤饼称为可压缩滤饼。

（2）助滤剂　　过滤操作中，由悬浮液中的固体颗粒所形成的滤饼，其空隙结构会由于过滤介质两侧压力差的增大而有不同程度的变形，而使滤饼中流动管道缩小，导致流动阻力增加；有时过滤某些细微而有黏性的微粒时，形成较致密的滤饼层，增加流动阻力；也有时因微粒过于细密而将过滤介质通道堵塞。这时，可将某种质地坚硬而能形成疏松床层的另一种固体微粒预先涂于过滤介质上，或混入悬浮液中，以形成较为疏松的滤饼，使滤液得以畅流。这种预涂或预混的固体物料称为助滤剂。

助滤剂是质地坚硬且不可压缩的固体颗粒，具有很好的化学稳定性，不与悬浮液发生化学反应，也不溶于液相中。常用的助滤剂有硅藻土、碳粉、纤维粉末、石棉等。

助滤剂的使用方法有预涂法和掺滤法两种。预涂法是把助滤剂单独配制成悬浮液先行过滤，在过滤介质表面形成助滤剂预涂层，然后再过滤待过滤的悬浮液。掺滤法是把助滤剂按一定比例直接分散在待过滤的悬浮液中，一起过滤，其用量通常为截留固相质量的 1% ~10%。由于助滤剂在滤饼中不容易分散，所以当滤饼是产品时一般不使用助滤剂。一般只有在需要获得清净的滤液时才使用助滤剂。

二、过滤操作过程

工业上过滤操作过程一般是由过滤、洗涤、去湿和卸渣四个阶段组成。

1. 过滤

这是使悬浮液通过过滤介质成为澄清液的操作过程。由于过滤介质中微细孔道的直径一般稍大于部分悬浮颗粒的直径，所以过滤时会有一些细小颗粒穿过介质而使滤液浑浊。因此，滤饼层形成之前得到的是浑浊初滤液。初滤液一般视工艺情况需要，常常在滤饼层形成后返回滤液槽重新过滤。滤饼层形成后收集的滤液往往是符合要求的滤液，即有效的过滤操作是在滤饼层形成后开始的。

2. 洗涤

滤饼层会随着过滤的进行而越积越厚，滤液通过的阻力也随之增大，过滤速度逐渐降低。当滤饼层增加到一定厚度时，再继续过滤则不够经济了，应考虑清除滤饼，重新开始过滤。在去除滤饼之前，颗粒间隙中会残留一定量的滤液。为了回收（或去除）这部分滤液，通常需要用洗涤液（水或其他溶剂）进行滤饼的洗涤，以回收滤液或清除滤饼中的可溶性杂质，净化固体产品。

洗涤时，将洗涤液均匀而平缓地流过滤饼中的毛细孔道，由于毛细孔道很小，所以开始时，洗涤液并不与滤液混合，只是将孔道中的滤液置换出来。当大部分滤液被置换后，滤液才逐渐被冲稀而排除。

3. 去湿

洗涤后，需要将滤饼孔道中残存的洗液除掉。常用的去湿操作是用压缩空气吹干，或者用减压吸干滤饼中的湿分。

4. 卸渣

卸渣是指将去湿后的滤饼从滤布卸下来的操作。卸料要力求彻底干净，卸料后的过滤介质或滤布要进行清洗、处理，以便再次使用，此操作称为过滤介质的再生。

三、过滤设备

1. 压滤机

（1）结构与工作原理　压滤机是由多块滤板和滤框叠合组成滤室，并以压力为过滤推动力的一类过滤机,依据其结构又分为板框式、厢式和立式。这里我们重点讨论板框压滤机。

板框压滤机是由一组交替排列的滤板和滤框构成滤室(图4-3)。滤板的表面有沟槽,其凸出部位用以支撑滤布。滤框和滤板的边角上有通孔,组装后构成完整的通道,能通入悬浮液、洗涤水和引出滤液。滤板、滤框两侧各有支架支托在横梁上,由压紧装置压紧。滤板、滤框之间放置滤布。由供料泵将滤浆压入滤框内,滤液穿过滤布进入滤板的沟槽间,滤渣被截留在滤布上形成滤渣,堆积成滤饼。

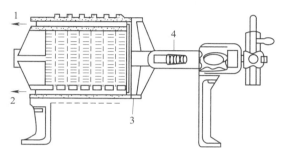

图4-3 板框压滤机
1—滤浆入口 2—滤液出口 3—可动头 4—压紧装置

板框压滤机适用于大多数滤渣可压缩或近于不可压缩的悬浮液。悬浮液的固体颗粒浓度一般为10%以下,操作压力一般为0.3~0.6kPa,特殊的可达3MPa或更高。总过滤面积可以随着组装的滤板和滤框数目而增加或减少。滤板和滤框一般为正方形,也有其他形状的。通常,滤框的内边长为320~2000mm,框厚为16~80mm,过滤面积为1~1200m。滤板和滤框用手动螺旋、电动螺旋和液压等方式压紧,滤板、滤框上各通孔之间垫上密封圈。滤板和滤框可用木材、铸铁、铸钢、不锈钢、聚丙烯和橡胶等材料制造。

图4-4所示为滤板和滤框的组合结构示意图。在每个端板、滤板和滤框的边角上均设有两个通孔6(一般是对角设置,也有设置在一侧的)。这两个通孔是不同的,其中一个有暗道5,可使通孔与滤框内部空间或者滤板的沟槽空间相连接,另一个则没有暗道。滤框上有暗道的通孔和端板相应位置上的通孔相连接,构成进料液通道,悬浮液由此进入滤框,固体颗粒被截留在框内形成滤饼,滤液穿过滤饼和滤布到达两侧滤板的沟槽里。滤板上有暗道的通孔与端板上相应位置的通孔相连接,构成滤液通道,过滤后的清液由此流出,经出料管排出压滤机。

很多情况下,过滤完毕后还需要通入洗涤水洗涤滤渣。因此,较大型的板框压滤机还设有洗涤板(图4-5),洗涤板的构造同过滤板相似,只是在滤板和滤框的另一个边角上增设了洗涤水通孔作为洗涤水通道。一些大型板框压滤机的滤板上滤液通孔上还设有旋塞阀，控制滤液的流出，同时还在滤框、滤板和洗板上铸有一钮、二钮、三钮来以示区别。而小型板框压滤机上则直接用数字序号来做标志。

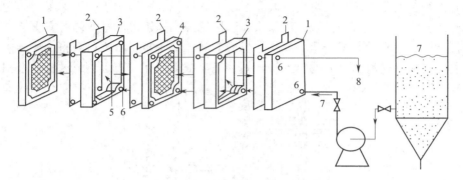

图4-4　板框压滤机的组装结构示意图

1—端板　2—滤布　3—滤框　4—滤板　5—暗道　6—通孔　7—滤浆　8—滤液

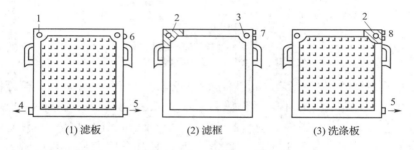

(1) 滤板　　　　　　(2) 滤框　　　　　　(3) 洗涤板

图4-5　板框压滤机的滤板、洗涤板和滤框

1—滤浆通道　2—暗孔　3—洗涤水通道　4—洗涤液流出　5—滤液流出　6——钮　7—二钮　8—三钮

洗涤后，有时还通入压缩空气，除去剩余的洗涤液。然后，打开压滤机卸除滤渣，清洗滤布，重新压紧板、框，开始下一工作循环。因此，板框压滤机为间歇操作。

（2）板框压滤机的操作　需要说明的是，板框压滤机的操作是间歇的，每个操作循环由排板、连接、过滤、洗涤、卸渣五个阶段组成，其一般性的操作规程如下：

①排板：即安装板框组。按照"－滤板－滤布－滤框－滤布－（洗涤板）－滤布－滤框－滤布－滤板－"的方式排列，即滤板、滤框交替排列，中间放置滤布，如有洗涤板，则每组板框间都放置一个洗涤板，最后两端放置端板（盲板）。

②连接：板框组安装时，应注意滤板、滤框上的通孔与供料泵（离心泵）、压滤机料液和滤液管道之间的连接：进料管道一端和离心泵的出口相连，另一端

和滤框上有暗道的通孔相连；出滤液的管道和滤板上有暗道的通孔相连。

③ 过滤：打开滤液出口阀门，同时关闭洗板洗液阀，开启离心泵电源（注意离心泵应先灌满），打开进料液的进口阀门，进行过滤，收集滤液。

④ 洗涤：关闭滤液出口阀门，打开洗液阀，用离心泵泵入洗涤水进行洗涤，收集洗液。

⑤ 卸渣：松开压紧手柄，卸渣，清洗滤布，清洁设备。

（3）特点　板框压滤机构造简单，过滤面积大而占地省，过滤压力高，便于用耐腐蚀材料制造，操作灵活，过滤面积可根据生产任务调节。主要缺点是间歇操作，劳动强度大，生产效率低。

2. 转鼓真空过滤机

（1）结构和工作原理　转鼓真空过滤机的结构和工作原理如图 4-6 所示：设备的主体是一个水平转鼓，鼓壁上开孔，鼓面上铺以支承板和滤布，构成过滤面；转鼓的下部浸入滤浆槽中；沿着转鼓的转动方向，转鼓过滤面的两侧依次设有喷淋水管、吹风管、刮刀等；转鼓内部空间沿径向被分隔成若干个扇形格，每个扇形格都是一个过滤室，有独立的过滤面和过滤室排出孔道；这个孔道在转鼓的轴心处与分配头相连，分配头同时连接着过滤机的真空泵、空压机等，转鼓每旋转一周，各滤室通过分配头依次接通真空系统和压缩空气系统。

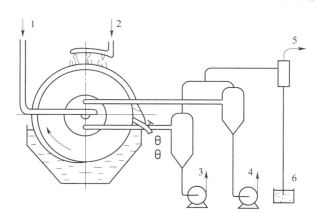

图 4-6　转鼓真空过滤机的工作流程示意图

1—压缩空气　2—洗涤水　3—滤液　4—洗涤液　5—去真空泵　6—溢流

分配头是转鼓真空过滤机的核心部件（图 4-7）。分配头又称为分配阀，由紧密贴合的转动盘和固定盘构成。转动盘与转鼓连成一体，可随转鼓同步转动；固定盘固定在机架上。固定盘的内侧面上开有若干长度不等的弧形凹槽，各弧形凹槽分别与滤液、洗涤液及压缩空气管道相连。转鼓转动时，分配头使转鼓的各扇形格孔道依次与几个不同的凹槽相通。当转鼓上扇形格浸入料液中时，与滤浆相接触的扇形格通过相应的孔道依次与滤液流出凹槽相通，被真空泵吸走扇形格内的滤液，滤渣则沉积在滤布上形成滤饼，这部分扇形格在转鼓上的位置又称为过滤区；随着转鼓的继续旋转，这部分扇形格转出滤浆槽，但仍与滤液流出凹槽相连接，继续吸干残留在滤饼中的滤液，这部分扇形格在转鼓上的位置称为吸干区（也称脱水区）；当扇形格转至喷淋水管位置时，同时也与洗涤液流出凹槽相通，此时洗涤水喷淋到鼓面滤饼上，洗涤水被真空泵吸走，此位置称为洗涤区；转鼓继续旋转至扇形格与压缩空气进入凹槽相通位置时，压缩空气由内向外吹松鼓面滤饼，使滤饼与滤布分离，随即被刮刀刮下，压缩空气吹落滤布上的颗粒，疏通滤布空隙，使滤布复原，重新获得过滤能力，这部分称为再生区。随着转鼓的连续旋转，构成了连续的过滤操作过程。

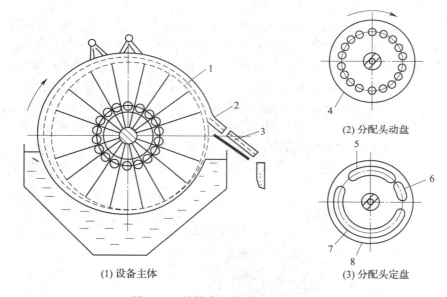

(1) 设备主体　(2) 分配头动盘　(3) 分配头定盘

图 4-7　转鼓真空过滤机的结构原理

1—转鼓　2—滤饼　3—刮刀　4—转动盘　5—洗涤液流出凹槽

6—压缩空气进入凹槽　7—滤液流出凹槽　8—固定盘

转鼓真空过滤机的转鼓直径一般为 0.3～4.5m，长度为 0.3～6m，转鼓表面积为 5～40m^2，浸没在滤浆槽的部分占总面积的 30%～40%，转速为 0.1～3r/min，操作真空度为 250～650mmHg（0.033～0.086MPa），滤饼含水量约30%，滤饼厚度通常小于 40mm。

（2）特点　转鼓真空过滤机可连续操作，生产能力大，适合于处理量大且容易过滤的料液，对于难过滤的细、黏物料，可采用助滤剂预涂的方式，此时应将卸料刮刀稍微离开转鼓表面一定距离，避免助滤剂涂层被刮下从而可保持较长时间的助滤作用。缺点是附属设备较多，投资费用高，滤饼含液量大。由于是真空操作，过滤动力有限，不能过滤温度较高（饱和蒸汽压高）的料液，滤饼的洗涤也不够充分。

近年来，新型的过滤设备和技术不断涌现，出现了预涂层转鼓真空过滤机、真空带式过滤机、节省能源的压榨机，以及采用动态过滤技术的叶滤机等，在大型生产中都取得了很好的效益。

四、影响过滤速度的因素

过滤操作要求有尽可能高的过滤速率。过滤速率是单位时间内得到的滤液体积。过滤过程中影响过滤速率的因素很多，主要表现在以下几个方面：

1. 滤浆性质

滤浆的黏度会影响到过滤速率。溶液的黏性随温度的升高而降低，黏度越小，对过滤越是有利。为此，一般多采用趁热或保温过滤。同时应先滤清液后滤稠液，以减少过滤时间。但是在真空过滤时，提高温度会使得真空度下降，反而会降低过滤速率。

滤渣层越厚滤速越慢，流体中存在大分子的胶体物质时，容易引起滤孔的阻塞，影响滤速。为提高过滤效率，可选用助滤剂。

2. 过滤推动力

以重力为推动力的重力过滤操作，滤浆本身的液柱压力一般不超过 $50kN/m^2$，过滤速率不快，多用于处理固体含量少而易于过滤的情况。真空过滤的速率比较高，但容易受到溶液沸点和大气压强的限制，真空度通常不超过 $86.6kN/m^2$。加压过滤可以在较高的压差下操作，一般可达 $500kN/m^2$，能显著提高过滤速率，但对设备强度、严密性的要求较高，同时也受滤布强度、滤饼的可压缩性、滤液澄清程度等的限制。此外，过滤推动力还可以用离心力来增大，这称为离心过滤。

3. 过滤阻力

在过滤刚开始时，滤液流动所遇到的阻力只有过滤介质一项。但随着过滤过程的进行，在过滤介质上形成滤渣以后，滤液流动所遇到的阻力是滤渣阻力和过滤介质阻力之和。介质阻力仅在过滤刚开始时较为显著，当滤饼层沉积到相当厚度时，介质阻力便可忽略不计。大多数情况下，过滤阻力主要决定于滤饼的厚度及其特性。滤渣愈厚，微粒愈细，则过滤阻力愈大。当过滤进行到一定的时间后，由于滤饼形成的阻力太大，此时则将滤饼除去，重新开始过滤。

4. 过滤介质

过滤介质的影响主要表现在过滤阻力和澄清度上。过滤介质（如滤布、玻璃纤维、垂熔玻璃、多孔陶瓷板等）的毛细管越长，孔径越小，数目越少，则过滤速度就越慢，当然澄清度也会相应提高。应根据滤浆中颗粒物的大小来选择合适的过滤介质。

项目三 离 心 操 作

一、 离心分离的概念

离心分离就是借助于离心力，使相对密度不同的物质进行分离的方法。通常指分离液态非均相混合物（悬浮液、乳浊液）的操作。利用设备（转鼓）的旋转产生的惯性离心力来分离液态中密度不同的非均相混合物的机械称为离心机。由于离心机可产生非常大的惯性离心力，使离心力远大于重力，密度不同的物质所受到的离心力不同，产生不同的沉降速度，从而达到分离。离心机可实现重力场中不能有效分离的操作，例如比较微细的颗粒悬浮液或比较稳定的乳浊液的分离。

1. 离心设备的类型

根据分离方式或功能，离心机可分为三种基本类型：

（1）过滤式离心机 离心机转鼓壁上开有小孔，鼓内壁面上覆盖滤布，通过高速旋转下的离心作用使悬浮液得到过滤，颗粒物被截留在转鼓内。

（2）沉降式离心机 离心机转鼓壁上无开孔，只能用来增浓悬浮液，使密度较大的颗粒沉积于转鼓内壁，清液则集中于转鼓中央并不断引出。

（3）离心分离机 离心机转鼓壁上无开孔，用来分离不同密度相的混合液（例如乳浊液），使转鼓内的液体按轻重分层，重相液在外，轻相液在内，各自从合适的位置引出。

2. 离心设备的性能

离心分离因数 k_c 是衡量离心设备的最重要的性能参数，指颗粒在离心力场中所受到的离心力和重力之比值。

$$k_c = \omega^2 R/g \approx \frac{Rn^2}{900} \tag{4-1}$$

式中 k_c——离心分离因数

ω——离心转鼓的角速度，1/min

R——离心转鼓的直径，m

g——重力加速度，m/s^2

n——离心转鼓的转速，r/min。

由式（4-1）可知，转鼓转速越大，直径越大，则分离因数也就越大，分离能力也就越强。但转鼓直径的增大，也增加了对转动部件强度的要求，不能无限度增大。根据离心机分离因数的大小，可将离心机分为以下三类：常速离心机，$k_c < 3000$（一般为 600～1200）；高速离心机，$k_c = 3000～50000$；超速离心机，$k_c > 50000$。分离因数的极限值取决于转动部件的材料强度。提高分离因数的基本途径是增加转鼓速度。新型离心机的分离因数可高达 500000 以上，常用来分离胶体颗粒及破坏乳浊液等。

离心机还可以按照操作方式分为间歇式和连续式，或根据转鼓轴线的方向分为立式和卧式。

二、离心机的结构与操作

对于非均相体系混合来说，待分离的物料有多种混合形式，例如液 – 液混合体系，液 – 固混合体系，气 – 固混合体系等。分离这些混合物，可依据它们之间的密度差异，依靠离心作用进行分离。一般来说，所使用的离心设备都有所不同。

1. 碟片式离心机

碟片式离心机结构（图 4 – 8）特点是：转鼓内安装有可高速旋转的一组倒锥形碟片，其数目从几十片到上百片，碟片上开有若干孔，同型号的各碟片上的开孔位置相同，当碟片相互重叠时可形成若干液体通道；每个碟片背面都有一定厚度的隔条，碟片的外沿还带有突出的边缘，可带动液体旋转，同时也使得各碟片之间保持一定距离；碟片与碟片的间距很小，每个碟片都构成了悬浮液的沉淀面积，并且形成了较短的沉降距离。

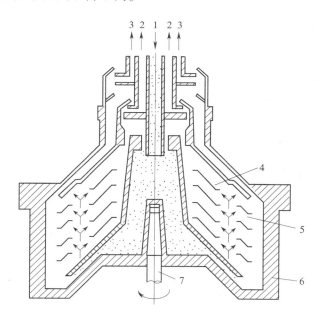

图 4 – 8　碟片式离心机的结构示意图

1—进料液　2—出轻液　3—出重液　4—碟片　5—颗粒沉降区　6—转鼓　7—转轴

操作时，料液从转鼓中心管的顶部进入，经碟片组的下部进入转鼓，再经过碟片上的孔道上升时，在各倒锥形碟片之间分布成若干个薄液层。由于离心力的作用，重液流向碟片的外沿，由重液出口流出；而轻液则沿碟片向上流向转鼓中央的转轴处，由轻液出口流出。不同型号的碟片，其上小孔的位置不同，可根据待分离料液的性质选择合适的型号，如果料液中的轻液组分较多，则可以选择开孔位置靠近中央的碟片，这样可以延长重液达到外沿的距离，使料液中的轻液分离得更加充分。

碟片式离心机在分离不同密度相组分的混合液体时可以实现连续操作，尤其适合于萃取等较大量的工业分离操作；但在分离含有固体颗粒的悬浮液时，则需要定期排渣。按照排渣方式的不同，可分为人工排渣、喷嘴排渣和自动排渣三种形式。

碟片式离心机是应用广泛的一种分离机械，其转鼓容量大，具有较高的分离效率，主要用来分离乳浊液，也用来分离悬浮液。但其结构复杂，不适于分离腐蚀性液体。

碟片式离心机外观图见图4-9。

2. 管式离心机

管式离心机的结构如图4-10所示，其离心转鼓为管状，转鼓的直径较小而长度较大，旋转速度为8000～50000r/min，分离因数可达到15000～60000，是沉降式离心机中分离因数最大的，其细长的转鼓可以在足够高的转速下，保持颗粒物在转鼓内有足够的沉降时间，分离效果比较好。

图4-9 碟片式离心机外观图

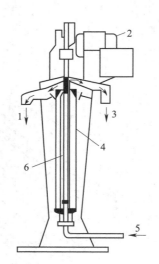

图4-10 管式离心机
1—重液 2—电机 3—轻液
4—转鼓 5—料液 6—肋板

操作时，料液由底部的进料管进入转鼓，随着转鼓的高速旋转，鼓内料液自下而上旋转流动，液体中不同密度相组分分成内外两个同心层。外层为重液层，内层为轻液层。当流到顶部时，分别从轻液排出口和重液排出口流出。因此，管式离心机可进行连续分离操作。如果处理悬浮液，则可只用一个轻液排出口，固体颗粒沉积在鼓壁上，运行一段时间后可停车清除，这时的操作属于间歇操作。

管式离心机虽然离心能力较强，但生产能力较小。

3. 三足式离心机

三足式离心机也称作三足式过滤离心机，也可以看作是利用离心力作为推动力的过滤设备，是一种常用的人工卸料的间歇操作离心机，其结构原理如图 4 – 11 所示。整个机座和外罩通过三根拉杆弹簧悬挂于三根支柱上，以减轻运转时的振动，"三足" 由此而来。离心机的核心部件是转鼓，转鼓壁面上有许多小孔，内壁衬有滤布。

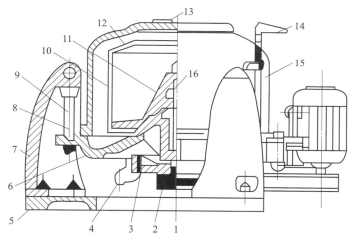

图 4 – 11　三足式过滤离心机

1—电机　2—三角皮带轮　3—制动轮　4—滤液出口　5—机座　6—底盘
7—支柱　8—缓冲弹簧　9—摆杆　10—转鼓　11—转鼓底　12—拦液板
13—机盖　14—制动手柄　15—外壳　16—主轴

操作时，先将料液加入转鼓内，启动电机，料液随转鼓一起转动，在离心力的作用下，滤液穿过滤布和转鼓壁，从下部滤液出口排出，颗粒物则沉积于转鼓内壁的滤布上形成滤渣。待一批料液过滤完毕，或转鼓内沉积的滤渣量达到设备允许的最大值时，可停止加料并继续运行一段时间以沥干滤液。必要时，也可于滤饼表面喷淋清水进行洗涤，然后停车，人工卸渣，清洗设备。

三足式离心机的转鼓直径一般很大，转速不高（ $<2000 r/min$ ），过滤面积为 $0.6 \sim 2.7 m^2$ 。与其他型式的离心机相比，三足式离心机具有构造简单，运转周期可灵活掌握等优点，一般多用于间歇生产过程中的小批量物料处理，尤其适用于各种盐类结晶的过滤和脱水，对结晶的影响较少。缺点是卸料时的劳动强度较大，转动部件位于机座下部，检修不够方便。

4. 卧式刮刀卸料离心机

这也是一种离心过滤设备，其工作原理与三足式离心机类似，都是利用离心力来推动过滤，其结构如图4-12所示。不同的是，转鼓为卧式，转鼓壁上或开有小孔，或设置为滤网；转鼓内设有刮刀、喷淋管等。

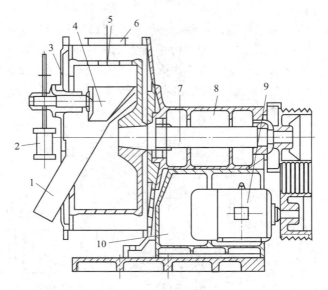

图4-12　卧式刮刀卸料离心机
1—卸料斗　2—液压油缸　3—门盖　4—刮刀　5—转鼓
6—机壳　7—主轴　8—轴承箱　9—电机　10—机座

操作时，转鼓可连续旋转。料液进入转鼓后，在转鼓转动作用下滤液被甩到转鼓外，由机壳的排液口流出；颗粒物则留在转鼓的内壁上；转鼓内侧设置有刮刀，刮刀和转鼓内壁之间的距离可以自控调节；当滤饼达到一定厚度后，可停止进料，启动喷淋来对滤饼进行洗涤和甩干；随后控制调节刮刀位置，将滤饼层刮下，经卸料斗排出机外；清除滤饼后，刮刀可回归原位，再次开启喷淋，冲洗滤布，完成一个操作循环。因此，这种离心机可连续操作，在转鼓的旋转中完成"进料-过滤-冲洗-刮渣-清洗"的操作循环。

[知识链接]

场流分级法最早于1966年提出，是一种将离心分离与色谱法结合而产生的一种无固定相色谱分离技术，也称为单相色谱、离心色谱。其原理是以离心力压迫分子于柱壁，起到替代固定相的保留作用，故又称为外力场流动分离法、沉积场流分级法。基于这种思路，人们又以电场、磁场、热梯度等代替离心力场，得到不同的场流分级法，从而建立了一类分离方法体系。场流分级法不但对大分子和胶体有很强的分离能力，而且也能分离远远超出胶体范围的固体颗粒，可分离的分子质量有效范围十分广泛。

离心制备薄层色谱法是近年来出现的又一种高效分离法。将样品注射于圆形层析薄板的圆心，再向圆心连续地垂直加入展开剂，使薄板旋转，各不同组分即沿径向迅速展开，在紫外灯下可观察到谱带的移动。板面设置为倾斜的，可沿斜向直接接收各分开的组分。该方法已用于天然产物、合成产物及异构体等的快速分离提纯，分离效果优于传统的制备薄层色谱和柱层色谱法，即便是与制备型高压液相色谱法相比，也具有节省时间和溶剂等方面的优势。

三、离心操作注意事项

离心机的形式不同，其操作方法也不完全相同。下面简单介绍离心机一般的安全操作与维护。

1. 启动前的准备

（1）清除离心机周围的杂物。

（2）检查转鼓有无不平衡的情况。所有离心机的转子（包括转鼓、轴等）均由厂家做过平衡试验，但每次使用后如果没有清除残留的沉淀物，将会出现不平衡现象，从而导致启动时转子摆动幅度较大，出现抖动，易发生危险。小型离心机可将离心杯平衡，大型离心机则常常通过盘车来解决，即用手拉动三角皮带使转鼓转动进行检查。

（3）检查机械转动部位的润滑状况，确认各注油点已经注油。

（4）设置好卸料或排料装置，如滤液排出阀、刮刀、滤液收集容器等。

（5）检查刹车装置，如刹车手柄等的设置是否正确。

（6）检查液压系统，需先进行单独试车。

（7）先进行盘车，或者是假启动，即短暂启动电源开关并立即停车，检查转鼓的旋转方向是否正确，确认无异常现象。

2. 启动程序及要点

（1）对于大型机械设备来说，一般都是要先启动润滑油系统，即油泵电机，将主轴承的油压调节到规定的压力值，确保设备运行时能提供足够的润滑性。

（2）启动主机。离心机主电动机必须一次启动，不允许点动。如一次启动未成功，则必须稍等片刻后再行启动，不得连续多次频繁启动。

（3）调节离心机转速至正常操作值。

（4）对于连续操作的设备，必须待转鼓正常运行后再逐渐打开进料阀，进料的同时应注意操作电流是否稳定在规定范围内。一般来说，料液的浓度不得过高。必要时需做稀释处理。

3. 运行过程检查及注意事项

（1）离心机运行过程中，应经常检查各转动部位，特别应注意轴承温度有无过高、连接螺栓有无松动、机械转动部位有无异常声音和强烈振动等。

（2）对于工艺要求稳定的离心机，不得随意改变其工作条件，更不允许在高速回转的转子上进行补焊、拆除或添加零部件，以免破坏转鼓的平衡性。

（3）严禁在未盖好盖子的情况下启动离心机。严禁在离心机转动时以任何形式强行停止机器的转动。严禁在离心机运转时在转鼓内进行接料、卸料等操作。

（4）对于大型离心机，常常需要进入设备内进行卸料、清理或检修。进行此类操作时，必须切断电源，挂上警告牌，并将转鼓与机体物理卡死。

（5）严格执行操作规程，不允许超负荷运行。

（6）装料应均匀，避免转鼓发生偏心运转。

4．停车操作程序及要点

（1）正常停车　当分离操作完成后，按下述顺序操作，停止装置运转。

① 关闭进料阀：一般采用逐步关闭的方式，逐渐减少进料，直至完全停止进料。

② 清洗离心机：通常用水或母液来进行，冲洗 5～10min，至操作电流降至正常的空载电流为止。

③ 关闭进水阀，停止冲洗：在完成此操作前不得关停离心机的主电动机。

④ 停主电动机：待进料、冲洗完全停止后，关闭主电动机。离心机转动惯性比较大，一般不做强行制动停转。

⑤ 离心机停止运转后，停止润滑油泵和水泵的运行。

（2）紧急停车　凡遇以下情况之一，应迅速关闭进料阀，紧急停机。

① 液力联轴器喷油。

② 齿轮箱温度过高。

③ 操作电流突然升高。

④ 其他异常现象。

［技能要点］

1．本模块所涉及的制药设备相对简单，结构和原理都不复杂，但在制药企业应用较多，应该引起足够的重视。

2．实际上对于固液分离的影响因素是多种多样的，流体类型、黏度、流速、温度、颗粒类型以及大小和形状等，不同的设备所涉及的影响因素不同，在学习过程中要多加体会。

3．在学习过程中可通过横向、纵向之间的比较深化和巩固各种过滤设备的优缺点，以便在工作中学以致用。

［思考与练习］

1．名词解释

过滤，减压过滤，离心过滤，架桥现象，饼层过滤，滤浆，过滤介质，助滤剂

2．填空题

（1）按照原理的不同，过滤操作可以分为＿＿＿＿＿＿过滤和＿＿＿＿＿＿＿＿＿

过滤。

（2）使用板框压滤机进行过滤，滤浆从_____的暗孔进入，滤液从_____的暗孔流出，滤渣被截留在_____内。

（3）根据分离因数大小，离心机分为_____、_____和_____。

3．选择题

（1）以下离心机中分离因数最高的是（　　）。

A　碟片式离心机　　B　管式离心机　　C　转鼓离心机　　D　三足离心机

（2）适合于较低转速下分离果汁残渣的离心机是（　　）。

A　碟片式离心机　　B　管式离心机　　C　高速离心机　　D　三足离心机

（3）小型板框过滤机的过滤部件一般是由滤板、滤框与滤布组成的，正确的板框组安装顺序是（　　）。

A　…滤框＋滤布＋滤板＋滤布＋滤板＋滤框＋滤布…

B　…滤布＋滤板＋滤框＋滤布＋滤板＋滤框＋滤布…

C　…滤板＋滤布＋滤框＋滤布＋滤板＋滤布＋滤框…

D　…滤板＋滤框＋滤布＋滤框＋滤布＋滤板＋滤布…

4．简答题

（1）简述何谓滤饼过滤？其适用何种悬浮液？

（2）离心沉降、离心过滤和离心分离有什么不同？

（3）简述工业上对过滤介质的要求及常用的过滤介质种类。

模块五　膜　分　离

学习目标

[**学习要求**]　了解膜的种类和特性，理解膜组件的类型，掌握膜分离操作的类型和相应的优缺点。熟悉微滤、超滤、纳滤、反渗透、透析、电渗析等技术的原理，操作模式及设备。掌握膜分离操作维护方法，掌握膜污染的类型和控制方法。

[**能力要求**]　了解膜的分类及膜组件，熟悉膜分离技术的操作方法。

项目一　概　　述

膜是一种薄层凝聚相物质，可以把流体分成两部分。按照国际理论与应用化学联合会（IUPAC）的定义，膜是"一种三维结构，三维中的一度（如厚度方向）尺寸要比其余两度小得多，并可通过多种推动力进行质量传递"的物质。从膜的组成来看，膜是由均匀的一相或两相以上的凝聚物质所构成的复合体。被膜分开的流体相物质可以是液体，也可以是气体。通常，膜的厚度在 0.5mm 以下。膜具有两个界面，可通过与被分隔的两相物质的接触而实现质量的传递，这种传递可以是完全透过的，也可以是部分透过的，即半透性。因此说膜具有选择性分离的功能，也称作半透膜。这里讨论的膜，指的是在工程上可用于膜分离操作的、具有高度选择渗透性的半透膜。

利用膜的选择性分离功能实现料液不同组分的分离、纯化、浓缩的过程称作膜分离。与传统过滤不同的是，膜分离可以在分子范围内进行，是一种在推动力（浓度差、压力差、电位差等）作用下的物理过程，不需发生相的变化和添加助剂。

膜的面积很大，可独立存在于流体相之间，或附着于支撑体上。由膜、支撑体、间隔物以及收纳这些部件的容器构成一个相对独立的操作单元，称为膜组件或者膜装置。一般来说，膜分离设备是由多个膜组件组合构成的。

膜分离技术最早出现于 20 世纪初，但直至 20 世纪 60 年代后才迅速崛起，是近年来快速发展起来的一门新的分离技术，具有常温下操作、无相态变化、高效节能、操作过程中不产生污染等特点，目前已广泛应用于食品、医药、生物、环保、化工、冶金、能源、石油、水处理、电子、仿生等领域。

一、膜 的 分 类

膜分类的方法有多种。

（1）膜孔径 膜的孔径有大有小，按照膜孔径的大小不同，可分为微滤膜，$0.025 \sim 14\mu m$；超滤膜，$0.001 \sim 0.02\mu m$（$10 \sim 200\text{Å}$）；反渗透膜，$0.0001 \sim 0.001\mu m$（$1 \sim 10\text{Å}$）；纳滤膜，平均孔径$2nm$。

（2）膜结构 依据膜结构的不同，可分为对称膜、不对称膜、复合膜等。

（3）膜材料 按照构成膜的材料不同，可分为有机膜和无机膜。有机膜由高分子材料做成，多为聚合物，如醋酸纤维素、芳香族聚酰胺、聚醚砜、聚氟聚合物等；无机膜是由无机质的多孔材料构成，主要是陶瓷膜和金属膜。

（4）膜性质 也可按照膜性质的不同，分为生物材料膜、离子交换膜等。生物材料膜例如猪的膀胱膜就是早期使用的生物材料膜。离子交换膜则是由携带可电离的阳离子或阴离子的高分子材料所构成。

膜的分类见表5-2。

表5-2　　　　　　　　　　　　　　　　膜的分类

分类依据	分类
来源	天然膜、合成膜
状态	固体膜、液膜、气膜
材料	有机膜、无机膜
结构	对称膜（微孔膜、均质膜）、非对称膜、复合膜
电性	非荷电膜、荷电膜
形状	平板膜、管式膜、中空纤维膜
制备方法	烧结膜、延展膜、径迹蚀刻膜
分离体系	气-气、气-液、气-固、液-液、液-固分离膜
分离机理	吸附性膜、扩散性膜、离子交换膜、选择性膜、非选择性膜
分离过程	反渗透膜、渗透膜、气体分离膜、电渗析膜、渗析膜、渗透蒸发膜

不同的膜针对不同的应用对象。尽管膜的孔径、结构、材料、性质均有不同，但都有其共同的基本要求。主要有：

（1）耐压 膜的孔径一般都非常微细，要达到有效的分离，提高膜的流量和渗透性，就必须有足够的压力，如反渗透膜可实现$5 \sim 15nm$的微粒分离，膜两侧所需的压差为$1380 \sim 1890kPa$，这就要求膜具有较好的耐压性，不会在较高压力下被击穿。

（2）耐温 分离和提纯的操作温度一般都在$0 \sim 85℃$，清洗和蒸汽消毒时的操作温度则多为≥110℃，作为过滤介质的膜必须能够耐受这样的操作温度。

（3）耐酸碱　一般来说，膜具有一定的耐酸碱性，其使用必须在合适的 pH 范围内。偏酸、偏碱的待处理料液会影响膜的使用寿命，例如醋酸纤维膜的使用 pH 为 2~8，在偏碱性的环境下纤维素会水解。

（4）化学相容性　要求膜材料能耐受各种化学物质的侵蚀而不产生膜性能变化。

（5）生物相容性　要求膜材料无毒，不会使生物大分子发生变性，无抗原性等。

（6）低成本。

二、膜分离原理

膜分离是利用天然或人工合成的，具有选择透过性的薄膜，以外界能量或化学位差为推动力，对双组分或多组分体系进行分离、分级、提纯和浓缩的方法。分离用的膜具有选择渗透性，也就是说，膜只能使某些分子通过。所谓的膜，是指在一种流体相内或是在两种流体相之间有一层薄的凝聚相，它把流体相分隔为互不相通的两部分，并能使这两部分之间产生传质作用。

应用膜分离技术浓缩某一溶液时，其在膜的浓液一方所施加的压力除了克服流体的流动阻力外，还应克服膜两侧溶液的渗透压。如图 5-1 所示，一般情况下，溶质的分子质量愈大，渗透压愈低，这种情况下，外加的操作压力主要用以克服流体阻力。例如利用超滤膜浓缩发酵液中的酶。反之，如果是低分子质量溶质的溶液，渗透压往往很高，此时操作压力主要用以克服渗透压，反渗透膜分离过程就属于这种情况。

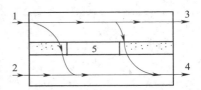

图 5-1　膜分离过程示意图
1—原料混合物　2—清扫流体
3—膜　4—截留物　5—透过物

当溶液从膜一侧流过时，溶剂及小分子溶质透过膜，大分子的溶质在靠近膜面处被截留。并不断返回于溶液主流中，当这一返回速度低于大分子溶质在膜面聚集的速度时，则会在膜的一侧形成高浓度的溶质层，这就是浓差极化。显然，随着浓缩倍数的提高，浓差极化现象也愈严重，则膜分离也愈困难。为了减少浓差极化，通常采用错流操作或加大流速等措施。

膜分离系统可采用间歇或连续操作。连续操作又分为单级和多级操作，为了使平行流过膜面的液体有较大的流速，而又要达到一定的浓度，常采用循环操作的方式。连续操作的优点是产品在系统中停留时间较短，这对热敏性或剪切力敏感的产品是有利的，连续操作主要用于大规模生产。各种膜分离法的原理和应用范围见表 5-2。

表 5 - 2　　　　　　　　　　　各种膜分离法的原理和应用范围

膜分离法	传质推动力	分离原理	应用举例
微滤（MF）	压差 0.1MPa	筛分	除菌，回收菌，分离病毒
超滤（UF）	压差 0.1~0.5MPa	筛分	蛋白质、多肽和多糖的回收和浓缩
纳滤（NF）	压差 0.5~1.5MPa	溶解扩散	药物脱盐，饮用水精制
反渗透（RO）	压差 1.0~10MPa	溶解扩散	盐、氨基酸、糖的浓缩、淡水制造
透析（D）	浓度差	筛分	脱盐，除变性剂，血液透析
电渗析（ED）	电位差	电位差	脱盐，氨基酸和有机酸分离
渗透气化（PV）	分压差	气体的选择性扩散渗透	乙醇 - 水分离

三、膜分离操作类型

膜分离过程的实质是物质透过或被截留于膜的过程，近似于筛分过程，依据滤膜孔径大小而达到物质分离的目的，故而可以按分离粒子大小进行分类：

（1）微滤（MF）　　微滤的滤膜孔径一般为 0.025~14μm，以压力差为推动力，过滤分离含有微粒和菌体的溶液，将其从溶液中除去。

（2）超滤（UF）　　超滤的滤膜孔径一般为 1~20nm，用来过滤含有大分子和微细粒子的溶液，使大分子或微细粒子从溶液中分离。分离推动力仍为压力差，在溶液侧加压，使溶剂透过膜而得到分离，不同的是小分子溶质将随同溶剂一起透过超滤膜。超滤可以将溶液浓缩并净化为高分子质量聚合物，适合于分离酶、蛋白质等生物大分子。

（3）反渗透（RO）　　当两种不同浓度的溶液（水溶液）被半透膜分隔开时，溶剂（水）将自发地穿过半透膜，从低浓度溶液向高浓度溶液一侧流动，这种现象称为渗透。随着渗透的进行，高浓度溶液一侧的压力增大，逐渐抵消渗透的进行，直至膜两侧的溶液浓度达到平衡，此时膜两侧的压力差称为渗透压。渗透压的大小取决于溶液的种类、浓度和温度，与膜本身无关。此时，如果在高浓度溶液一侧再施加更大的压力，则溶剂将与原来的渗透方向相反，从高浓度溶液一侧穿过膜向低浓度一侧流动，这就是所谓的反渗透。凡基于此原理所进行的溶液浓缩或纯化的分离方法，一般称为反渗透工艺。

（4）纳滤（NF）　　纳滤是反渗透操作过程中为适应工业软化水的需求，降低过滤介质成本而发展的一种膜，其膜孔径介于反渗透和超滤之间，用于截留水中纳米级粒径的颗粒物，可以使膜在较低操作压力下运行，进而降低操作成本。操作的推动力为压力差。

（5）透析（D）　　透析的原理和渗透相同，习惯上把盐溶液的浓缩称为渗透，把大分子胶体溶液（如蛋白质溶液、血液）的浓缩称为透析。透析常用于去除蛋白质溶液中的小分子杂质，主要是盐类等，或者调节溶液离子组成等。某些较高浓度的蛋白质溶液，由于存在浓差极化，较难应用超滤方法分离，更适合用透析的方法，例如血液透析。

（6）电渗析（ED）　这是在直流电场的作用下，以电位差为推动力，利用离子交换膜的选择透过性从溶液中脱除或富集电解质的一种膜分离操作。离子交换膜对带电粒子具有选择透过性，只允许阳离子通过的称为阳膜，只允许阴离子通过的称为阴膜。将阳膜和阴膜交替放置于溶液中，在电场的作用下，阴、阳离子分别向两侧电极移动，依靠阴膜和阳膜的选择透过性，获得富集了带电粒子的浓缩液和脱除了带电粒子的淡化液。电渗析常用于制水过程中的除盐。电渗析不能去除非电解质杂质。

四、膜 的 性 能

膜的性能常用如下参数来表述：膜孔性能参数、膜通量、截留率与截留分子质量、膜使用温度范围、pH 范围、抗压能力，以及对溶剂的稳定性等。

（1）膜孔性能参数　膜孔径的大小及分布情况直接决定了膜的分离性能。膜孔径大小可用最大孔径和平均孔径来描述。

最大孔径对分离本身来说意义不大，但对于除菌过滤来说，则发挥重要影响。无机膜在使用过程中，一般不会发生孔径的变化。有机膜的孔径则可以随温度、压力、溶剂、pH、使用时间、清洗剂等因素的变化而改变。

孔径分布是指膜中一定大小的孔占整个膜上孔总数量的百分数。孔径分布值越大，说明孔径分布较窄，膜的分离选择性越好。膜孔体积占整个膜体积的百分数称为孔隙度。孔隙度越大，膜的流动阻力越小，但膜的机械强度也会随之降低。

（2）膜通量　膜通量表示膜的处理能力，指单位时间、单位膜面积上透过液体的体积量，即溶剂透过膜的速率，是膜分离操作中的重要指标。对于水溶液体系来说，又称为透水率或水通量，其数值一般是用纯水在 0.35MPa、25℃下通过实验测得。

（3）截留率和截留分子质量　被截留物质的量占料液中含有的截留物质总量的百分数，称为膜截留率，表示膜对溶质的截留能力。截留率为 100% 时，表明溶质全部被膜截留，此时的膜为理想的半渗透膜；当截留率为 0 时，表明溶质全部透过膜，此时的膜没有分离作用。

影响截留率的因素很多，粒子或溶质分子的大小与形状、膜的吸附性、料液的流动方式等都与之有关。一般来说，粒子或溶质分子的直径越大，截留率也越大；线性分子的截留率低于球形分子；膜的吸附性强，则溶质分子容易吸附在膜孔道上，降低膜孔道的有效直径，增大截留率；溶液浓度的降低、温度的升高，都会减少膜的吸附性，进而降低截留率；采用错流过滤的方式有助于减弱浓差极化现象，使截留率下降。由于生物大分子往往容易受料液的 pH、离子强度等的影响而改变分子的空间构象和形状，进而影响截留率。

　　膜的分离性能也经常用截留分子质量来表述，指截留率为 90% 或 95% 时所对应的溶质分子质量。截留分子质量的高低在一定程度上反映了膜孔径的大小。截留分子质量是由实验测定的，可用一系列不同分子质量的标准物质进行测定。

项目二　膜分离设备

一、膜　组　件

　　膜组件是膜分离设备的基本单元，也是膜分离设备的核心部件。膜组件通常包括膜、固定膜的支撑体、间隔物以及其他一些收纳部件。在膜分离设备中，可根据生产需要设置若干个膜组件。一般来说，膜设备的维护、更新主要是维护、更换膜组件。

　　膜组件的结构根据膜的形式而异。目前，工业上常用的膜组件主要有以下几种形式：板框式、管式、螺旋卷式、中空纤维式，以及陶瓷膜等。

　　1. 板框式膜组件

　　板框式也称平板式，是最早开发的一种膜组件，由板框式压滤机衍生而来的。如图 5 - 2 所示，膜组件由密闭的容器构成，容器内设置有若干个平行的、附着在支撑板上、被夹板固定的膜，支撑板为刚性材料，常见的有不锈钢多孔筛板、微孔玻璃纤维压板或带沟槽的模压酚醛板；夹板的板面常设计为凸凹形波纹，以强化料液的湍流流动，减少浓差极化现象；支撑板的两端带有密封环，组装时相邻两膜之间交替构成料液通道和透过液通道；料液从膜面上流过时，由水及小分子溶质构成的透过液透过膜，汇集后由膜另一侧的透过液孔道排出；剩下的料液即为浓缩液，汇集后由浓缩液孔道排出。

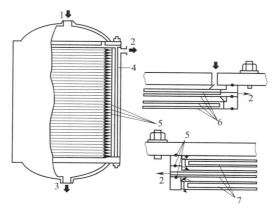

图 5 - 2　螺栓紧固式板框式膜组件

1—料液　2—透过液　3—浓缩液　4—紧固螺栓　5—密封环　6—膜　7—多孔板

板框式组件的最大特点是结构紧凑、组装简单，料液通道（浓缩液通道）和透过液通道相互交替重叠压紧；在同一组件内可视需要组装不同数量的膜，增加膜的层数，可以增加处理量。

按照结构形式的不同，板框式膜组件可分为螺栓紧固式和耐压容器式两类。

（1）**螺栓紧固式**　如图 5-2 所示，最早应用于海水淡化上，将圆型承压板、多孔支撑板和膜制成膜板，然后将一定数目的膜板堆积起来，并用 O 形环密封，最后用上、下头盖以系紧螺栓固定组成的（外观很像板框压滤机）。支撑板的作用是支撑膜使其不被压破，并为透过液（淡水）提供通道，也可选用带有沟槽的模压酚醛板等非多孔材料。

（2）**耐压容器式**　如图 5-3 所示，将多个由若干膜板堆积组装成的膜板组放入耐压容器中，料液从容器的一端进入，浓缩液由容器的另一端排出。膜板组一般是沿料液的流向串联连接的。由于料液流经膜板后会渗出一部分透过液，经过后面膜板组的料液流量不断减少，为使膜通量的变化不致太大并减轻浓差极化现象，从进口到出口，每组的膜板数量逐渐减少。容器中央贯穿一根带有小孔的透过液管，与每块膜板的径向沟槽相连接，汇集透过液，排出容器外。

以上两种板框式膜组件各有特点。螺栓紧固式结构简单、紧凑，安装、拆卸及更换膜均较方便，缺点是对承压板材的强度要求较高，由于板需要加厚，从而膜的填充密度较小；耐压容器式因靠容器承受压力，所以对板材的要求较低，可做得很薄，从而膜的填充密度较大，但安装、检修和换膜等均不方便。

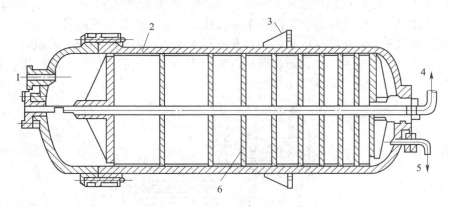

图 5-3　耐压容器式板框膜组件

1—料液　2—膜支撑板　3—安装支架　4—透过液　5—浓缩液　6—开孔隔板

2. 管式膜组件

管式膜组件的形式很多，按管的数量分有单管式和管束式，按料液流动方式分有内压式和外压式等。由于单管式和外压式的流动性能较差，目前趋向于采用内压管束式装置，其外形类似于列管式换热器。

图 5-4（1）为内压单管式膜组件。管状膜裹以尼龙布、滤纸一类的支撑材

料并装在多孔的不锈钢管或者用玻璃纤维增强塑料管内，膜管的末端做成喇叭形，然后以橡皮垫圈密封。加压料液从管内流过，透过膜所得产品水收集在管子外侧。为进一步提高膜的装填密度，多采用同心套管组装方式。也可如图 5 – 4 （2）所示，将若干根膜管组装成管束状。

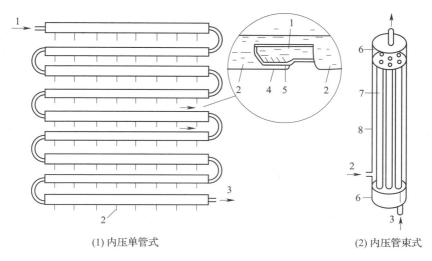

(1) 内压单管式   (2) 内压管束式

图 5 – 4 管式膜组件

1—料液 2—透过液 3—浓缩液 4—孔外衬管 5—膜管 6—耐压端套 7—玻璃钢管 8—外壳

管式组件的优点是：流动状态好，能有效防止浓差极化和污染；流速易控制；安装、拆卸、换膜和维修均较方便；较容易清除杂质，能够处理含有悬浮固体的溶液。

管式膜组件的缺陷是：与平板膜比较，管膜的制备条件较难控制，若采用普通的管径（1.27m），则单位体积内有效膜面积的比率较低。此外，管口的密封也比较困难。

目前，在管式膜上应用较为流行的是陶瓷膜组件，用刚性的、蜂窝结构的陶瓷膜替代由支撑材料等组成的膜管，陶瓷"块"中开有若干孔，管内表面覆盖一层很薄的氧化铝或氧化锆层。

3. 中空纤维式膜组件

中空纤维式膜组件的结构类似于固定管式换热器，将若干（可达几十万以上）根 50～100μm 的空心纤维管状膜集成一束，两端分别用环氧树脂胶合并密封在环氧树脂的管板中，装入圆柱形耐压管壳中，管束可以在管中弯成 U 形，也有的是直束。如图 5 – 5 即为弯成 U 形的纤维束，两端开口通过管板与管壳的一端出口相连，是透过液的出口；料液由管壳侧面的入口进入，在纤维管外流动，透过液通过外压进入纤维中空管内腔，再经管板引出；浓缩液由管壳的另一端引出。

也有的中空纤维组件采用直管束形式，料液的流向可采用内压式，即料液从空心纤维管内流过，透过液经纤维管膜在纤维管外汇集后流出管壳。

中空纤维有细丝型和粗丝型两种。细丝型适用于黏性较低的溶液，粗丝型可用于浓度较高及含有固体粒子的溶液。

由于中空纤维很细，能承受较高的压力而不需要任何支撑物，简化了设备结构。相比之下，纤维管承受向内的压力比向外的压力大得多，即便纤维强度不够时，向内的压力也只会使纤维管被压扁或堵塞，但不会破裂，从而防止料液因膜破裂而进入透过液中。从清洗的角度看，外压式更容易清洗。

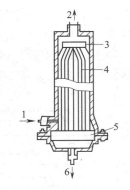

图 5-5　中空纤维（毛细管）
式膜组件
1—料液　2—浓缩液
3—纤维束端封　4—纤维束
5—环氧树脂管板　6—透过液

4. 螺旋卷式膜组件

这种膜组件的结构与螺旋板式换热器的结构类似，其主要元件是螺旋卷膜。这是一种双层结构的膜，中间为支撑材料，两边是膜，其中三边被密封而粘贴成膜袋状，另一个开放边与一根多孔的中心管密封连接，膜袋外侧再铺一层间隔材料。也就是把膜–多孔支撑体–膜–间隔材料作为一个膜组，围绕中心管叠合、卷紧，形成一个螺旋卷，再装入圆柱形压力容器内，成为一个螺旋卷式膜组件，如图 5-6 所示。操作时，料液在膜表面通过间隔材料沿轴向流动，而透过液则呈螺旋形式由中心管流出。

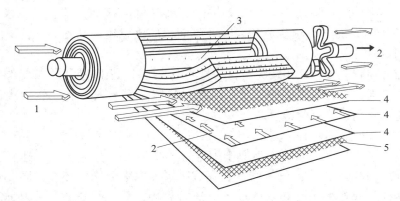

图 5-6　螺旋卷式膜组件
1—料液　2—透过液　3—透过液收集管　4—膜支撑体　5—隔网

螺旋卷式的特点是：膜面积大，湍流状况好，换膜容易；缺点是流体阻力大，清洗困难。

前述膜从材质上来说都是有机膜。各种有机膜的膜组件性能比较见表 5-3。

表 5-3 不同膜组件的性能比较

型式	优点	缺点
管式	易清洗、无死角,适于处理固体含量多的料液,单根管可以调换	保留体积大,单位体积中所含过滤面积小,压降大
中空纤维式	保留体积小,单位体积中所含过滤面积大,可以逆洗,操作压力较低(<0.25MPa),动力消耗较低	流道细小、易堵塞、易断丝,料液要预处理,单根纤维损坏时,需调换整个模件
螺旋卷绕式	单位体积中所含过滤面积大,换膜容易	料液需要预处理,压降大,易污染,清洗困难
平板式	流道宽,保留体积小,能耗介于管式和螺旋卷绕式之间,可处理含固量较高的料液	死体积较大,易堵塞
锯齿式	为平板式的改进型,板面呈棱纹结构,膜被扭曲为锯齿状,利用料液流动形成的湍流来消除膜面的污染,过滤性能优异,过滤速度高于管式和板式,污染少、易清洗、能耗低	

5. 陶瓷膜组件

陶瓷膜属于固态膜,一般呈管状或多通道状,管壁上密布微孔。料液在膜管内或膜外侧流动,小分子物质(或液体)透过膜,大分子物质(或固体)被膜截留从而达到分离、浓缩和纯化的目的。

陶瓷膜是以无机陶瓷材料经特殊工艺制备而成的,具有许多有机膜所不具有的优点,如化学稳定性好,能耐酸、耐碱、耐有机溶剂;机械强度大,不需要支撑部件,耐压性好,不易阻塞,可反向冲洗,耐用性好;能耐高温,可蒸汽消毒,抗微生物能力强;孔径分布窄,分离效率高。但目前,陶瓷膜的价格比较昂贵,制造过程复杂。尽管如此,陶瓷膜在食品工业、生物工程、环境工程、化学工业、石油化工、冶金工业等领域已经得到了广泛的应用。

由于陶瓷膜无机材料的较高强度,其组件的结构得到很大的简化,目前已经商品化的陶瓷膜组件形式主要有平板、管式和多通道 3 种:平板式主要用于小规模的工业生产;多通道是应用规模最大的陶瓷膜组件形式,所谓多通道,即在一圆截面上分布着多个通道,一般通道数为 7,19 和 37。

还有一点需要说明的是,不论采用何种形式的膜分离装置,都必须对料液进行预处理,除去其中的颗粒悬浮物、胶体和某些不纯物,必要时还应包括调节 pH 和温度,这对延长膜的使用寿命和防止膜孔堵塞是非常重要的。膜清洗技术的发展大大推动了膜技术的应用。

[能力拓展]

从发展趋势来看，陶瓷膜制备技术的发展主要在以下两方面：一是在多孔膜研究方面，进一步完善已商品化的无机超滤和微滤膜，发展具有分子筛分功能的纳滤膜、气体分离膜和渗透汽化膜；二是在致密膜研究中，超薄金属及其合金膜和具有离子混合传导能力的固体电解质膜是研究的热点。已经商品化的多孔膜主要是超滤膜和微滤膜，其制备方法以粒子烧结法和溶胶－凝胶法为主。前者主要用于制各微孔滤膜，应用广泛的商品化 A1203 膜即是由粒子烧结法制备。

二、膜分离设备及操作原理

所谓膜分离设备，就是将膜组件和一些辅助设备，按照一定的工艺要求组装起来。辅助设备主要包括压力泵、储槽、管线及切换阀门等。压力泵是为膜组件提供膜分离推动力，其压力的大小视膜组件类型而定，一般采用往复式高压泵。通常情况下，在一套膜分离设备中会同时安装多个膜组件，用串联或并联的方式运行，以增加处理量；或者用并联的分组方式交替运行，即一组膜组件在进行过滤分离操作，另一组膜组件同时进行清洗、再生等维护性操作。这些操作可通过管线、阀门的切换来实现。

膜组件是膜分离设备的核心部件。如前所述，按照膜分离粒子的大小和性质不同，可以将膜分离分成微滤、超滤、纳滤、反渗透、透析及电渗析等不同类型，相应的分离操作、膜组件等也有所不同。

1. 微滤

微滤又称为微孔膜过滤 (MF)，是开发应用最早的膜过滤技术。微滤膜又称为微孔滤膜，主要是由聚酰胺、聚偏二氟乙烯、聚丙烯腈、PC、PES 等聚合物材料制成，也有的利用玻璃、铝、不锈钢和增强碳纤维等作为膜材料的。

(1) 微滤的机理　微滤的推动力是静压差，利用膜的"筛分"作用进行分离。微滤膜具有比较整齐、均匀的多孔结构，每平方厘米滤膜中可包含 1 千万至 1 亿个小孔，孔隙率占总体积的 70% ~ 80%。由于微滤分离的粒子通常都远大于反渗透、纳滤和超滤中分离的溶质及大分子，基本上属于固液分离，不需要考虑溶液渗透压的影响。微滤的分离机理是筛分，其过滤速度较快，这其中膜的物理结构起着决定性作用。此外，膜的吸附和电性能等因素也对分离有影响。

(2) 微滤的操作模式　和常规过滤相同，微滤过程中也存在微粒被截留在膜表面或是膜深层的现象，据此可将微滤分成表面过滤和深层过滤两种。微滤的过滤过程有如下两种操作模式：

① 无流动操作：又称静态过滤（死端过滤），料液在压差推动下透过膜，微粒被膜截留，被截留的微粒在膜表面形成污染层（滤饼），随着微滤的进行，被截留微粒逐渐增多，污染层不断增厚和压实，使过滤阻力增加。在操作压力不变

的情况下，膜通量下降。因此这种操作是间歇式的，必须周期性地清除膜表面的污染层或更换膜。

② 错流操作：亦称动态过滤，料液以切线方向流过膜表面，在压力作用下通过膜，料液中的微粒则被膜截留而停留在膜表面。与无流动操作不同的是，料液流经膜表面时产生的剪切力可使沉积在膜表面的微粒扩散返回主流体，从而被带出微滤组件，沉积在膜表面的粒子层不会无限增厚，当工艺稳定时，微粒在膜表面的沉积速度与微粒扩散回主流体的速度达到平衡，使得膜表面的粒子层保持在一个较薄的稳定水平，膜通量能在较长一段时间内保持在相对高的水平上。错流操作能有效控制浓差极化，避免膜的堵塞，适合于较大流量的处理，是近年来的主流操作模式。

（3）微滤设备 微孔滤膜由于本身性脆易碎，机械强度较差，因而在实际使用时，必须把它衬贴在平滑的多孔支撑体上，最常用是以不锈钢或烧结镍等支撑体。工业用的微滤膜组件有板框式、管式、螺旋卷式、中空纤维等多种结构。根据操作方式又可分为高位静压过滤、减压过滤和加压过滤。

2. 超滤

凡能截留相对分子质量在 500 以上的高分子膜分离过程称为超滤。一般认为超滤与微滤的原理相似，是一种筛孔分离过程，其推动力是静压差，小分子溶质随溶剂透过膜成为透过液，而大分子溶质被阻留成为浓缩液。超滤膜分离过程中，膜孔径的大小和形状对分离起主要作用，膜表面的化学特性等对分离所起的作用不是很大。

超滤法处理的对象流体大多含有水溶性高分子、有机胶体、多糖类物质及微生物等，这些物质极易黏附和沉积于膜表面上，造成严重的浓差极化和堵塞。

超滤具有分离和提纯的作用。如果将所得浓缩液用水稀释，再进行超滤，可使料液中的低分子溶质进一步随透过液流出，而高分子物质逐步得到提纯，这样的过程称为全滤。

（1）超滤膜材料 大多数超滤膜都是聚合物或共聚物的合成膜，主要有醋酸纤维素超滤膜、聚砜类超滤膜和聚砜酰胺超滤膜。此外，聚丙烯酯也是常用的超滤膜材料。

超滤膜大体上可分为两种：各向同性膜和各向异性膜。各向同性膜是指膜上具有无数微孔贯通整个膜层，微孔数量与直径在膜层的各处基本相同，正反面都有相同的效应；各向异性膜是由一层极薄的表面"皮层"和一层较厚的起支撑作用的"海绵层"组成的薄膜，也称为非对称膜。前者的透过液流量较小，后者较大且不易堵塞。

（2）超滤设备与超滤工艺 超滤膜组件的结构有板框式、螺旋卷式、管式、中空纤维式等。通常是由生产厂家将这些组件组装成配套设备供应市场。

超滤工艺与微滤相似，可以连续操作，也可以间歇操作。在连续操作中，又可分为单级和多级操作。间歇操作则分为浓缩模式和透析过滤模式两种。在浓缩模式中，溶剂和小分子溶质被除去，料液逐渐浓缩。透析过滤则是在超滤过程中不断加入水或缓冲液，其加入速度和膜通量相等，这样可保持较高的通量，但处理量较大，增加操作时间，而且会稀释透过液。实际操作中，常常将两种模式结合起来，即开始采用浓缩模式，达到一定浓度后再转变为透析模式。

连续操作的优点是产品在系统中停留时间较短，有利于对热敏感和对剪切力敏感的产品，主要用于大规模生产。间歇操作的平均膜通量较高，所需膜面积较小，装置简单，成本低，适用于药品和生物制品的生产。

3. 反渗透

渗透压是溶液的物性，与溶质的浓度有关。一般来说，溶液浓度越大，其渗透压也越大。例如，0.1%（质量分数）的 NaCl 溶液的渗透压为 84.1kPa，而 3.5% 的 NaCl 溶液的渗透压则为 2.97MPa。当半透膜两侧是浓度不同的溶液时，则膜的两侧就存在着因两种溶液的不同渗透压而产生的渗透压差（用 $\Delta\pi$ 表示）。如果提高盐水一侧的溶液压强，使膜两侧的压差 Δp 大于渗透压差 $\Delta\pi$，则水将从盐水侧向纯水侧移动，因水的移动方向与膜两侧的渗透压差呈逆向，故称为反渗透。如图 5-7 所示。利用反渗透现象，可以进行从海水中部分地分离出纯水，从而达到海水淡化的目的。

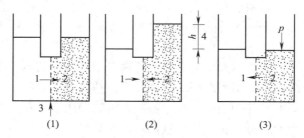

图 5-7　渗透与反渗透示意图
1—纯水　2—盐水　3—半透膜　4—渗透压

（1）反渗透膜材料　反渗透膜的种类很多，主要为复合膜，通常是由醋酸纤维素膜和芳香族聚酰胺膜制成的非对称膜。其中，醋酸纤维素膜多用于脱盐，不耐生物降解，pH 适应范围窄；芳香族聚酰胺膜的化学稳定性较好、机械强度高、工作压力低，能在较广的 pH（pH4~11）范围内使用，具有良好的透水性能，但对 Cl_2 的适应性较差。

（2）反渗透的操作与工艺流程　反渗透的操作压强取决于盐水的浓度。但实际上，反渗透过程所使用的压差要远大于溶液的渗透压。否则反渗透膜不能达到溶剂与溶质的完全分离，因为原料中的溶剂仅仅有一部分通过膜成为透过液。

在实际应用中，反渗透常作为一种分离、浓缩和提纯的重要手段，可以单独使用，更多的是采用多级流程，即把前一次反渗透得到的浓缩液送入下一个反渗透单元，作为原料液再次进行反渗透浓缩。多级流程的级数越多，操作也就越烦琐，能耗成本也就越大。工业应用中，常需要根据情况而定。

（3）反渗透的工业应用　反渗透最初应用于海水和苦咸水的脱盐淡化，使用的膜组件多为螺旋卷式。目前，反渗透已经在许多领域得到应用，如食品、药品的浓缩，纯水制备，锅炉水软化，化工废液中有用物质的回收，城市污水处理以及对微生物进行分离控制等。

例如制糖工业中对糖汁的浓缩，通常是采用加热蒸发浓缩，此法需要消耗大量燃料，且容易产生糖分的热分解。现在已经开始用反渗透法进行浓缩。根据研究报道，如果采用反渗透法对甜菜制糖的稀糖汁进行浓缩，可以节约蒸发用能量的 12.7% 和糖汁预热用能量的 16.5% （合计节能约 29% ）。当然，反渗透用泵需要电能，这部分的电能消耗只占全厂用电的较少部分，且由于加热器温度仅为 100～105℃ ，所以能使蒸汽压力由常用的 0.35～0.45MPa 下降到 0.15MPa 左右，从而大大节省了蒸汽用量。

几种反渗透膜的透水和脱盐性能见表 5-4。

表 5-4　　　　　　　　　　　　几种反渗透膜的透水和脱盐性能

品种	测试条件	透水量/ [m³/ (m² · d)]	脱盐率/%
CA2.5 膜	1% NaCl, 4.9MPa	0.8	99
CA3 超滤膜	海水，9.8MPa	1.0	99.8
CA3 中空纤维素膜	海水，5.88MPa	0.4	99.8
醋酸丁酸纤维素膜	海水，9.8MPa	0.48	99.4
CA 混合膜（二醋酸和三醋酸纤维素膜）	3.5% NaCl, 9.8MPa	0.44	99.7
醋酸丙酸纤维素膜	3.5% NaCl, 9.8MPa	0.48	99.5
芳香聚酰胺膜	3.5% NaCl, 9.8MPa	0.64	99.5
聚乙烯亚胺膜（异氰酸酯改性膜）	3.5% NaCl, 9.8MPa	0.81	99.5
聚苯并咪唑膜	0.5% NaCl, 3.92MPa	0.65	95
硫化聚苯醚膜	苦咸水，7.35MPa	1.15	98

[知识链接]

海水淡化是指利用海水脱盐生产淡水，其方法主要有两种：一种是用反渗透纯水过滤系统，将海水过滤成可饮用的淡水，这种方法成本较低，适用于小规模制水，已经大规模应用，海上船只大多是采用这种方式获得淡水；另一种是将水加热到一定温度（40～50℃），在真空室内将水分蒸发，变成为可饮用的纯水。后一种方法因为需要将水加热，有一定的地域局限性，加热可以采用电力、煤、油等，成本较高，在中东等炎热地区使用较多。

4．纳滤

纳滤（NF）是介于反渗透与超滤之间的一种压力驱动型膜分离技术，可以截留纳米级粒径的物质，如相对分子质量为 200～2000 的有机物。一般认为，纳滤由反渗透演化而来。与反渗透相比，纳滤过程的操作压强较低，具有节能的特点，因此纳滤又被称为低压反渗透或疏松反渗透。

（1）纳滤膜　纳滤膜与反渗透膜相似，但其制作要求更为精细。大多数纳滤膜是由多层高分子聚合物（如醋酸纤维素、磺化聚砜、磺化聚醚砜、芳族聚酰胺等）薄膜组成，具有较好的热稳定性、pH 稳定性和对有机溶剂的稳定性。一般来说，纳滤膜截留分子质量比超滤膜小但比反渗透膜大。

近年来发展的纳滤膜含有固定电荷，称为荷电纳滤膜。荷电膜是指膜的内、外表面上存在着固定电荷的膜，根据所带电荷的性质可以分为荷正电膜和荷负电膜。常见的膜带电基团为季铵基团、磺酸基团或羧酸基团。

荷电纳滤膜的亲水性得到加强，透水量增加，适于低压操作，在抗污染以及选择透过性方面都具有优势，可以分离相对分子质量相近而荷电性能不同的组分。例如，纳滤膜对 Na^+ 和 Cl^- 等一价离子的截留率较低（50% 左右），但对 Ca^{2+}、Mg^{2+}、SO_4^{2-}、CO_3^{2-} 等二价离子则具有很高的截留率。

（2）纳滤膜的分离机理　中性纳滤膜的分离机理与反渗透膜类似。但是，荷电纳滤膜还有着独特的静电吸附和排斥作用。如果荷电膜与盐的水溶液相接触时，与膜基团带有同种电荷的离子因受到排斥而难以通过膜，但溶液中的相反电荷离子也同时被截留，以保持溶液的电中性，从而使溶质被截留，这种现象称为道南效应（Donnan 平衡）。荷电膜中固定电荷的含量越大，膜对溶质的截留率就越大。

一般而言，荷电（纳滤或反渗透）膜的分离机理是溶解扩散和道南效应共同作用的结果。渗透压和浓差极化的概念也适用于纳滤过程。

（3）纳滤膜的应用　纳滤膜的操作工艺与超滤膜相同。

纳滤膜具有纳米级的膜孔径及荷电等结构特点，主要用于以下几个方面：

① 不同分子质量的有机物质的分离。

② 有机物与小分子无机物的分离。

③ 溶液中一价盐类与二价或多价盐类的分离。

④ 盐与其对应酸的分离，从而可达到饮用水和工业用水的软化，料液的脱色、浓缩、分离、回收等目的。

具体来说，纳滤膜广泛用于化学工业废水和生活用水的净化，也可以用于染料、抗生素、食品等的脱盐和浓缩；多肽的纯化和浓缩；氨基酸的分离和纯化等。

5．透析

透析，又称渗透、渗析，是指在浓度梯度的作用下组分从膜的一侧向另一侧传递的过程，其原理如图 5-8 所示。料液中含有溶剂、小分子溶质和大分子溶

质等,清洗液是与料液相同的纯溶剂。料液、清洗液
在膜的两侧逆向流动。透析膜允许溶剂和小分子溶质
透过,但可以截留大分子溶质。如果膜两侧压力相
同,在浓度梯度作用下,小分子溶质从料液向透过液
传递(称为透析),而溶剂从透过液向料液传递(称
为渗透)。适当提高料液侧的压力使其超过透过液侧
压力,可以减少或者消除溶剂的渗透。

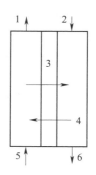

图 5 - 8　透析原理示意图
1—截留液　2—清洗液
3—膜　4—溶剂
5—料液　6—透过液

　　透析用膜材料多为亲水聚合物,如醋酸纤维素、
聚乙烯醇、聚丙烯酸、乙烯和醋酸乙烯酯共聚物等,
多为无孔或微孔的均质膜。透析膜一般都尽可能地
薄,以提高膜通量。为避免膜阻力的增加,透析膜都
具有较高的溶胀性,但这种溶胀性也容易导致膜的选
择性下降。因此,在选择膜材料时,应注意膜通量和膜选择性之间的权衡,寻找
最佳条件。最常用的透析膜组件为板框式和中空纤维式,典型透析膜的厚度为
$50\mu m$,膜孔径为 $1.5 \sim 10nm$。

　　利用透析技术可以从高分子质量物质中分离出低分子质量组分,现已成为生
物化学实验室最简便、常用的分离纯化技术之一。在生物大分子的制备过程中,
除盐、除少量有机溶剂、除去生物小分子杂质和浓缩样品等都要用到透析的技
术。对于某些高浓度蛋白溶液(百分之几),由于浓差极化的原因,难以应用超
滤技术,这种情况下采用透析方法更为合适。

　　[课堂互动]

　　想一想　透析膜代替肾完成体内有毒物质的滤除,这一过程是如何实现的?

　　例如,透析法在血液透析方面的应用,便具有很大的优越性。透析膜可以代
替肾,以除去血液中有毒的低分子质量组分,如尿素、肌酸酐、磷酸盐和尿酸等
代谢物,保留血液中的大分子物质和血细胞。该过程中血液被泵输送到透析器
(又称为人工肾)。透析器一般为中空纤维膜器,其膜材料必须满足血液相容性
的要求,同时采用生理盐水作为透析液,以减少和消除电解质的透过。

　　透析膜也用于有机物中矿物质回收、啤酒液中乙醇回收、酶和辅酶的脱盐、
药物的纯化等。

　　6. 电渗析

　　电渗析就是利用半透膜的选择透过性,在直流电场作用下把电解质从水中分
离出来。利用电渗析进行物质分离和提纯的技术称为电渗析法。

　　(1) 电渗析膜　也称作离子交换膜,是以与离子交换树脂具有相同化学结
构的有机高分子聚合物为骨架,与一定数量的交联剂构成空间网状结构的树脂
膜。膜的高分子聚合物上连接酸性活性基团的,称为阳离子交换膜(阳膜),能
选择性地透过阳离子,而不让阴离子透过;膜的高分子聚合物上连接碱性活性基

团，称为阴离子交换膜（阴膜），能选择性透过阴离子，而不让阳离子透过。

在水溶液中，离子交换膜上的活性基团会发生电离，活性基团中的可交换离子游离于膜溶胀后的空隙中或进入水溶液中，在膜上留下带有一定电荷的固定基团，这些固定基团构成电场。阳离子交换膜上留下的是带负电荷的基团，构成负电场；阴离子交换膜中留下的是带正电荷的基团，构成正电场。当施加外源直流电场后，溶液中带正电荷的阳离子（如 Na^+）和带负电荷的阴离子（如 Cl^-）被两侧电极吸引而分别做定向迁移，在通过离子交换膜时，根据异性相吸的原理，与膜上带相同电荷的离子被排斥而不能通过，带不同电荷的离子被吸引而透过膜，由此形成离子交换膜的选择性。

（2）电渗析的工作原理　电渗析技术通过电渗析仪来实施。电渗析仪的结构类似于板框压滤机，不同的是用离子交换膜替代了滤布。图 5 - 9 描述了电渗析的工作原理。电渗析仪主要由离子交换膜、隔板和电极组成：在两个正负电极之间交替地平行排列着多个阳膜和阴膜，每两块膜之间放置隔板；隔板由框和网组成，板上开有配水孔、布水槽、流水道、集水孔等，起着支撑阴膜和阳膜、使两层膜间形成隔室、均匀分布水流并加强湍流流动的作用；这些被阴膜、阳膜隔开的隔室，构成了交替相间的多个淡室和浓室。

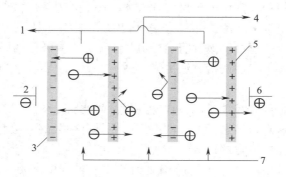

图 5 - 9　电渗析原理
1—稀液　2—阴极　3—阳离子交换膜　4—浓液　5—阴离子交换膜　6—阳极　7—料液

当电渗析仪工作时，最初，所有隔室内的阴、阳离子浓度都均匀一致，呈电平衡状态。当施加直流电场后，淡室中的阴离子向阳极迁移，通过阴膜进入浓室，再继续迁移时被阳膜阻挡，留在浓室中；淡室中的阳离子向阴极迁移，通过阳膜进入浓室，同样被浓室的阴膜阻挡而被留在浓室中。这样作用一段时间后，淡室中的溶液逐渐变成没有了阴阳离子的稀液（淡水），而浓室中的溶液则富集了较多的阴阳离子而逐渐变成浓液（浓水）。基于同样的原理，电极两侧的隔室里只能富集阴离子或阳离子，称为极液（极水）。

在电渗析过程中，这种与膜固定基团所带电荷相反的离子穿过膜的现象称为反离子透过。在电渗析过程中也存在一些不利于分离的传递现象：

① 实际上，与膜中固定基团荷电相同的离子不可能完全被截留，同性离子的少量透过称为同离子泄漏。

② 由于膜两侧存在电解质的浓度差，浓室中的电解质会向淡室扩散，同时淡室中的水在渗透压的作用下也向浓室渗透。两者都不利于电解质的分离。此外，水会部分电离产生 H^+ 和 OH^-，在电场作用下也发生电渗析，以及淡室与浓室之间的压差造成泄漏。这些非理想流动现象与趋势，降低了电渗析的分离效果并加大了过程的能耗。

（3）电渗析的特点　电渗析的主要目的是脱除溶液中的各种离子（除盐），与离子交换相比，具有以下优点：

① 能耗少：电渗析不发生相变，只是用电能迁移溶液中的离子，耗电量大体上与水中的含盐量成正比。对含盐量 4000 ~ 5000mg/L 以下的盐水淡化，电渗析水处理法的能耗（包括水泵动力耗电）大约为 6.5kW·h/t，耗能少，比较经济。

② 药剂耗量少：离子交换法水处理中，交换树脂的再生需要大量酸碱，水洗时产生大量酸碱废液的排放，而电渗析法水处理时，仅酸洗时需要少量酸。

③ 设备操作简单：电渗析仪的主体与配套设备都比较简单，有较好的抗化学污染和抗腐蚀性，通电即可得到淡水，不需要酸碱的反复再生处理。

电渗析的缺点如下：

① 对解离度小的盐类或不解离的物质去除比较困难。例如水中的硅酸盐等。

② 电渗析仪工作中，水的解离容易产生极化结垢和中性扰乱现象，这是电渗析水处理技术中较难掌握又必须重视的问题。

③ 耗水量较大。

④ 对原水净化处理要求较高，需增加精过滤设备。

（4）应用　电渗析是 20 世纪 50 年代发展起来的一种新技术，最初用于海水淡化，现在广泛用于化工、轻工、冶金、造纸、医药等行业，如食品、药品行业中的饮用水、纯水及注射用水的制备，锅炉给水的软化，牛奶及乳清脱盐，医药制造、血清、疫苗精制，贵金属回收，废水、废液处理等。

项目三　膜分离操作维护

膜在实际应用中，最大问题是：膜性能的时效变化，即随着时间延长，膜通量会迅速下降，同时溶质截留率也明显下降。造成这种情况的原因是膜的劣化和膜污染。

膜的劣化是由于膜不可逆转的质量变化引起膜性能的下降。产生的原因主要有：

（1）化学性劣化　因水解、氧化等原因造成。

（2）物理性劣化　挤压造成透过阻力过大，或者膜干燥等物理性质原因。

（3）生物性劣化　由料液中的微生物引起。

pH、温度、压力都是影响膜劣化的因素，要十分注意其允许使用范围。

一、膜 的 压 密

对于有机膜来说，膜的机械强度取决于高分子材料的力学性质。从这个角度看，膜属于黏弹性体，在外力作用下会发生压缩现象。实际上，膜在使用中，在较高的温度和压力作用下，随着膜使用时间的延长，膜通量会逐渐降低，膜的外观厚度减少 $1/3 \sim 1/2$，膜由半透明变为全透明，表明膜的内部结构发生了变化，膜体积发生了收缩，这种现象称为膜的压密。

引起膜压密的主要因素是操作压力和温度。压力越高，压密作用越大。

为克服膜的压密现象，除控制操作压力和进料温度外，主要的途径在于改进膜的结构。如制备超薄复合膜，使致密层和支撑层厚度在 $1\mu m$ 以下。皮层采用亲水性、有选择性功能的物质构成，并且有致密结构；支撑层由刚性耐压较强的高分子材料组成，具有较强的抗压密性。

二、膜 的 水 解

膜的物化稳定性主要是指膜的耐压性、耐热性、适用的 pH 范围、化学惰性、机械强度。构成膜的高分子材料性质决定了膜物化稳定性的强弱。膜的多孔结构和水溶胀性在一定程度上降低了这种稳定性。被分离溶液的性质也影响着膜的抗氧化性和抗水解性。

膜氧化、水解的结果，使膜的色泽变深、发硬变脆，其化学结构与外观形态受到破坏。据报道，聚砜酰胺膜，在高浓度的 CrO_2^- 溶液中，膜的支撑层首先受到破坏，孔穴扩大和开裂，表面层由于长时间的氧化破坏最终也会引起脆裂。

膜的水解与氧化是同时发生的，膜的水解作用与高分子材料的化学结构密切相关。当高分子链中具有易水解的化学基团—CONH—、—COOR—，—CN，—CH$_2$—O—等时，这些基团在酸或碱的作用下会产生水解降解反应，使膜受到破坏。醋酸纤维素是有机酯类化合物以乙酸乙酯的形式结合在纤维素分子中，比较容易水解，特别是在酸性较强的溶液中，水解速度更快。水解的结果是乙酰基脱掉，膜截留率降低，甚至完全失去截留能力。因此，在实际使用中可控制进料液的 pH 和进料温度，来延长膜的使用寿命。

三、浓 差 极 化

在膜分离操作中，所有溶质均被透过液传送到膜表面上，不能完全透过膜的溶质受到膜的截留作用，在膜表面附近升高。这种在膜表面附近浓度高于主体浓度的现象称为浓度极化或浓差极化（图5-10）。

膜分离过程中，溶剂和小分子物质透过膜，而大分子物质被截留，从而使大分子物质聚积在高压侧的膜表面，造成膜表面与溶液主体之间的浓度差。这种浓度差的存在，增大了溶液的渗透压，将可能出现下列不良影响：

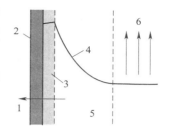

图 5 – 10　浓度差极化现象
1—溶剂流动方向　2—膜
3—凝胶层　4—溶质浓度
5—边界层　6—主流

（1）由于膜表面渗透压的升高将导致溶剂（水）通量的下降。

（2）溶质通过膜的通量上升，截留率下降。

（3）溶质在膜表面的浓度超过其溶度积而形成沉淀，出现膜污染甚至堵塞膜孔。

（4）导致膜分离性能的改变。

浓度差极化是膜分离过程中的一个不利因素，虽然不能完全消除浓度差极化现象，但若膜组件和工艺设计合理，操作得当，可以减轻浓度差极化的影响，其根本途径是提高传质系数，通常采用的方法是提高料液流速，或者在流道内加入插件以增加湍动程度。也可以在料液定态流动的基础上，人为地增加一个脉冲流动。

四、膜 的 污 染

膜污染是指在膜过滤过程中，水中的微粒、胶体粒子或溶质大分子由于与膜存在物理化学相互作用或机械作用而引起的在膜表面或膜孔内吸附、沉积造成膜孔径变小或堵塞，使膜产生透过流量与分离特性的不可逆变化现象。

1. 膜污染的类型

主要污染类型有沉淀污染、吸附污染和生物污染，这三种有时会同时发生，而且发生一种污染又可能加速另一种污染。进行膜处理时，应对原水组分进行分析，识别造成膜污染的主要原因，以便更好地消除影响，延长膜的使用寿命。

实际应用中，需要根据膜污染的原因采用必要的清洗方法，使膜性能得以恢复。

2. 控制膜污染的方法

（1）原料预处理　预处理是膜分离过程普遍采用的方法。例如，通过调整料液 pH 或加入抗氧剂等防止膜的化学性污染；通过预先杀死料液中的微生物，防止膜的生物性污染；采用絮凝沉淀、砂滤、活性炭吸附等方法可以预先除去原料液中的悬浮物质或溶解性高分子等。

（2）膜组件结构和操作条件优化　改善膜组件结构，提高料液的流速或湍动程度，可以减少膜污染。

（3）组件的清洗　膜在应用过程中，一般总要采用适当的清洗方法，其中化学清洗是最重要的方法。化学清洗是化学工业常用的方法，有着许多实际经验和技巧可以借鉴。一般可以根据所采用的化学试剂类型分为酸或碱清洗法，表面活性剂清洗法和酶洗涤剂清洗法。

（4）抗污染膜的制备　改变膜的性质可以减少膜的污染，开发抗污染的膜和膜组件是膜分离技术的研究热点。

[技能要点]

膜分离是利用膜的选择透过性，以膜两侧的能量差为推动力，依靠膜微孔的截留作用而分离溶液中各组分的一种单元操作技术。膜的种类不同，所具有的性质也不同，但都有一个共同的基本要求：耐压、耐高温、耐酸碱、化学相容性、生物相容性和成本低。膜可按孔径大小分为：微滤膜、超滤膜、反渗透膜、纳滤膜；或按膜结构不同分为：对称性膜、不对称膜、复合膜；按材料分为：有机高分子膜（天然高分子材料膜、合成高分子材料膜）、无机材料膜。

膜组件由膜、固定膜的支撑体、间隔物以及收纳这些部件的容器构成，是膜分离装置的核心。目前市售的膜组件主要有管式、平板式、螺旋卷式和中空纤维（毛细管）式等四种，其中管式和中空纤维式膜组件根据操作方式不同，又分为内压式和外压式。膜组件又可分为板框式膜组件、螺旋卷式膜组件、管式膜组件、中空纤维膜组件和陶瓷膜组件等。膜分离技术主要有微滤、超滤、纳滤、反渗透、透析、电渗析等。

[思考与练习]

1．名词解释

膜组件，微滤，超滤，纳滤，透析，反渗透

2．填空题

（1）膜分离操作的传质推动力可以是_____、_____、_____等。

（2）膜分离过程的实质是物质透过或被_____于膜的过程，因此可依据膜的_____大小而分为不同的分离操作，如膜孔径 0.025～14μm 的_____，被称为 UF 的_____，可分离 nm 级颗粒物的_____，以及可使溶剂从溶质浓度低的一侧向浓度高的一侧透过的_____；此外还有利用膜两侧溶液的浓度差使小分子的溶质从浓度高的一侧扩散到浓度低的一侧的_____，和在直流电场的作用下利用离子交换膜的_____等。

（3）根据膜断面的形态结构，可将膜分为_____和_____。

3．选择题

（1）下列传质分离过程中，属于速率分离过程的是（　　　）。

A　萃取　　　　　　B　结晶　　　　　　C　微滤　　　　　　D　重结晶

（2）下列膜分离操作不属于过滤式膜分离操作的是（　　　）。

A　微滤　　　　　　B　超滤　　　　　　C　反渗透　　　　　D　透析

（3）膜分离中能够较好地减轻浓差极化影响的操作方式是（　　　）。

A　顺流过滤　　　　B　错流过滤　　　　C　加大压力　　　　D　减小压力

（4）纳滤技术可以从溶液中分离出物质的相对分子质量范围是（　　　）。

　　A　1000～2000　　　B　150～2000　　　C　150～1000　　　D　1000～3000

4．简答题

（1）简述浓度差极化现象对膜分离操作造成的不利影响及减轻浓度差极化现象的措施。

（2）怎样进行微滤？其影响因素有哪些？

（3）膜分离技术中常用的膜有哪些？各有什么特点和应用范围？

（4）试比较微滤、超滤、纳滤技术，分析其特点，操作过程及应用范围上的区别。

模块六　萃取与浸取

学习目标

[学习要求] 掌握萃取与浸取、双水相萃取与超临界萃取的操作过程；熟悉萃取、浸取的工艺流程与设备工作原理；了解萃取、浸取、双水相萃取与超临界萃取的基本原理，设备结构及应用范围。

[能力要求] 掌握常见萃取设备的使用操作，学会常用萃取设备的日常维护。

项目一　概　　述

利用溶质在两相之间分配系数的不同，通过向混合物中加入一种溶剂来提取混合物中一种或几种溶质组分，从而使溶质实现分离的操作称为萃取操作，如图 6-1 所示。在萃取操作中至少有一相是流体，一般称该流体为萃取剂。以液体为萃取剂时，如果含有目标产物的原料也为液体，则此操作为液液萃取；如果含有目标产物的原料为固体，则此操作为固液萃取，也称作浸取；当以超临界流体为萃取剂时，含有目标产物的原料可以是液体也可以是固体，此操作称为超临界萃取。另外，在液液萃取中，根据萃取剂的种类和形式的不同，又可分为有机溶剂萃取、双水相萃取、反胶团萃取等。

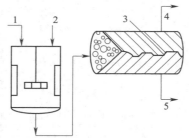

图 6-1　萃取操作示意图
1—原料液　2—萃取剂　3—相界面
4—萃取相　5—萃余相

在生物工程反应与制药过程中，萃取是一项重要的提取溶质和分离混合物的单元操作技术。这是因为萃取具有如下优点：

（1）传质速度快、生产周期短，便于连续操作，容易实现自动控制。

（2）分离效率高，生产能力大。

（3）采用多级萃取可达到较高纯度，便于下一步处理。

但萃取操作也有一些局限，如容易产生乳化，需要添加破乳剂甚至高速离心机，需要一整套回收萃取剂装置，需要各项防火、防爆等措施。

一、萃取的目的

在萃取操作中，一般要达到以下目的：

（1）分离　无论是生物工程反应，还是发酵制药或合成制药，以及中药提取

112

等过程，都有副产物存在。把产品从混合物中分离出来，是首先要解决的问题。

（2）相转移　萃取是相与相之间的接触，目的产物要从液体混合物（某一液相）进入萃取剂（另一不互溶液相）中，必定要发生物质在相与相之间的转移。

（3）浓缩　因被萃取物质在萃取剂中的溶解度相对原溶剂而言有较大的提高，因此，被萃取物由混合物向萃取剂转移的同时，浓度有较大程度的提高，为下一步的分离精制打下基础。

二、萃取单元的任务

实施萃取技术的工艺操作单元称为萃取单元，所需设备包括萃取装置、配套辅助设备（如混合设备、分离设备、储存设备、输送设备等）以及连接设备的管路、各种管件、阀门、仪表等。萃取量较大时，一般要采用自动化、连续化作业，以提高生产稳定性与生产能力，萃取设备可以采用高速的萃取离心机；处理物料量小时，可间歇生产。萃取设备一般以萃取罐、萃取塔为主。萃取单元的主要任务如下：

（1）对混合物进行分析，选择适宜的萃取剂。

（2）按生产能力，综合考虑安全、生产成本、工艺可控性，来选择操作方式——逆流萃取或并流萃取，单级萃取或多级萃取。

（3）将萃取剂与待处理料液混合，实现相应溶质在两个液相间的转移，从而将相应溶质与其他组分分离。另外，控制好工艺条件，尽可能提高溶质的萃取率和减少对药物的破坏。

（4）将萃取后的两个液相进行分离，从成本考虑以及结合循环经济，尽可能做到萃取剂的循环使用。

（5）注重安全生产，因萃取剂中易燃物较多，在生产过程中，一般要注意防火防爆方面的措施。

项目二　萃取原理

萃取操作的实质是在两个不互溶的液相之间通过传质实现再分配的过程，通过萃取操作，溶质优先溶于溶解度高的液相中。在萃取操作中，一相以细小微滴或股流的形式分散在另一相中，称为分散相；另一相在设备内占有较大体积，不间断，连成一体，称为连续相。

一、萃取的基本过程

萃取操作的基本过程如图6-2所示，被萃取溶液称为料液（F），可以把料液看作是A、B两组分，若待分离组分为A，则称A为溶质，B为原溶剂，新加入的溶剂称为萃取剂（S）。首先将萃取剂加入料液中，通过搅拌等方式进行充分的混合。由于萃取剂和原溶剂互不相溶，所以混合液体实际上存在两个液相，搅拌可使得其中一个液相以小液滴的形式分散于另一相中，形成很大的相接触面积，有利于溶质 A 由原溶剂 B 向萃取剂 S 扩散。待充分混合后，A 在两相间重新分配，再依靠两相的密度差使两相分层分离。上层为轻相，通常以萃取剂 S 为主，并溶入较多溶质 A，同时含有少量原溶剂 B，称为萃取相，以 E 表示；下层为重相，以原溶剂为主，同时含有未扩散的溶质 A 和少量萃取剂 S，称为萃余相，以 R 表示。在实际操作中，也有轻相为萃余相，重相为萃取相的情况。

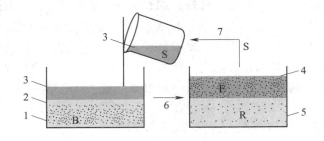

图 6 - 2　萃取过程示意图

1—料液　2—溶质　3—萃取剂　4—萃取相　5—萃余相　6—分离　7—溶剂回收

萃取相和萃余相都是 A、B、S 的均相混合物，为了得到分离后的 A 组分，应除去萃取剂 S，并使之重新利用，称为溶剂回收。回收后的溶剂可循环利用。通常利用溶剂易挥发的特点进行蒸馏回收；如果溶质很难挥发，则可以用蒸发的方法回收。萃取相脱去萃取剂后，称为萃取液，以 E′表示；萃余相脱去萃取剂后，称为萃余液，以 R′表示。

一个完整的萃取过程应包括：

（1）混合　料液（A + B）与萃取剂（S）充分混合，以完成溶质（A）由原溶剂（B）转溶到萃取剂（S）的传质过程。

（2）分离　萃取相与萃余相分层分离的过程。

（3）溶剂回收　从萃取相和萃余相中回收萃取剂（S），供循环使用的过程。

二、萃取的基本原理

1. 物质相似相溶

一种物质（溶质）均匀分散在另一种物质（溶剂）中的过程，称为溶解。萃取工程是溶质溶解在萃取溶剂中的过程。目前还不能定量解释溶解的规律，用得较多的是相似相溶原理，即相似物易溶解在相似物中。这种相似体现在两个方面：意思结构相似，如分子组成、官能团、形态结构和极性相似，则能互相溶解。而分子间作用力与分子的极性紧密相关，故两种物质极性相似，则能互相溶解。

2．溶剂互溶性

物质之间的作用与物质种类有关，分子间力包括氢键和范德华力。尽管氢键比化学键的键能小得多，但对分子的物理性质影响很大。氢键的形成必须有两个条件：可接受电子的电子受体和可提供孤对电子的电子供体。按照生成氢键的能力，可将溶剂分成四种类型：

（1）N 型溶剂　不能形成氢键，如烷烃、四氯化碳、苯等，称为惰性溶剂。

（2）A 型溶剂　只有电子受体，如氯仿、二氯甲烷等，能与电子供体形成氢键。

（3）B 型溶剂　只有电子供体的溶剂，如酮、醛、醚、酯等。

（4）AB 型溶剂　同时具备电子受体和电子供体，可缔合成多聚分子。因氢键的结合形式不同，可分为三类：

① AB（1）型　交联氢键缔合溶剂，如水、多元醇、氨基取代醇、羟基羧酸、多元羧酸、多酚等。

② AB（2）型　直链氢键缔合溶剂，如醇、胺、羧酸等。

③ AB（3）型　生成分子内氢键，这类分子因已生成分子内氢键，同类分子间不再生成氢键，故这种类型的溶剂性质与 N 型相似。

各类溶剂互溶性规律，可由氢键形成的情况来推断。氢键的形成是释放能量的过程，如果两种溶剂混合后能形成氢键或形成的氢键强度更大，则有利于互溶，否则不利于互溶。AB（1）型与 N 型几乎不互溶，如水与四氯化碳，因为溶解要破坏水分子之间的氢键；A 型、B 型易互溶，如氯仿和丙酮混合后可形成氢键。

3．溶剂的极性

溶剂萃取的关键是萃取剂 S 的选择。萃取剂 S 既要与原溶剂 B 互不相溶，又要与目标产物有很好的互溶度。根据相似相溶原理，分子极性相似，是选择溶剂的重要依据之一。极性液体之间、非极性液体之间都易于相互混合。盐类和极性固体易溶于极性液体中，而非极性化合物则易溶于低极性或没有极性的液体中。

衡量一个化合物的摩尔极化程度的物理因子是介电常数。两物质的介电常数越是相似，两物质的极性也就越相似。

通过测定萃取目标物质的介电常数，寻找极性相似的溶剂作为萃取剂，是溶剂选择的重要方法之一。介电常数可以通过物理化学手册查得。

4．分配定律和分离因数

在恒压恒温条件下，溶质 A 在互不相溶的两溶剂相中达到分配平衡时，如果其在两相中以相同的分子状态存在，则其在两相中的平衡浓度之比为常数，称为分配常数。这就是溶质的分配平衡定律，简称分配定律，可用如下公式表述：

$$K = \frac{c_2}{c_1} \qquad (6-1)$$

式中　K——分配常数

　　c_1——溶质 A 在萃取相 E 中的浓度，mol/L

　　c_2——溶质 A 在萃余相 R 中的浓度，mol/L

也可将其近似地看作组分在萃取剂和原样品溶液中的溶解度之比。

分配定律适用的条件为：

（1）必须为稀溶液。

（2）溶质对溶剂的互溶度没有影响。

（3）溶质在两相中必须是同一种分子形式，即不发生缔合或解离。

物质在萃取剂和原溶液中的溶解度差别越大，K 值就越大，萃取分离效果越好。当 $K \geqslant 100$ 时，所用萃取剂的体积与原溶液体积大致相等时，一次简单萃取可将 99% 以上的该物质萃取至萃取剂中，但这种情况往往很少。K 值取决于温度、溶剂和被萃取物的性质，而与组分的最初浓度、组分与溶剂的质量无关。

在实际生产中，由于情况复杂，很多时候溶质在两相中并非以同一种分子形态存在，所以大多数情况下两相平衡浓度之间的关系并不完全服从分配定律，溶质 A 在两相之间的浓度比也不一定是常数，而是随着萃取体系中各组分浓度、混合液 pH、温度、分子状态等因素发生变化。因此，生产中常用溶质在萃取相 E 和萃余相 R 中的总浓度之比来表述溶质的分配平衡，该比值称为分配系数，用 k 表示。

$$k_A = \frac{A \text{ 在 E 相中的总浓度}}{A \text{ 在 R 相中的总浓度}} = \frac{A \text{ 在 E 相中的摩尔分数}}{A \text{ 在 R 相中的摩尔分数}} = \frac{y_A}{x_A} \qquad (6-2)$$

$$k_B = \frac{B \text{ 在 E 相中的总浓度}}{B \text{ 在 R 相中的总浓度}} = \frac{B \text{ 在 E 相中的摩尔分数}}{B \text{ 在 R 相中的摩尔分数}} = \frac{y_B}{x_B} \qquad (6-3)$$

k_A、k_B 分别表示溶质 A 和溶剂 B 在两相中的分配系数。

显然，分配常数是分配系数的特殊情况。不同体系有不同的分配系数值。对同一体系，分配系数也会随着系统的温度和溶质的组成变化而变化。当溶质组成变化不大、浓度较低时，在恒温恒压下，分配系数为常数，其值由实验测定。

萃取操作中，不仅要求萃取剂 S 对溶质 A 的溶解效果好，还要求萃取剂 S 尽可能与原溶剂 B 不互溶。这种性质称为溶剂的选择性，通常用分离因数 β 来表示。分离因数也称为分离因子，或选择系数。

$$\beta = \frac{k_A}{k_B} = \frac{y_A/x_A}{y_B/x_B} = \frac{y_A/y_B}{x_A/x_B} \qquad (6-4)$$

式中　β——分离因数，萃取剂 S 对溶剂 A 和原溶剂 B 的选择性系数

　　　y_A——溶质 A 在萃取相 E 中的摩尔分数

　　　y_B——原溶剂 S 在萃取相 E 中的摩尔分数

　　　x_A——溶质 A 在萃余相 R 中的摩尔分数

　　　x_B——原溶剂 S 在萃余相 R 中的摩尔分数

　　分离因数 β 值越大，说明萃取分离的效果越好。若 $\beta = 1$，表明 A、B 两组分在 E 相和 R 相中的分配系数相等，不能用萃取的方法对 A、B 进行分离。分离系数 β 的大小，反映了萃取剂对原溶液中各组分溶解能力的差别。

　　5．萃取过程的传质

　　萃取过程主要是物理传质过程，即溶质从一个液相向另一个液相中的传递过程，但也有的过程伴有化学反应，即溶质与萃取剂发生化学反应生成萃合物后，再扩散到另一个液相中。目前，还没有成熟的理论进行解释，一般认为，对不发生化学反应的萃取传质过程，可近似用双膜理论去解释，即两步扩散：首先是相主体扩散，溶质分子从一个液相主体通过本相液膜向相界面扩散，在相界面处两个液相中溶质达到平衡；然后是相界面扩散，溶质再从相界面通过另一个液相的液膜向另一个液相主体扩散。溶质在液相中的溶解度、液体的湍流程度、液体温度等都与扩散速率有关。采取溶解度更大的溶剂、降低液体黏度、提高液体的湍流程度、降低液膜厚度、提高溶液温度有助于提高本相的扩散速率。提高两步扩散中速率最小一步的扩散速率，是提高整个扩散速率的关键。

　　在溶质扩散速率一定时，单位时间内溶质扩散量取决于两相之间的传质面积。两相液面之间的接触面积越大，单位时间内溶质传递量就越大，达到萃取平衡的时间就越少，越有利于生产成本的降低。

　　因此，凡有利于提高传质速率的措施都有利于快速达到萃取平衡。如提高温度、提高两个液相之间的相对运动速度（提高流速或加强搅拌）、提高分散相的分散程度、增大相接触面积（减少分散相的粒度）、增大萃取剂量、采用溶解度更大的溶剂等。

　　6．萃取分率

　　进入萃取相中的溶质量与没有进行萃取操作前原溶液中溶质量的比值称为萃取分率或萃取收率，也简称为萃取率，其数值的大小表现了萃取分离的效果。萃取率越高，表示萃取过程的分离效果越好。

　　在萃取过程中，提高萃取分率的同时，也应尽可能减少其他杂质的萃取量，尽可能减少萃取剂用量以利于溶剂的回收，缩短萃取时间以提高生产能力。

　　7．影响因素

　　（1）萃取剂　萃取剂对萃取操作的影响主要体现在以下几方面：

　　① 萃取剂的选择性：萃取剂 S 对溶质 A 的分配系数要大，对原溶剂 B 的分配系数要小。分离因数 β 值大，萃取剂 S 的选择性就好。

② 萃取剂 S 与原溶剂 B 之间的性质差别：这种差别主要表现在密度差、溶剂之间的界面张力及溶剂黏度。密度差越大，越有利于萃取相 S 和萃余相 R 的分层分离。溶剂间的界面张力应适中。界面张力过小，分散后的液滴凝聚困难，容易产生乳化而不易分层；界面张力过大，则两相分散困难，两相接触面积小，不利于传质，但细小的液滴易凝聚，对分层分离有利。一般来说，倾向于选择界面张力较大的溶剂。溶剂的黏度不宜过大，因为溶剂的黏度小有利于传质和两相的混合分离。生产中，常视情况加入稀释剂，降低溶剂黏度。

（2）操作温度　温度升高，溶质的溶解度增大，但温度过高，溶质在两相中的溶解度也随之增大，不利于萃取分离；温度过低，则溶剂黏度增大，不利于传质。因此，应选择适宜的操作温度。

（3）料液 pH　pH 对分配系数有显著影响。如青霉素在 pH2 时，醋酸丁酯萃取液中青霉素烯酸可达青霉素含量的 12.5%，当 pH > 6.0 时，青霉素几乎全部分配在水相中。通过调节原溶剂 B 的 pH，可控制溶质的分配行为，提高萃取剂 S 的选择性。同样，也可以通过调节 pH 来实现反萃取操作。反萃取是指在萃取分离过程中，当完成萃取后，为进一步完成纯化目标产物或便于下一步分离操作，往往需要将目标产物转移到水相。这种调节水相条件，将目标产物从有机相转移到水相的萃取操作称为反萃取。例如，在 pH10～10.2 的水溶液中萃取红霉素，而反萃取操作则在 pH5.0 的水溶液中进行。

[知识链接]

乳化是萃取操作中经常产生的一种现象。乳化现象的产生原因比较复杂，有时是由碱性物质引起的，有时是两相的相对密度相近所引起的，还有的乳化是由被萃取物引起的。一旦出现乳化现象，两相分离就很难进行，必须先破除乳化，用来破除乳化的常用方法有：（1）较长时间静置；（2）采用过滤的方法减少乳化；（3）加入破乳剂，如乙醇、磺化蓖麻油等；（4）利用盐析作用，若因两种溶剂能部分互溶而发生乳化，可以加入少量电解质，利用盐析作用加以破坏。在两相相对密度相差很小时，加入氯化钠，也可以增加水相的相对密度；（5）酸化，若因溶液碱性而产生乳化，常可加入少量稀酸破除乳化。

（4）盐析剂　无机盐类如硫酸铵、氯化钠等在水相中的存在，一般可降低溶质在水中的溶解度，使溶质向有机相中转移。如萃取青霉素时加入 NaCl，萃取维生素 B_{12} 时添加硫酸铵等。但添加的量应合适，用量过多时，可能促进杂质也转入有机相。

（5）萃取时间　延长萃取时间有助于提高溶质向萃取相扩散，提高萃取分率。但过分延长萃取时间对提高萃取效果并不明显，特别是当萃取趋于平衡时，萃取速率很小，延长时间反而会降低设备的生产能力，并加大了杂质在萃取相中的含量。

（6）两相体积比　增大萃取剂与原溶剂体积比，有助于提高溶质向萃取相的扩散，提高萃取分率。但两相体积比过大，也会降低溶质在萃取相中的浓度，不利于后续处理，同时也加大了萃取剂的回收成本。

（7）不连续相的分散程度　分散程度越大，越有利于提高两相的接触面积，有助于提高萃取分率，但过分分散对于两相分层不利，会增加分层所需的时间。这种分散程度与两相的湍流程度有关，一般提高流速、加强搅拌等有助于提高分散程度。

（8）料液中溶质的浓度　料液中溶质的浓度提高，有助于加快萃取平衡，但同时也可能会提高杂质的浓度，影响萃取质量。

8. 溶剂回收

溶剂回收是萃取操作中实现萃取剂循环利用，减少萃取操作成本的辅助过程。回收的方法主要是蒸馏。对于热敏性溶质，可以降低萃取相温度，使溶质结晶析出，达到与萃取剂分离的目的。或者通过反萃取使溶质与萃取剂分离。对于后两种方法，分开后的萃取剂可以循环利用。但一段时间后由于萃取剂中的杂质含量升高，仍需要通过蒸馏进行萃取剂的提纯和浓缩。

项目三　萃 取 设 备

一、萃取单元的设备构成

工业上萃取包括三个步骤：

（1）混合　料液和萃取液充分混合，形成乳浊液。

（2）分离　将乳浊液分成萃取相和萃余相。

（3）溶剂回收。

因此，萃取单元的工艺构成应满足上述三个步骤的操作需要。一般的萃取单元操作工艺应包括贮存设备、输送设备、混合设备、分离设备、回收设备，以及设备间的连接管道、阀门、电控仪表等。贮存设备通常用立式或卧式贮罐，用以贮存待处理料液或萃取剂等。输送一般采用单级或多级离心泵。混合则常在搅拌罐或萃取塔中进行，也可以采用管式混合器，将料液与萃取剂在管道内以很高的流速混合，称为管道萃取；或利用喷射泵进行涡流混合，称为喷射萃取。分离则常用澄清器或离心机，也有将混合与分离同时在一个设备内完成的；溶剂回收一般采用蒸馏设备。

二、混 合 设 备

传统的混合设备是搅拌罐，利用搅拌将料液和萃取剂混合。其缺点是间歇操作，停留时间较长，传质效率低。但由于设备简单，操作方便，仍在广泛使用中。

1. 混合设备

萃取操作中常用的混合设备有搅拌罐、混合管、喷射式混合器等。

（1）搅拌罐　可用带机械搅拌的密闭式反应罐（图6-3）。搅拌器通常采用螺旋式，转速一般在400~1000r/min，为防止中间液面下凹，有的罐在内壁上设置有挡板。视工艺情况，有的罐在顶部设有独立的萃取剂、料液、酸碱液及去乳化剂的进口管。罐的底部设有排料管。由于搅拌器的作用，料液在罐内可处于全混流状态，料液在罐内的平均停留时间为1~2min，直至罐内两液相的平均浓度与出口浓度近似相等。有的罐内设置了带有中心孔的圆形水平隔板，将罐内分隔成上下连通的几个混合室，每个室中都设有搅拌器。这样，便只有底部一个室中的混合液浓度与出口浓度相同，加大了罐内两相间的传质推动力。

除机械搅拌混合罐之外，还有气流混合搅拌罐，即将压缩空气通入料液中，借鼓泡作用进行搅拌，特别适合于化学腐蚀性强的料液，但不适合搅拌挥发性强的物质。

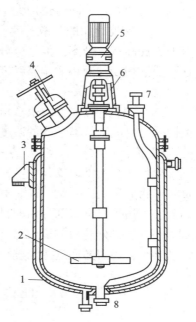

图6-3　萃取搅拌罐

1—夹套　2—搅拌器　3—支座
4—人孔　5—传动装置　6—轴封
7—进料　8—出料

（2）混合管　这是利用液体在管道中以一定流速流动时形成的湍流状态，而使液体中的各组分相互混合。通常采用混合排管，又称S形排管（图6-4），料液和萃取剂在一定流速下进入管道的一端，由于管道具有一定的长度且呈S形弯曲状，可使得液体在管中流动时能维持足够的停留时间，并呈完全的湍流状态，液体中的两相组分得到充分的混合。一般要求管中流体 $R_e = (5~10) \times 10^4$，流体在管内平均停留时间10~20s。混合管的萃取效果高于搅拌罐，且为连续操作。

图6-5是一种没有运动部件的管式高效混合器，又称管式静态混合器。这种混合器由分布器、直管和混合单元组成。分布器是一个三通管，两个孔分别用于料液和萃取液的进口，第三孔为混合液出口。分布器出口与直管相连，起着将多股液流汇集合并的作用。直管中固定有一组金属纹片，称为混合单元，这是管式混合器的核心部件，可依据混合液的组成不同而有不同的样式，其作用是使直管内的流体在管内的三维空间里做Z字形流动，流体内的各组分在管中流动时，不断地各自分散再彼此聚合。这种混合器的混合效果很好，用于乳化时能使液体分散成0.5~2μm的液滴，用于一般的混合过程，且没有放大效应。

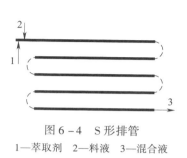

图6-4 S形排管
1—萃取剂 2—料液 3—混合液

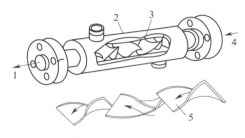

图6-5 静态混合器
1—出口 2—壳体 3—夹套
4—进口 5—元件

（3）喷射式混合器 从结构原理上看，喷射式混合器与水力喷射泵相同，但体积小很多，结构简单，使用方便。图6-6所示为三种常见的喷射式混合器。其中，图6-6（1）为器内混合，即萃取剂和料液由各自导管进入混合器内后进行混合；图6-6（2）和（3）则为两液相已经在器外混合，然后进入器内，经喷嘴或孔板后，加强了湍流程度，从而提高萃取效率。这类混合器体积小、效率高，特别适用于低黏度、易分散的料液，设备投资小，但需要较高的操作压力。

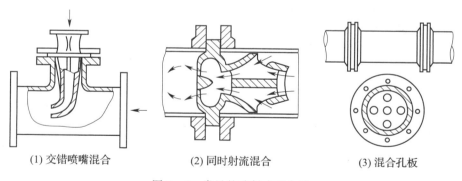

(1) 交错喷嘴混合　　(2) 同时射流混合　　(3) 混合孔板

图6-6 常见的喷射式混合器

2．分离设备

（1）澄清槽 即沉降槽，利用重力沉降原理进行两液相的分离，是最早使用的萃取分离设备，目前仍在广泛使用中。所谓澄清，就是将已接近于平衡状态的两液相进行有效的分离，主要是依靠两相间的密度差进行重力沉降。由于液液系统的两相间密度差和界面张力一般都比较小，分散相液滴的运动速度和凝聚速率也较小，单纯依靠重力的两相分离时间往往较长。对于一些难以分离的混合液，可采用离心式澄清器（如旋液分离器、离心分离机等）来加速两相的分离过程。

（2）塔式萃取设备　习惯上，将高径比很大的萃取装置统称为塔式萃取设备，为了获得满意的萃取效果，塔设备应具有分散装置，按照萃取操作的工艺，提供两相混合和分离所采用的措施不同，出现不同结构型式的萃取塔。

常见的塔式萃取设备有喷淋塔、转盘萃取塔、筛板萃取塔、填料萃取塔等。其中，喷淋塔是结构最简单的一种，塔体内除各物料流进出的联接管和分散装置外，别无其他的构件，但由于轴向返混严重，传质效率极低，故主要用于特定的场合，如水洗中和与处理含有固体的悬浮物系。筛板萃取塔和填料萃取塔的结构、原理与用于蒸馏、吸收的筛板塔、填料塔相似，这里不再讨论。下面对转盘萃取塔做简单介绍。

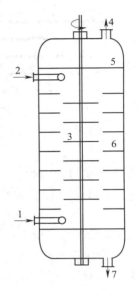

转盘萃取塔的结构如图6-7所示，塔体呈圆筒形，其内壁上装有许多环状固定板，将塔分隔成许多小室，在塔的中心沿垂直纵向设置有一根转轴，转轴上按照同样的间距与固定板交错设置有圆形转盘。转轴由塔顶的电动机带动旋转。

塔的顶部和底部是澄清区，塔的中段为萃取区。工作时，轻、重两种液体可以间歇加入，也可以连续加入，一般都是采用逆流连续加入的操作方式，即轻液（萃取剂）从塔底进入塔内，重液（料液）由塔顶进入。

图6-7　转盘萃取塔
1—轻液　2—重液　3—转盘
4—轻液　5—栅板
6—固定板　7—重液

当塔顶电机启动后，随着转盘的转动，轻重两相液体随之一起转动，在液体中产生剪应力，使得连续相处于湍流状态、分散相破裂形成微小的液滴，从而增大了两相间的传质速率和接触面积。转盘呈水平安装，旋转时不产生轴向推力，两相液体在垂直方向上的流动依靠密度差来推动。固定板在一定程度上抑制了塔内的轴向混合。

转盘萃取塔结构简单、维修方便、通量大、萃取效率高，在生物工程、医药制造、精细化工、石油化学等工业中有比较广泛的应用，例如食用油的精制、发酵液、香兰素的提纯，以及己内酰胺、糠醛精制润滑油、二氧化硫萃取煤油、废水脱酚等。

（3）离心机　当萃取剂与原溶剂的液体密度差比较小，或者界面张力很小而易乳化，或者黏度很大，两相液体的接触状况不佳时，很难靠重力使萃取相与萃余相分离，这时，可用比重力大得多的离心力来完成两相间的分离过程。工业上常用的离心沉降设备主要是碟片式离心机和管式离心机。

近年来，在生物工程领域中，越来越广泛地应用了三相倾析离心机。这是最早由德国开发的一种可同时分离重液、轻液和固体物的离心设备，目前已经由青霉素发酵液的分离向其他蛋白质分离等生产领域应用。这种离心机的基本原理是：在重力场中，由轻、重两相液体及固体颗粒组成的悬浮液静置后会分为三层，固体颗粒下沉至容器最底部，容器最上面为轻相液体，两者之间为重相液体。在离心场中，也会出现类似情况，不过，由于离心加速度比重力加速度大很多，使得这种分层更加迅速而彻底。当悬浮液进入离心机转鼓并随转鼓高速旋转时，悬浮液中的固体颗粒密度最大，迅速沉降到转鼓的内壁处；而液相则被挤向转鼓中心，其中重相液靠近转鼓壁而轻相液靠近转鼓中心。这种离心机中分别设置了轻相液和重相液的排出口及残渣出口，可以将固相物、重相液和轻相液分离开来。

图6-8描述了三相倾析离心机的结构原理，这种离心机又称为三相卧式螺旋卸料沉降离心机，由圆柱-圆锥形转鼓、螺旋输送器、差速驱动装置、进料系统、润滑系统及底座组成。重相液与轻相液为相对逆流的流动方式。与通常的卧式螺旋离心机不同，该机在螺旋转子柱的两端分别设置了调节环和分离盘，以调节轻重两相的界面，并在轻相液的出口处配有向心泵，在泵的压力作用下将轻液排出。进料系统上设有中心套管式复合进料口，使轻重两相均由中心进入，且在中心管和外套管的出口端分别配置了轻相液分布器和重相液分布孔，其位置可调，通过两者的位置可把转鼓柱的两端分为重相澄清区、逆流萃取区和轻相澄清区。

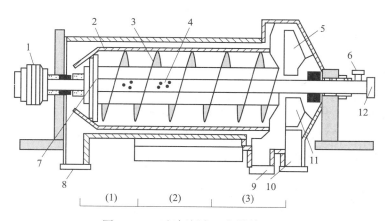

图6-8　三相倾析离心机结构原理
（1）干燥段　（2）澄清段　（3）分离段
1—传动装置　2—转鼓　3—螺旋输送器　4—轻相分布器　5—向心泵　6—重相进口
7—分离盘　8—排渣口　9—重相出口　10—轻相出口　11—调节环　12—轻相进口

[能力拓展]
向心泵是一种工作原理与离心泵完全相反的泵结构装置，可将高速流体的动能转换为静压能并输出，广泛应用于离心分离机的转鼓中，以达到机间或级间输

液等作用。其名称是相对于离心泵而言的。在离心分离机的转鼓中，泵轮间接固定在机体上不会旋转而泵室能回转。已在转鼓中加速的液体进入泵室后使之同步回转，在泵轮流道中进行能量转换。向心泵具有小流量、高扬程的特点，可使离心分离机的转鼓结构紧凑，省去了中间单装输液泵装置，能回收部分能量，满足被分离液体不与空气接触的工艺要求。

三相倾析离心机工作时，转鼓与螺旋输送器以一定的差速同时高速旋转，形成一个大于重力场数千倍的离心力场。料液从重相进料管进入转鼓的逆流萃取区后受到离心场的作用，在此于中心管进入与轻相液体接触，迅速完成两相之间的物质传递和液－固分离：固体残渣沉积于转鼓内壁，借助于螺旋转子的缓慢转动而被推向转鼓的锥端，并连续地排出转鼓，而萃取液则由转鼓的柱端经调节环进入向心泵，在泵的压力下排出。三相倾析离心机在运行过程中的监测手段比较齐全，自控程度较高，

项目四　萃取工艺

工业生产中，萃取操作可分为间歇、连续单级和多级的萃取流程。在多级萃取流程中，又可分为多级错流和多级逆流萃取流程。

无论哪种萃取方式，萃取效率都是实际萃取级和理论萃取级的比值。经过萃取后，萃取相 E 与萃余相 R 为互成平衡的两个液相，称为理论级。而实际生产中是很难达到这种平衡的。因为随着过程的进行，传质推动力越来越小，这意味着达到平衡需要无限长的时间。所以，工业生产中常使用实际萃取级。实际萃取级是通过实验测得的。

1. 单级萃取

这是液液萃取中最简单的操作形式，一般用于间歇操作，也可用于连续操作，即料液和萃取剂只混合一次。具体操作过程是：将料液和萃取剂都加入到混合器中，搅拌使溶质从料液中转移到萃取剂中，经过一段时间后静置分层，用分离器把萃取相和萃余相分离，即完成一个萃取操作周期。单级萃取流程见图 6－9。

2. 多级错流萃取

单级萃取的效率不高，萃余相中溶质的组成仍然较高。为使萃余相中的溶质更多地被分离出来，可采用多级错流萃取。

在这种流程中，料液经萃取后所得的萃取液多次与新鲜萃取剂接触，进行多次萃取操作。图 6－10 描述了三级错流萃取操作过程。第一级的萃余液作为料液进入第二级，并加入新鲜

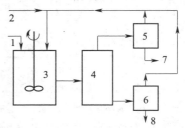

图 6－9　单级萃取流程
1—料液　2—萃取剂　3—混合器
4—分离器　5—萃取相　6—萃余相
7—萃取液　8—萃余液

萃取剂进行萃取。第二级的萃余液再作为第三级的料液，同样再用新鲜的萃取剂进行萃取，最后将三级萃取液合并，送入贮罐贮存备用。

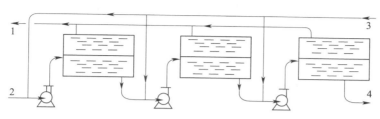

图6-10 三级错流萃取流程

1—萃取液出 2—料液进 3—萃取剂进 4—萃余液出

在三级错流萃取中，随着萃取的级数增加，萃取液中组分总数量增多，溶剂体积逐级增大，萃取液中组分浓度逐级降低。这种流程的特点就在于每级中都加入了新鲜的溶剂，故溶剂消耗量较大，后续蒸馏分离量大，但萃取较为完全。

当萃取剂用量一定时，萃取次数越多，对料液溶质的萃取就越完全。

3. 多级逆流萃取

在这种萃取流程中，料液的移动方向和萃取剂移动的方向相反，故称为逆流萃取，如图6-11所示。在第一级萃取器中加入料液，在第三级萃取器中加入新鲜萃取剂。在第三级萃取后所得的萃取液作为萃取剂进入第二级，第一级的萃余液作为料液进入第二级，两股液体混合萃取后，所得萃余液再作为料液进入第三级，而萃取液则作为萃取剂进入第一级，在第一级对料液进行萃取后，所得萃取液被送入贮罐贮存备用。

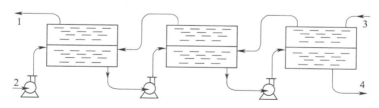

图6-11 三级逆流萃取流程

1—萃取液 2—料液 3—萃取剂 4—萃余液

在上述萃取过程中，只在最后一级萃取中加入了萃取剂，故和三级错流萃取相比，萃取剂的消耗量较少。随着萃取级数的增加，萃取液中组分的浓度逐级升高。

4. 微分萃取

这是采用萃取塔设备进行萃取的一类方法，其工艺流程见图6-12。料液与溶剂中密度较大者（重相液）从塔顶加入，萃取剂或溶剂中密度较小者（轻相液）自塔底加入。两相中的一相经分布器分散成液滴（分散相），另一相保持连续（连续相）。分散的液滴在沉降或上浮过程中与连续相逆流接触，进行溶质 A 从 B 相转移到 S 相的传质过程，最后轻相由塔顶排出，重相由塔底排出。塔内溶质在其流动方向的浓度变化是连续的，需用微分方程来描述塔内溶质的质量守恒关系，因此称为微分萃取。除前述的转盘萃取塔外，常见的萃取塔还有喷淋塔、筛板塔、填料塔等。

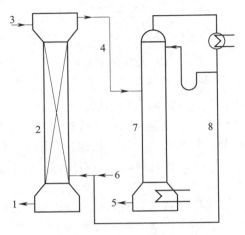

图 6 - 12　塔式液液萃取流程

1，4—萃取相　2—萃取塔　3—料液　5—萃取液

6—新鲜萃取剂　7—溶剂回收塔　8—回收萃取剂

项目五　萃取操作中常见的问题及处理

1. 乳化现象

待萃取的料液中既有溶质也有杂质。一般来说，生物工程产品中主要是蛋白质、核酸等大分子等。这类物质中既有亲水基团，也有亲油基团，溶解后，分子呈定向排列，亲水基在水相中，亲油基在油相中，使水油两相的界面张力降低，能够把本来不相溶的油和水连在一起，形成稳定的乳化状态而形成第三相的乳浊液，即乳化现象。

乳浊液可分为两种类型：油滴分散在水中的称为水包油型（O/W），水滴分散在油中的称为油包水型（W/O）。表面活性剂的亲水基强度大于亲油基时，形成 O/W 型乳浊液，反之则形成 W/O 型。蛋白质是憎水性的，故形成 W/O 型乳浊液。

稳定的乳浊液形成主要因素有：界面上形成保护膜，液滴带有电荷，介质具有一定黏度。乳浊液虽有一定的稳定性，但也同时具有较高的分散度，表面积大，表面自由能高，属于热力学不稳定体系，有聚结分层、降低体系能量的趋势。

当乳化现象发生时，容易使两相难以分层而出现两种夹带现象。若萃取相中夹带料液相，会给后面的精制带来困难，使产品质量下降；若料液相中夹带萃取相，则意味着产物的损失与收率下降。因此，乳化是萃取操作中必须要考虑的一个主要问题。

2. 破乳

破乳就是利用乳浊液的不稳定性，削弱、破坏其稳定性。破乳的原理主要是破坏其界面膜和双电层。破乳操作的方法主要有以下几种：

（1）电解质中和法　加入电解质 NaCl、NaOH、HCl 及高价离子，如铝离子等，可中和离子型乳化剂电性使其沉淀。

（2）吸附法　如 $CaCO_3$ 易为水分润湿，但不能被溶剂润湿，故将乳浊液通过 $CaCO_3$ 层时，因其中水分被吸收而消除乳化现象。

（3）顶替法　加入表面活性更大，但不能形成坚固保护膜的物质，将乳化剂从界面上顶出，消除乳化。

（4）转型法　在 O/W（W/O）型乳浊液中，加入亲油（亲水）乳化剂，使乳浊液向相反种类转变过程中消除乳化。抗生素工业中一般采用此方法。这种方法与顶替法很难区别，常同时发生作用，而加入的表面活性剂就称为破乳剂。破乳剂是一种表面活性剂，具有相当高的表面活性，加入后就可以替代界面上原来的乳化剂，但由于破乳剂的碳氢链很短或具有分支结构，不能在界面上紧密排列而形成牢固的界面膜，降低乳状液的稳定性，达到破乳目的。

常见的破乳剂有十二烷基磺酸钠、溴代十五烷基吡啶、十二烷基三甲基溴化铵等。

（5）物理法　加热是常使用的方法。

（6）离心法　主要是利用密度差促使分层。离心和抽滤中不可忽视的一个一个液滴压在一起的重力效应，这足以克服双电层的斥力，促进凝聚。

项目六　浸　　取

浸取是指采取适宜的溶剂和方法从固体原料（一般指生物原料）中浸出有效成分的操作过程。浸取是许多生物制品制备的基本单元操作。浸取的原料，多数是溶质与不溶性固体所组成的混合物。溶质是浸取所需要的可溶性组分，浸取的目标是尽可能提出原料中的有效成分（即溶质），最大限度地避免原料中无效或有害成分的浸出，从而简化分离精制工艺，增加产品的稳定性。

一、浸 取 原 理

在浸取过程中，物质由固相转移至液相是一个传质过程，即溶剂进入待萃取原料，将有效成分从固相转移到液相的过程。一般认为，溶剂从固体颗粒中浸取可溶性物质的过程包括：

（1）溶剂浸润固体颗粒表面。

（2）溶剂扩散、渗透到固体内部微孔或细胞壁内。

（3）溶质解吸后，溶解进入溶剂，同时溶剂中的溶质被固体吸附。

（4）溶质通过多孔介质中的溶剂扩散至固体表面。

（5）溶质从固体表面扩散进入溶剂主体。

对于有细胞的固体物料，溶质因包含在细胞内部，其扩散则有所不同：

（1）溶剂通过固体颗粒内部的毛细血管向固体内部扩散。

（2）溶剂穿过细胞壁进入细胞内部。

（3）溶剂在细胞内将溶质溶解并形成溶液，由于细胞壁内外的浓度差，萃取剂分子继续向细胞内扩散，直至细胞内的溶液将细胞胀破。

（4）固体内溶液也开始向固液界面扩散。

（5）溶质由固液界面扩散至液相主体。

如果将人参浸泡于乙醇中，人参的有效成分人参皂苷等组分溶解于乙醇的过程，即符合上述机制。

浸取过程的相平衡关系是溶液相的溶质浓度与包含于固体相中溶液的溶质浓度之间的关系，浸取过程达到相平衡的条件是两者浓度相等，而只有在前一浓度小于后一浓度时，浸取过程才能发生。

二、浸 取 工 艺

浸取操作主要包括不溶性固体中所含的溶质在溶剂中溶解的过程，和分离残渣与浸取液的过程。在整个过程中，固体物料是否需要进行预处理，固体物料中的溶质能否很快地接触溶剂，是影响浸取速率的一个最大因素。预处理的方法包括粉碎、研磨、切片等。通常，工业上是将这类物质加工成一定的形状，如甜菜提取中加工成的甜菜丝，或把植物果实压制加工成薄片。对于动植物细胞，溶质存在于细胞中，如果细胞壁没有破裂，细胞壁产生的阻力会使浸取速度降低，所以，要进行细胞破碎。但是，如果为了将溶质提取出来而磨碎破坏全部细胞壁，则也不是很妥当的，因为这样会使一些相对分子质量比较大的组分也被浸取出来，造成溶质精制的困难。

根据所用溶剂性质和固体原料特性，浸取可以采用不同的方法。因药物成分和存在部位的不同，浸取的方法也不一样。

浸取操作常用的溶剂有：水、不同浓度乙醇等。一般根据原材料有效成分的性质，按照"相似相溶"的原则选择浸出溶剂。

浸取常用溶剂见表 6 – 1。

表 6 – 1　　　　　　　　　　　　浸取常用溶剂

产物	固体	溶质	溶剂
咖啡	粗烤咖啡	咖啡溶质	水
大豆蛋白	豆粉	蛋白质	80% NaOH 溶液，pH9
香料	丁香、胡椒、麝香草	香料成分	乙醇
蔗糖	甘蔗、甜菜	蔗糖	水
维生素 B	碎米	维生素 B	乙醇 – 水
玉米蛋白质	玉米	玉米蛋白质	90% 乙醇
胶质	胶原	胶质	稀酸
果汁	水果胶	果汁	水
鱼油	碎鱼块	鱼油	乙烷、丁醇、CH_2Cl_2
胰岛素	牛、猪胰脏	胰岛素	酸性醇
肝提取物	哺乳动物的肝	肽、缩氨酸	水
脱盐海藻	海藻	海盐	稀盐酸
中草药汁	中草药材	药用成分	水
药酒	中草药材	药用成分	酒

按照溶剂流动与否可将浸取分为静态浸取和动态浸取。前者是间歇地加入溶剂和一定时间的浸渍；后者是使溶剂不断流入和流出系统，或者溶剂与原料同时不断地进入和离开系统。常用的浸取方法有煎煮法、渗漉法、回流法等。

三、萃取操作的影响因素

有效成分在原料中的扩散是决定浸出速率的主要步骤。影响浸出的因素主要有溶剂、温度、压力、固体粒度与液体的流动状态，还有搅拌等。

（1）原料粒度　粒度越小，比表面积越大，浸取速度越快。但粒度过小会使杂质浸出量增加，分离提纯困难。固液相对运动速率越高，溶液的湍动越强烈，会导致边界层变薄，更新加快，提高浸出速度。

（2）溶剂的种类与性质　溶剂的极性、黏度等物性影响固体物料中不同物质的浸出速度和溶出度。水和乙醇是最常用的溶剂，两者的不同配比混合溶液对中药材的浸出影响很大。

水是最常用的一种极性浸取溶剂，价廉易得，对很多物质都有较大的溶解度，如生物碱、苷类、蛋白质等在水中都有很好的溶解度，少量挥发性油成分也能被水浸出。

乙醇是仅次于水的常用半极性浸取溶剂，能与水形成任意组成的混合液，可通过组成的改变，有选择地浸取某些成分。如90%以上的乙醇可有效浸取有机酸、挥发油、叶绿素等；乙醇含量在50%～70%时，主要浸取生物碱、苷类等；乙醇含量在50%以下时，适于浸取苦味质、蒽醌类化合物。乙醇作为浸取溶剂，无毒无害，价格低廉，还具有一定的防腐作用。乙醇的比热容小、沸点低、气化热不大，分离回收费用低，可降低生产成本。但乙醇具有较强的挥发性和易燃性，生产中应注意安全防护。

（3）溶剂用量及浸取次数　根据少量多次的原则，在定量溶剂条件下，多次浸取可提高效率。一般第一次浸取时要超过溶质溶解所需要的量。不同的固体物质所用的溶剂用量和浸取次数都需要实验决定。

（4）操作温度与压力　提高浸取操作温度，会增大溶质的溶解度，降低溶液黏度，有利于传质的进行。但温度过高可能会破坏热敏成分，一些无效成分也会浸出，增加了分离提纯的难度。如果溶质是易挥发、易分解的，还会造成目标产物的损失。

当固体物料组织密实，较难被浸取溶剂浸润时，可采用提高浸取压力的方法，促进浸润过程的进行，可提高固体物料组织内充满溶剂的速度，缩短浸取时间。同时，在较高压力下的渗透，还可能将固体物料组织内的某些细胞壁破坏，有利于胞内成分的浸出。当固体物料被完全浸透而充满溶剂后，增加压力对浸出速率的影响就不大了。

如果采用水等挥发性较小的溶剂，则适度减少操作压力，会使得固体物料组织变得疏松，有利于水的渗透和溶质的浸出。

（5）操作时间与操作条件　一般来说，浸取时间长，扩散会比较充分，有利于浸取。但当扩散达到平衡时，再延长时间会使得大量杂质溶出；有些苷类容易被酶所分解；在水溶剂的长期浸泡下，很多材料易霉变。所以，过长时间的浸泡反而不利。

浸泡时加强液体的湍流状态会有利于扩散的进行，提高浸取效率。

根据需要调整浸取操作时的pH，有利于某些有效成分的浸出。如酸性条件下浸取生物碱，碱性条件下浸出皂苷等。

四、浸取工艺与设备

1. 煎煮法

这是最为传统的中药加工方法，就是以水为溶剂，将药材加热煮沸一定时间，以提取其中的有效成分。这种方法适用于有效成分能溶于水，且对湿、热较稳定的药材。

煎煮法常用的提取设备有敞口倾斜式夹层锅、多能提取罐、球型煎煮罐等，其中多能提取罐是目前生产中普遍采用的一种多功能提取设备，可调节压力、温度，属于密闭间歇式操作设备，常用于水煎煮提取、热回流提取、强制循环提取、挥发油提取、有机溶剂回收等操作。

多能提取罐按照罐体形状不同分为底部直锥式、底部斜锥式、直筒式、倒锥形、蘑菇形、翻斗式及罐底能加热等多种形式，按照提取过程性质不同又可分为静态多能提取罐和动态多能提取罐。

多能提取罐主要由罐体、加料口、出渣门、气动装置、夹套等组成，常见不同形状多能提取罐如图 6-13 所示。罐体一般采用不锈钢材料制造，规格有 $0.5m^3$、$1m^3$、$1.5m^3$、$2m^3$、$3m^3$、$6m^3$ 等。夹套可通入蒸汽加热或通水冷却。出渣门上安装有不锈钢筛网或滤板以分离药渣与药液，排渣底盖通过气动装置控制出渣门的启闭。一般来说，直锥式、直筒式、倒锥式等提取罐可借药渣自身重量自行顺利出渣。为了防止药渣在提取罐内膨胀，因拱结（俗称"架桥"）难以排出，有些罐内安装有料叉，可借助于气动装置使提升杆上下往复运行，协助破除拱结、排出料渣。

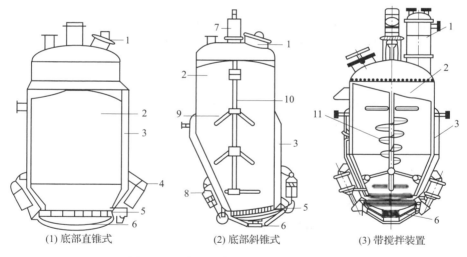

(1) 底部直锥式   (2) 底部斜锥式   (3) 带搅拌装置

图 6-13 常见的多能提取罐结构示意图

1—加料口 2—罐体 3—夹套 4—气动装置 5—带滤板的活底 6—出渣门
7—上气动装置 8—下气动装置 9—料叉 10—上下移动轴 11—搅拌装置

罐体内装有搅拌装置的称为动态多能提取罐，物料在搅拌下降低了周围溶质的浓度，增加了扩散推动力。在出渣门上安装蒸汽加热夹层的多能提取罐，使出渣门上的料液被蒸汽饱和上升的液流所搅动，药材有效成分提取较为完全，而且可减轻药材受挤压的程度，出液流畅，不易堵塞。

操作时，将药材经加料斗进入罐内，加水浸没，浸泡适宜时间，再加热至微沸并维持规定的时间。提取完毕后，浸出液从罐体下部经滤板过滤后排出，保存，药渣再依法煎煮提取 1~2 次，合并各次滤液，即得。

在提取过程中，为了提高浸出效率，可进行强制循环提取：开启水泵，使药液从罐体下部排液口放出，经管道滤过器滤过，由泵打回罐体内循环，直至提取完毕。但该法不适宜含淀粉多或黏性大的药材的提取。

操作要点：

（1）检查准备

① 检查投料门、排渣门是否正常，是否顺利到位，排渣门是否有漏液现象。

② 检查设备各机件、仪表是否完整无损，电气线路、控制系统是否正确。

（2）操作

① 打开压缩空气阀，关闭排渣门，锁紧排渣门，关掉压缩空气阀。

② 用饮用水冲洗罐内壁、底盖。

③ 投料：按工艺要求加入药材和饮用水，一般加水量不得超过罐体体积的 2/3，关闭投料门及锁。

④ 浸泡：按照工艺要求浸泡一定时间。

⑤ 提取：打开冷凝器循环水，缓缓开启蒸汽阀，升温加热，升温速度宜先快后慢，待温度升至所需温度时，调节蒸汽阀门，保持微沸至工艺要求的时间；提取过程中应经常观察提取罐内动态，防止爆沸冲料。

⑥ 泵液：提取结束后，关闭蒸汽阀门，开启放液阀，启动输液泵，将药液泵入贮液罐内；放液完毕后，关闭输液泵及放液阀。

⑦ 按工艺要求重复进行第二次、第三次提取。

⑧ 排渣：提取完成后，打开出渣门排放药渣。

⑨ 清场：用饮用水清洁提取罐及其管道、出渣门密封条等。

2. 渗漉法

渗漉法是将药材粗粉置于渗漉容器中，溶剂从容器上部连续加入并流经药材，渗出液从下部不断流出，从而浸出药材中的有效成分。

在渗漉过程中，溶剂相对于药粉流动浸出，属于动态浸出，有效成分浸出完全，溶剂利用率高。因此，渗漉法适合于贵重药材、含毒性成分的药材、高浓度的制剂及有效成分含量较低的药材的提取，但不宜用于新鲜药材、容易膨胀的药材、无组织结构药材的提取。渗漉提取时，溶剂通常为不同浓度的乙醇。

渗漉工艺包括单渗漉法、重渗漉法、加压渗漉法等。

渗漉常用的设备为渗漉提取罐，有圆柱形、圆锥形两类。罐体上部有加料口、下部有出渣口，底部安装筛板、筛网等以支持药粉底层。圆柱形渗漉提取罐结构如图 6-14 所示。大型渗漉提取罐设有夹层，可以通蒸汽加热或加水冷却，达到浸出所需温度，并能进行常压、加压及强制循环渗漉操作。

工作时，溶剂渗入药材细胞中，溶解大量的可溶性成分后，溶液因浓度增加、密度增大而向下移动，上层的浸取溶剂或稀浸液置换其位置，形成了良好的浓度梯度，使扩散过程自然进行，故渗漉提取有效成分比较完全，而且省去了分离药渣与浸出液的操作过程。

渗漉操作要点：

（1）检查准备

① 检查并关闭所有阀门。

② 检查渗漉提取罐是否漏液。

（2）操作

① 投料：打开进料口，装入经过润湿的药材粉末或颗粒，药材粒度应根据具体工艺要求控制；药材装量一般不得超过罐体容积的 2/3，药材填装应松紧均匀一致。

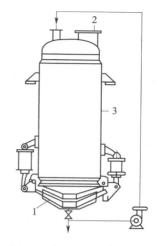

图 6 - 14 圆柱形渗漉提取
罐结构示意图
1—出渣口 2—加料口 3—罐体

② 浸渍：加入规定浓度和数量的乙醇或其他溶剂，密闭浸渍药粉至规定时间，一般浸渍时间为 24~48h。

③ 渗漉：打开进乙醇喷淋阀、出药液阀，使渗漉液按工艺规定的渗漉速度流入药液贮罐，同时调整乙醇喷淋流量，使药粉上部始终保留一定量的溶剂。

④ 排渣：渗漉结束后，打开排渣门，排渣；出渣时，注意避免损坏底部滤网。

⑤ 清场：清洗渗漉筒及管道，关闭所有阀门。

3. 多级逆流渗漉

浸取也可以采用多级提取的操作方式。与多级逆流萃取工艺相似，多级逆流渗漉是将一定数量的渗漉提取罐用输液管道互相连接起来，一般由 5~10 个渗漉罐、加热器、泵、溶剂罐、贮液罐等组成（图 6 - 15），形成罐组。通过相应的流程配置，逐级将药材中的有效成分扩散至套提溶液中，以最大限度转移药材中的可溶解成分，缩短提取时间和降低溶剂用量的中药提取技术。

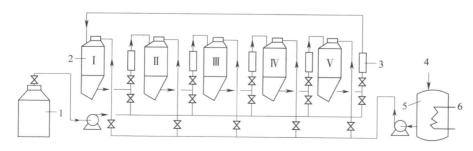

图 6 - 15 多级逆流渗漉流程
1—贮液罐 2—渗漉罐 3—加热器 4—水 5—溶剂罐 6—加热蒸汽

以5组提取罐为例，多级逆流渗漉的工作过程如下：将经过处理的药材按顺序均匀装入各渗漉罐（Ⅰ~Ⅴ），用泵将溶剂从贮液罐送入罐Ⅰ，渗漉液经加热器后流入罐Ⅱ，依次向后，最后从罐Ⅴ出渗漉液，药液达到最大浓度，送入贮液罐。当罐Ⅰ内的药材有效成分渗漉完全后，用压缩空气将罐Ⅰ内的液体全部压出，罐Ⅰ即可卸渣，装新料。此时，来自溶剂罐的新溶剂装入罐Ⅱ，而罐Ⅴ的渗漉液经加热器后流入罐Ⅰ，最后由罐Ⅰ出渗漉液，送入贮液罐中。依次类推，直至渗漉提取完成。

在整个操作过程中，每份溶剂从第1罐流入至末罐多次使用，使从末罐流出的渗漉液的浓度达到最大，罐中的药渣经多次浸出，使有效成分在药渣中的含量降到最低，提取率较高；溶剂总用量大幅度减小，降低了后续工艺的能耗及生产成本；设备采用管道化、提取罐组单元形式，既可多个单元组合进行多级连续逆流提取，也可各单元单独进行提取作业。

在多级逆流渗漉提取过程中，应根据药材性质、制剂要求，并通过实验筛选，确定渗漉罐的数量和渗漉工艺流程。

4. 热回流提取浓缩

热回流提取浓缩是一种集提取、浓缩为一体，全封闭连续动态循环提取、浓缩的单元操作，主要用于水、乙醇及其他有机溶剂提取药材中的有效成分、提取液的浓缩及有机溶剂的回收。其设备组成包括提取、浓缩及辅助部分等，如图6-16所示。提取部分主要由提取罐、冷凝器、冷却器、油水分离器、过滤器、消泡器等部件组成；浓缩部分主要由加热器、蒸发器、冷凝器、蒸发液料罐等组成；辅助部分包括真空泵、空气压缩机、控制系统等。

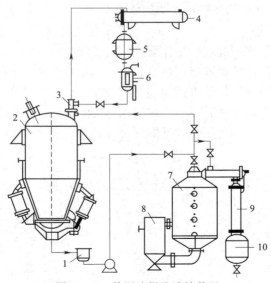

图6-16 热回流提取浓缩装置

1—过滤器 2—提取罐 3—消泡器 4—提取罐冷凝器 5—提取罐冷却器
6—油水分离器 7—浓缩蒸发器 8—浓缩加热器 9—浓缩冷凝器 10—蒸发液贮罐

采用热回流提取浓缩操作时，先将药材置于提取罐内，加入适量溶剂。开启提取罐和夹套的蒸汽阀，加热至沸腾，维持一定时间后，用真空泵抽出部分浸出液（约 1/3 体积量），抽出的浸出液经过滤器过滤后进入浓缩蒸发器。关闭提取罐和夹套的蒸汽阀，开启浓缩加热器蒸汽阀对浸出液进行浓缩。产生的二次蒸汽可维持罐内沸腾。二次蒸汽继续上升，经提取罐冷凝器回落到提取罐内作新溶剂回流提取，形成高浓度梯度，有利于药材有效成分的浸出，提取完成后，关闭提取罐与浓缩蒸发器阀门，继续进行浓缩。浓缩产生的二次蒸汽经浓缩冷凝器进入蒸发液料罐，直至浓缩至规定相对密度的浸膏，放出，即得。

热回流操作具有如下特点：

（1）提取过程中热的溶剂连续加入药面，由上至下通过药材层，产生高浓度差，有效成分提取率高。

（2）提取与浓缩同步进行，时间短，效率高。

（3）浓缩的二次蒸汽可作为提取的热源，抽入浓缩器的浸出液与浓缩的温度相同，余热得到充分利用，减少了重复加热和冷却，能耗大大降低。

（4）提取过程中溶剂一次加入，密闭循环使用，药渣中的溶剂均能回收，溶剂用量较多能提取罐少，消耗率低。

5. 超声提取

超声波是指频率高于 20kHz 的声波。超声提取就是利用超声波具有的机械效应、空化效应和热效应，通过加快介质分子的运动速度，增大介质的穿透力以提取药材中有效成分的方法。

超声提取设备主要由提取罐、超声波装置、加料口、冷凝器、冷却器、出料口、控制系统等组成，如图 6-17 所示。超声波装置由超声波控制仪、超声波振

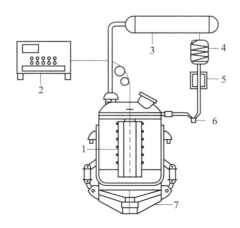

图 6-17 超声波提取设备结构

1—超声波振荡器 2—超声波控制仪 3—冷凝器
4—冷却器 5—油水分离器 6—排水口 7—出渣门

荡器及高频电缆线等组成。超声波振荡器一般是浸入提取罐，沿罐体中轴线安装。工作时，由超声波发生器发出的高频振荡信号，通过超声波振荡器转换成高频机械振荡而传播到介质提取液中。超声波在提取液中疏密相间地向前辐射，使液体振荡，通过强烈的机械效应、空化效应及热效应等，促使物料中所含有效成分快速、高效率溶出。超声波提取时常用的超声频率在 20 ~ 80kHz。

超声波提取不需加热，避免了中药常规煎煮法、回流法长时间加热对有效成分的影响，适用于热敏物质的提取；而且增大了药物有效成分的提取率，提高了药材的利用率。总体来说，超声波提取具有工艺简单、操作方便、提取效率高、省时等优点。超声提取设备集超声振荡、热回流为一体，既可用于水提，也可用于有机溶剂的提取，在中药制剂提取生产工艺中的应用越来越受到广泛关注。

[知识拓展]

超声波提取的机械效应是指超声波在介质中传播时，使介质质点在其传播空间内产生振动，形成的辐射压强沿声波方向传播，对物料有很强的破坏作用，可使细胞组织变形，同时给予介质和悬浮体不同的加速度，在两者之间产生摩擦，使细胞壁上的有效成分更快地溶解于溶剂之中。而通常情况下，介质内部存在一定的微气泡，气泡在超声波作用下产生振动，当声压达到一定值时，气泡定向扩散而增大，形成共振腔，然后突然闭合，在其周围产生高达几千个大气压的压力，形成微激波，这便是所谓的空化效应。超声波的空化效应可造成植物细胞壁及整个生物体破裂，使药材在溶液中产生湍动效应，边界层减薄，增大了固液两相的传质面积，促进有效成分的溶出。超声波热效应指的是超声波在介质中传播时，声能不断被介质质点吸收而全部或大部分转变成热能，导致介质本身和药材组织温度瞬间升高，增大了有效成分的溶解度和溶解速度，且能保持被提取成分的结构和生物活性不变。

6. 微波提取

微波是波长介于 1mm ~ 1m、频率介于 $3 \times 10^6 ~ 3 \times 10^9$ Hz 的电磁波。微波提取是指利用微波能来提高药材有效成分提取率的一种新技术。

用于微波提取的设备主要有：微波萃取设备、微波低温萃取设备、微波真空萃取设备、微波动态提取设备、连续式微波提取设备、微波逆流提取设备等，可实现水提、醇提等操作。微波提取频率通常为 2450MHz。

微波提取主要是基于微波的热特性。微波透过萃取介质到达植物药材内部，由于药材维管束和腺胞系统含水量高，水分子吸收微波能量，使细胞内温度迅速上升，压力增大。当液态水汽化产生的压力超过细胞壁可承受的能力时，细胞破裂，细胞内的有效成分进入萃取剂而被溶解，过滤除去药渣，即可达到萃取的目的。

不同物质的介电常数、比热、形状及含水量的不同，将导致各种物质吸收微波能力的不同。影响微波萃取的因素有：萃取剂种类、微波功率、微波作用时间、操作压力及溶剂的 pH 等。

微波提取的优点是：

（1）微波穿透力强，在物料内外部分同时均匀、迅速加热，提取时间短，收率高。

（2）药材不需要干燥等预处理。

（3）热效率高，节省能源。

（4）溶剂用量少，可降低排污量。

项目七　双水相萃取

一、双水相萃取原理

某些亲水性高分子聚合物的水溶液超过一定浓度后可以形成两相，并且在两相中水分均占很大比例，即形成双水相系统。利用亲水性高分子聚合物的水溶液可形成双水相的性质，20 世纪 50 年代后期出现了双水相萃取法，又称双水相分配法。至 20 世纪 70 年代，科学家又发展了双水相萃取在生物分离过程中的应用，为蛋白质特别是胞内蛋白质的分离和纯化开辟了新的途径。

双水相萃取应用的关键是存在合适的双水相体系。所谓双水相体系是指某些高分子聚合物之间或高分子聚合物与无机盐之间，在水中以适当的浓度溶解后形成的互不相溶的两相或多相水相体系。一般认为，这种体系的形成原因有两个方面：一是依据高分子聚合物的不相容性，即聚合物分子的空间阻碍作用，促使其分相，形成聚合物 – 聚合物 – 水体系；二是由于盐析作用的结果，形成聚合物 – 盐 – 水体系。

可形成双水相的双聚合物体系很多，如聚乙二醇（PEG）/葡聚糖（Dx），聚丙二醇/聚乙二醇，甲基纤维素/葡聚糖。双水相萃取中经常采用的双聚合物系统是 PEG/Dx，该双水相的上相富含 PEG，下相富含 Dx。另外，聚合物与无机盐的混合溶液也可以形成双水相，例如，PEG/磷酸钾（KP$_i$）、PEG/磷酸铵、PEG/硫酸钠等常用于双水相萃取。PEG/无机盐系统的上相富含 PEG，下相富含无机盐。

双水相萃取与水 – 有机相萃取的原理相似，都是依据物质在两相间的选择性分配，不同之处在于萃取体系的性质差异。当生物物质进入双水相体系后，由于表面性质、电荷作用和各种力（如憎水键、氢键和离子键等）的存在和环境的影响，使其在上、下相中的浓度不同。分配系数 k 等于两相中生物物质的浓度比，其值的大小取决于溶质与双水相系统间的各种相互作用，其中主要有静电作用、疏水作用和生物亲和作用。因此，分配系数是各种相互作用的和。由于蛋白质的 k 值不相同，因而双水相体系对各类蛋白质的分配具有较好的选择性。

二、双水相萃取的操作

1. 操作过程

（1）选择双水相系统的溶质　根据目的物质和杂质的溶解特性，选择双水相系统的溶质。常用水溶性高分子聚合物和各种盐类，且通常采用两种高分子化合物系统。

（2）制备双水相系统　双水相系统的制备，一般是将两种溶质分别配制成一定浓度的水溶液，然后将两种溶液按照不同的比例混合，静置一段时间，当两种溶质的浓度超过某一浓度范围时，就会产生两相。两相中两种溶质的浓度各不相同。例如，用等量的1.1%的右旋糖酐溶液和0.36%甲基纤维束溶液混合，静置后产生两相，上相中含右旋糖酐0.39%，含甲基纤维素0.65%；而下相中含右旋糖酐1.58%，含甲基纤维素0.15%。

（3）萃取分离　将双水相系统与欲分离混合物在搅拌下充分混合均匀，静置后，混合物中的不同组分按其分配系数的不同分配在两相中，并达平衡，再通过离心机或其他方法将两相分开收集，最后达到分离目的。也可结合其他生化分离方法，进一步分离纯化得目的产物。

2. 影响组分分配的因素

（1）聚合物　不同聚合物的水相系统显示出不同的疏水性，同一聚合物的疏水性随分子质量的增加而增加。

（2）pH　主要针对蛋白质及酶的稳定性。

（3）无机盐　离子环境影响蛋白质在两相系统中的分配。

（4）温度　分配系数对温度的变化不敏感，所以室温操作即可。

（5）成相溶液浓度。

三、双水相萃取的特点与应用

1. 特点

（1）含水量高（70%～90%）。

（2）分相时间短，一般为5～15min。

（3）界面张力小（10^{-7}～10^{-4}mN/m）。

（4）不存在有机溶剂残留问题，安全性好。

（5）目标产物的分配系数一般大于3，大多数情况下，目标产物有较高的收率。

（6）大量杂质能与所有固体物质一同除去，使分离过程更经济。

（7）易于工程放大和连续操作。

（8）有良好的生物适应性，组成双水相的高聚物及某些无机盐对生物活性物质无伤害，不会引起生物物质失活或变性。

2. 应用

双水相萃取技术已广泛应用于生物化学、细胞生物学、生物化工和食品化工等领域，并取得了许多成功的范例，如蛋白质与酶的分离、脊髓病毒和线病毒的纯化、核酸的分离，以及干扰素、抗生素、多糖、色素和抗体等的分离。

此外双水相还可用于稀有金属/贵金属分离，传统的稀有金属/贵金属溶剂萃取方法存在着溶剂污染环境，对人体有害，运行成本高，工艺复杂等缺点。双水相萃取技术引入到该领域，无疑是金属分离的一种新技术。

项目八　超临界萃取

超临界萃取是近三十年来发展起来的一种新型萃取分离技术。利用超临界流体作为萃取剂，从液体或固体中萃取出待分离的目的组分。

超临界流体是介于气液之间的一种既非气态又非液态的物质状态，这种物质只能在其温度和压力超过临界点时才能存在。超临界流体的密度较大，与液体相仿，而其黏度又较接近于气体。因此超临界流体是一种十分理想的萃取剂。利用超临界流体进行的萃取分离操作称为超临界萃取。

一、超临界萃取原理

超临界流体是指处于临界温度与临界压力（称为临界点）状态中的一种可压缩的高密度流体，是气、液、固三态以外的第四态，其分子间力很小，类似于气体，但密度却很大，接近于液体，具有介于气体和液体之间的气液两重性质，即同时具有液体较高的溶解性和气体较高的流动性，比液体溶剂传质速率高，扩散系数介于液体和气体之间，渗透性好，没有相际效应，有助于提高萃取效率，并可大幅度节能。

超临界萃取就是在超临界状态下，将超临界流体与待分离的物质接触，使其有选择性地把极性大小、沸点高低和分子质量大小的成分依次萃取出来。虽然对应各压力范围所得到的萃取物不是单一的，但可以通过控制操作条件，来得到最佳比例的混合成分，然后借助减压、升温的方法使超临界流体变成普通气体，被萃取物质析出，从而达到分离提纯的目的。所以超临界流体萃取过程是由萃取和分离过程组合而成的。

超临界流体的物理化学性质与在非临界状态的液体和气体有很大的不同。超临界流体的黏度低，有良好的传质特性，可大大缩短相平衡所需时间；有比液体快得多的溶解溶质的速率，比气体大得多的对固体物质的溶解和携带能力。超临界流体还具有不同寻常的巨大压缩性，即在临界点附近，压力和温度的微小变化会引起流体的密度发生很大的变化，所以可通过简单的变化体系的温度或压力来调节流体的溶解能力，提高萃取的选择性，也就是说，通过降低体系的压力或改变体系的温度，来分离超临界流体和所溶解的产品，省去了消除溶剂的工序。

常用的超临界流体见表6-2。

表6-2 常用的超临界流体

流体	临界压力/MPa	临界温度/℃	临界密度/（g/cm³）
二氧化碳	7.29	31.2	0.433
水	21.76	374.2	0.332
氨	11.25	132.4	0.235
乙烷	4.81	32.2	0.203
乙烯	4.97	9.2	0.218
氧化二氮	7.17	36.5	0.450
丙烷	4.19	96.6	0.217
戊烷	3.75	196.6	0.232
丁烷	3.75	135.0	0.228

二、超临界萃取操作与应用

1. 超临界流体

[课堂互动]

想一想 超临界流体比起气体和液体有哪些优点?

可作为超临界流体的物质很多，如二氧化碳、一氧化亚氮、六氟化硫、乙烷、庚烷、氨等，其中多选用二氧化碳（临界温度接近室温，且无色、无毒、无味、不易燃、化学惰性、价廉、易制成高纯度气体）。

在常用的超临界流体萃取剂中，非极性的二氧化碳应用最为广泛。这主要是因为二氧化碳的临界点较低，特别是临界温度接近于常温，并且无毒无味、稳定性好、价格低廉、无残留。

2. 超临界萃取的工艺过程

超临界萃取的工艺过程由萃取阶段和分离阶段组成。在萃取阶段，超临界流体将目的组分从原料中提取出来；在分离阶段，通过变化操作工艺，使萃取组分从超临界流体中分离出来。在分离阶段，通过变化某个参数或其他方法，使萃取组分从超临界流体中分离出来，并使萃取剂循环使用。根据分离的方法不同，可以把超临界萃取的典型过程分为三种：等温法、等压法和吸附法，如图6-18所示。

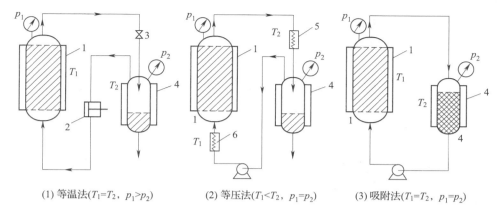

(1) 等温法($T_1=T_2$，$p_1>p_2$)　　(2) 等压法($T_1<T_2$，$p_1=p_2$)　　(3) 吸附法($T_1=T_2$，$p_1=p_2$)

图 6 – 18　超临界二氧化碳提取工艺流程

1—萃取罐　2—压缩机　3—膨胀阀　4—分离罐　5—加热器　6—冷却器

（1）等温法　这是超临界萃取中应用最为方便的一种流程，通过变化压力而使得萃取组分从超临界流体中分离出来，如图 6 – 18（1）所示。萃取了溶质的超临界流体经膨胀阀后压力下降，其溶质的溶解度下降，溶质析出后由分离罐底部取出，充当萃取剂的气体则经压缩机送回萃取罐循环使用。

（2）等压法　利用温度的变化来实现溶质与萃取剂的分离，如图 6 – 18（2）所示。萃取了溶质的超临界流体经加热后升温，使萃取剂与溶质分离，由分离罐下方取出溶质，作为萃取剂的气体经降温后送回萃取罐使用。

（3）吸附法　采用可吸附溶质而不吸附萃取剂的吸附剂，使溶质与萃取剂分离，如图 6 – 18（3）所示。萃取剂气体经压缩后循环使用。这种方法常用于超临界萃取产品的纯化。

3. 超临界萃取的应用实例

超临界 CO_2 萃取技术用于天然药物有效成分的提取，热敏性药物的精制，及脂质类混合物的分离，可防止天然药物有效组分的逸散和氧化，整个过程中没有有机溶剂残留，能够获得高质量的提取物并提高药用资源的利用率，可大大简化提取分离步骤，能提取分离到一些用传统溶剂法得不到的成分，节约大量的有机溶剂。

红豆杉中的紫杉醇具有抗癌作用。对于红豆杉中紫杉醇成分的提取分离，传统的植物化学分离要得到单体纯品难度较大，步骤较为繁琐，原料经多次浸提浓缩后，还需用有机溶剂多次萃取，再进行多次柱层析。此过程要用多种有毒的有机溶剂。采用超临界 CO_2 萃取技术进行红豆杉紫杉醇化学成分的研究，所得粗浸膏含杂质少，较易分离得到单体。

丹参酮类是从唇形科植物丹参中提取的总酮类及其他成分的总称，是制备各种丹参制剂如复方丹参片、丹参酮磺酸钠注射液（主要用于心脑血管疾病）和丹参酮胶囊（主要用于抗菌消炎）原料的主要成分。传统的提取方法主要是乙醇热回流提取，然后浓缩成浸膏，用于各种制剂。由于提取能力差和长时间加热提取或浓缩，有效成分损失严重，难以达到标准。采用超临界 CO_2 萃取技术进行工艺改革，收率高，生产周期缩短，有效成分可大大提高。

蛇床子为伞形科植物蛇床的果实，传统的中医主要用于妇科炎症的治疗。采用超临界 CO_2 萃取法提取蛇床子的有效部位，工艺上表现出有效成分收率高，提取时间短及有效成分高度浓缩等优越性，临床实验证明，蛇床子采用超临界 CO_2 工艺提取有效部位进行新药开发，不仅工艺优越，质量稳定且容易控制，而且还能保持传统中医的治疗效果。

青蒿素是来自菊科植物黄花蒿的一种半萜内酯类成分，是我国唯一得到国际承认的抗疟新药。传统的汽油提取法存在收率低、成本高、易燃易爆等危险。采用超临界 CO_2 萃取工艺用于青蒿素的生产，青蒿素产品符合中国药品标准。与传统的提取工艺相比，超临界 CO_2 萃取工艺具有产品收率高、生产周期短、成本低等优点，可节省大量的有机溶剂汽油，避免易燃易爆等危险，减少了三废污染，大大简化了生产工艺。

[技能要点]

无论萃取还是浸取，从宏观角度上来讲其实都是分离，浸取可以看成是液－固萃取，实质都是利用溶剂使有效成分"重新分配"，分配遵循"相似相溶"原理。因此选用合适的提取或萃取溶剂显得尤为重要。

萃取操作相对简单，但要有耐心、细心，对物料和萃取剂的性质都要有深入的了解，有些数据需要查资料获得，切不可粗心大意。不同物料的浸取，除了选择合适的溶剂之外，操作方法的选择也很重要，尤其对于浸取单元操作，要根据材料的性质及外部影响因素选择不同的方法。

另外，学习本模块内容，重在实践操作，经过多次实践，比较不同的方法，能够比较深刻掌握操作技能，灵活运用各种浸取方法。

[思考与练习]

1. 名词解释

萃取，分配系数，萃取分率，超临界流体，多级萃取，乳化现象，浸取，渗漉

2. 填空题

（1）萃取是利用混合物中各成分在两种互不相溶的溶剂中_____的不同而达到分离的方法。

（2）超临界流体是指处于临界_____与临界_____（称为临界点）以上状态的一种可压缩的高密度_____。

（3）浸取法一般根据药材_____的性质，按照_____的原则选择浸出溶剂。

3. 选择题

（1）哪种方法不适合于贵重药材和低有效成分含量药材的提取（　　）？

A　煎煮法　　　　　B　浸渍法　　　　　C　回流法　　　　　D　渗漉法

（2）有关提取过程叙述正确的是（　　　）

A　强制浸出液的循环流动不利于提高浸出效果

B　蒸馏法与超临界流体提取法均可用于中药挥发油的提取

C　多能提取罐可用于水煎煮、热回流、挥发油提取等，但不能进行有机溶剂回收

D　二氧化碳在超临界状态下具有低密度、高黏度的性质

（3）超声提取的原理是（　　　）

A　机械效应、空化效应、热效应、乳化、扩散、击碎、化学效应等

B　机械效应、空化效应、热效应等

C　空化效应、热效应、乳化、扩散、击碎、化学效应等

D　机械效应、热效应、乳化、扩散、击碎、化学效应等

4. 简答题

（1）简述实验室萃取的操作要点。

（2）试述热回流提取浓缩机的基本组成及工作原理。

（3）超临界流体有何特点？

模块七 离子交换与吸附

学习目标

[**学习要求**] 了解离子交换过程和吸附过程的基本原理，懂得洗脱与再生、动态与静态离子交换、树脂预处理、常用吸附剂；熟悉实际吸附搅拌罐、固定床、移动床和流化床吸附过程，离子交换正柱、反柱、混合柱和连续离子交换设备流程。

[**能力要求**] 了解典型吸附和离子交换的工作原理，熟悉离子交换柱工作流程与操作。

项目一 吸 附 技 术

通常，一种物质从一相移动到另外一相的现象称为吸附。如果吸附仅仅发生在表面上，就称为表面吸附；如果被吸附的物质遍及整个相中，则称为吸收。

在人类生活中，固体的吸附很早就有所使用，从马王堆出土的两千多年前的西汉墓中残存有木炭的事实就足以说明这点。固体吸附在生产上可用于脱臭、脱色、吸湿、防潮等诸多方面，并且很早进入工业规模，近几年来发展尤为迅速。

固体吸附与生物工程也有着密切的关系，如在酶、蛋白质、核苷酸、抗生素、氨基酸等产物的分离、精制中，可应用选择性吸附的方法，发酵行业中空气的净化和除菌也离不开吸附过程。在生化产品的生产中，还常用各类吸附剂进行脱色、去热原、去组胺等杂质。早期使用的吸附剂有高岭土、氧化铝、酸性白土等无机吸附剂，还有凝胶型离子交换树脂、活性炭、分子筛和纤维素等。但由于这些吸附剂或是吸附能力低，或是容易引起失活，都不理想。另外要成为一个经济的生产过程，吸附剂必须经上百次甚至上千次的反复使用。为了能经受得起多次且剧烈的再生过程，吸附剂需要有良好的物理化学稳定性，再生过程还必须简便迅速。近年来一些合成的有机大孔吸附剂，即所谓大网格聚合物吸附剂，可以满足上述要求.用于工业规模生产。

吸附法一般具有以下特点：

（1）常用于从稀溶液中将溶质分离出来，受固体吸附剂的限制，处理能力较小。

（2）对溶质的作用较小，这一点在蛋白质分子中特别重要。

（3）可直接从发酵液中分离所需的产物，成为发酵与分离的耦合过程，可消除某些产物对微生物的抑制作用。

（4）溶质和吸附剂之间的相互作用及吸附平衡关系通常是非线性关系，故设计比较复杂，实验的工作量较大。

一、吸 附 原 理

1. 基本概念

固体可分为多孔性和非多孔性两类。非多孔性固体只具有很小的比表面积，用粉碎的方法可以增加其比表面积。多孔性固体由于颗粒内微孔的存在，比表面积很大，可达每克几百平方米。换句话说，非多孔性固体的比表面积仅取决于可见的外表面，而多孔性固体的表面是由"外表面"和"内表面"组成，内表面积可比外表面积大几百倍，并且有较高的吸附势。因此，应用多孔性吸附剂较有利。

固体表面分子（原子）处于特殊的状态。从图7-1可见，固体内部分子所受的力是对称的，处于平衡状态。但在界面上的分子同时受到不相等的两相分子的作用力，因此界面分子的力场是不饱和的，即存在一种固体的表面力，能从外界吸附分子、原子或离子，并在吸附表面上形成多分子层或单分子层。物质从流体相（气体或液体）浓缩到固体表面从而实现分离的过程称为吸附作用，在表面上能发生吸附作用的固体称为吸附剂，而被吸附的物质称为吸附物。

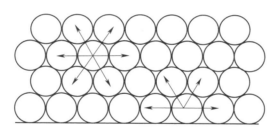

图7-1　界面上分子与内部分子所受到的不同引力

2. 吸附的类型

吸附作用是根据其相互作用力的不同来分类。

在实践中，产生吸附效应的力有范德华力、静电作用力以及在酶与基质结合成络合物时存在的疏水力、空间位阻等。

按照范德华力分子间或键合力的特性，通常可分为以下三种类型。

（1）物理吸附　吸附剂和吸附物通过分子力（范德华力）产生的吸附称为物理吸附。这是一种常见的吸附现象，其特点是吸附不仅限于一些活性中心，而是分布于整个自由界面。

分子被吸附后，动能降低，故吸附是放热过程。物理吸附的吸附热较小，一般为$20.9 \sim 41.8 kJ/mol$。物理吸附时，吸附物分子的状态变化不大，需要的活化能很小，多数在较低的温度下进行。由于吸附时除吸附剂的表面状态外，其他性质都未改变，所以两相在瞬间即可达到平衡。有时吸附速度很慢，这是由于在吸附剂颗粒孔隙中的扩散速度是控制步骤的缘故。

物理吸附是可逆的，即吸附的同时，被吸附分子可因热运动而离开固体表面。分子脱离固体表面的现象称为解吸。物理吸附有单分子层吸附和多分子层吸附。由于分子力的存在，一种吸附剂可吸附多种物质，没有严格的选择性，但由于被吸附物的性质不同，吸附量有所差别，与吸附剂的表面积、细孔分布和温度等因素密切相关。

（2）化学吸附　化学吸附是由于吸附剂在吸附物之间的电子转移，发生化学反应而产生的，属于库仑力的范畴，与通常的化学反应不同的地方在于吸附剂表面的反应原子保持不变。化学吸附反应会放出大量的热，一般在 41.8 ～ 418kJ/moL 的范围内。由于是化学反应，故需要一定的活化能。化学吸附的选择性较强，即一种吸附剂只对某种或几种特定物质有吸附作用，因此化学吸附一般为单分子层吸附，吸附后较稳定，不易解吸。这种吸附与吸附剂表面化学性质以及吸附物的化学性质有关。

物理吸附与化学吸附本质上虽有区别，但有时也很难严格划分。有时在某些过程中以物理吸附为主，而在另一些过程中则以化学吸附为主。两种吸附的比较见表 7 - 1。

表 7 - 1　　　　　　　　　　　　　物理吸附与化学吸附的比较

理化特性	物理吸附	化学吸附	理化特性	物理吸附	化学吸附
吸附熵/（kJ/moL）	<41.84	>83.68①	相互作用	可逆④	不可逆
吸附速率	受扩散控制	受表面化学反应控制	表面覆盖	完全	不完全
温度效应	几乎没有	有影响	活化能	小	大
专一性	低②	高③	吸附质/吸附剂量	大⑤	小⑥

注：① 大，对化学键的形成与破裂同化学反应相似。
　　② 任何表面上均能吸附各种吸附质，整个表面吸附情况相同。
　　③ 在吸附剂表面，存在有比一般吸附量更多的吸附点。
　　④ 很快达到平衡。
　　⑤ 只依赖于吸附质的物理化学特性。
　　⑥ 依赖于吸附质和吸附剂的物理化学特性。

（3）交换吸附　吸附剂表面如为极性分子或离子所组成，则会吸附溶液中带相反电荷的离子而形成双电层，这种吸附称为极性吸附。同时在吸附剂与溶液间发生离子交换，即吸附剂吸附离子后，同时向溶液中放出相应物质的量的离子。离子的电荷是交换吸附的决定因素，离子所带电荷越多，它在吸附剂表面的相反电荷的吸附力就越强。电荷相同的离子，其水化半径越小，越易被吸附。

此外，根据吸附过程中所发生的吸附质与吸附剂之间的相互作用的不同，还可将吸附分成亲和吸附、疏水吸附、盐析吸附和免疫吸附等，还可根据实验中所采用的方法，将吸附分成间歇式和连续式两种。

3. 吸附速度与吸附平衡

吸附过程是一个物质传递的过程。吸附质首先要从气相或液相主体扩散到吸附剂的外表面（外扩散），吸附在外表面上（表面吸附）。或者从吸附剂的外表面向颗粒内部的微孔做内扩散，在向微孔内扩散过程中吸附在内表面上（表面吸附）。因此，吸附质吸附到吸附剂上的速度决定于扩散与表面吸附速度。外扩散速度主要取决于流体的湍动程度、流体黏度和吸附质浓度，湍动程度与吸附质浓度越大、流体黏度越小，则外扩散速度就越大；内扩散速度主要取决于微孔的大小、微孔长度及微孔曲折程度，微孔越大、曲折程度越小，则内扩散速度就越大。表面吸附速度主要取决于吸附面积的大小、吸附力的大小及反应速度的大小。吸附面积越大、吸附力越大，吸附力越大、反应速度越大，表面吸附速度也就越大。

当固体吸附剂从气相或液相中吸附溶质达到平衡时，其吸附量与气相或液相中吸附质的浓度和操作温度有关。在一定温度下，吸附平衡时溶质在吸附剂与待处理流体中的浓度之间的关系称为吸附等温线。影响这种函数关系的因素很多，主要有吸附剂与吸附质之间的作用力、吸附表面的状态等多种因素，涉及吸附量、吸附强度、吸附状态等吸附特性。图 7 - 2 是较典型的吸附等温线。其中，曲线 1 为线性等温线，其吸附的表达方程为：

图 7 - 2　典型的吸附等温曲线

1—线性吸附等温线

2—朗格缪尔等温吸附线

3—弗罗因德利希等温吸附线

$$q = Kc \qquad (7 - 1)$$

式中　q——单位质量吸附剂所吸附的吸附质量，kg/kg

　　　K——吸附平衡常数，m^3/kg

　　　c——平衡时气体或液体中吸附质浓度，kg/m^3

线性等温线是一种理想等温线，平衡系数 K 是定值，吸附剂有较强的吸附能力，未被溶质所饱和，吸附量与吸附质浓度无关。

曲线 2 与曲线 3 均为非线性等温线，曲线 2 适合于生物制品酶等的分离提取，其吸附方程为：

$$q = \frac{q_0 c}{K + c} \qquad (7 - 2)$$

曲线 3 适合于抗生素、类固醇、激素等产品的吸附分离，其吸附方程为

$$q = Kc^n \qquad (7 - 3)$$

式中　K——吸附平衡常数

n——为指数，均为实验测定常数

4. 常用吸附剂

吸附性是吸附剂的关键性质。因此吸附剂的主要特征是多孔结构和巨大的比表面积。工业上常用吸附剂的比表面积为 $300 \sim 1200 m^2/g$。从其吸附的选择性来看，又可分为亲水与疏水两类。一般来说，常用的吸附剂可分为四大类：活性炭、沸石、分子筛、硅胶和活性氧化铝。

（1）活性炭　活性炭是碳质吸附剂的总称。几乎所有的有机物都可作为制造活性炭的原料，如煤、重质石油馏分、木材、果壳等。通常的制备方法是：将原料在隔绝空气的条件下加热至 600℃ 左右，使其热分解，得到的残炭再在 800℃ 以上高温下与空气、水蒸气或二氧化碳反应使其烧蚀，便生成多孔的活性炭。

活性炭具有非极性表面，属非极性吸附剂，一般遵循以下吸附规律：

① 在水溶液中的吸附性最强，在有机溶剂中的吸附性较弱；

② 容易吸附极性基团（—COOH、—NH$_2$、—OH）多的化合物，如容易吸附酸性和碱性氨基酸，而吸附中性氨基酸的能力则较弱。

③ 对芳香族化合物的吸附性大于脂肪族化合物。

④ 相对分子质量越大的化合物，被活性炭吸附的可能性越大，如多糖比单糖容易被吸附。

⑤ 吸附量在未达到平衡前通常是随着温度的升高而增加，但被吸附溶质的热稳定性也随之降低。

⑥ 吸附性与环境 pH 有关，例如，通常情况下碱性抗生素在中性溶液中吸附、在酸性溶液中解吸，而酸性抗生素在中性条件下吸附、在碱性条件下解吸。

总体来说，活性炭具有吸附性能稳定、抗腐蚀、吸附容量大和解吸容易等优点，经过多次循环操作后仍可保持原有的吸附性能，常用于回收气体中的有机物质，脱除废水中的有机物、色素等。活性炭可制成粉末状、球状、圆柱形或碳纤维等。活性炭的典型性质如表 7－2 所示。

表 7－2　　　　　　　　　　　　活性炭吸附剂的性质

物理性质	液相吸附用		气相吸附用粒状煤
	木材基	煤基	
CCl$_4$ 活性/%	40	50	60
碘值	700	950	1000
堆积密度/（kg/m³）	250	500	500
灰分/%	7	8	8

（2）沸石分子筛　沸石分子筛的化学成分一般是含水硅酸盐，用 $M_{x/m}$ $[(Al_2O_3)_x (SiO_2)_y] \cdot nH_2O$ 表示，其中 M 为 Ⅰ A 和 Ⅱ A 族元素，多数为钠与

钙，m 表示金属离子的价数。沸石分子筛具有类似 Al – Si 晶形结构，由高度规则的笼和孔构成。每一种分子筛都有特定的均一孔径，根据其原料配比、组成和制造方法不同，可以制成各种孔径和形状的分子筛。某些工业分子筛产品及物理性质见表 7 – 3。

表 7 – 3 工业分子筛产品

沸石类型	牌号	阳离子	孔径/nm	堆积密度/（kg/m³）
A	3A	K	0.3	670 ~ 740
	4A	Na	0.4	660 ~ 720
	5A	Ca	0.5	670 ~ 720
X	13X	Na	0.8	610 ~ 710
丝光沸石	AW – 300	Na⁺ 混合	—	—
小孔	Zenlon – 300	阳离子	0.3 ~ 0.4	720 ~ 800
菱沸石	AW – 300	混合阳离子	0.4 ~ 0.5	640 ~ 720

（3）硅胶 硅胶的化学式是 $SiO_2 \cdot nH_2O$，制备方法：Na_2SiO_3 与无机酸反应生成 H_2SiO_3，其水合物在适宜的条件下缩合而成的硅氧四面体的多聚物，经聚集、洗盐、脱水而成。制造过程中控制胶团的尺寸和堆积的配位数，可以控制硅胶的孔容、孔径和表面积。

硅胶常用于各种气体的脱水和烃类的分离。硅胶的典型物理性质如表 7 – 4 所示。

表 7 – 4 硅胶的典型物理性质

物理性质	指标	吸附性质	吸附量/%（质量分数）
表面积/（m²/g）	830	0.613kPa，25℃吸附水	11
密度/（kg/m²）	720	2.33kPa，25℃吸附水	35
再生温度/℃	130 ~ 280	13.3kPa，– 18.3℃吸附 O_2	22
孔隙度/%	50 ~ 55	33.3kPa，25℃吸附 CO_2	3
孔径/nm	1 ~ 40	33.3kPa，25℃吸附 $n – C_4$	17
孔容积/（cm³/g）	0.42		

（4）活性氧化铝 活性氧化铝的化学式是 $Al_2O_3 \cdot nH_2O$。先用无机酸的铝盐与碱反应生成氢氧化铝溶胶，再使其转变为凝胶，经灼烧脱水即成活性氧化铝。活性氧化铝表面的活性中心是羟基和路易斯酸中心（即电子接受体，形成配位键的中心体），极性强，对水有很高的亲和作用，广泛应用于脱除气体中的水分。活性氧化铝吸附剂的性质见表 7 – 5。与硅胶相似，水分子与氧化铝表面的亲和作用不像与沸石分子筛那样强，所以氧化铝可在适中的温度下再生。

表 7 – 5 活性氧化铝吸附剂的性质

物理性质	指标	吸附性质	吸附量/% （质量分数）
表面积/（m^2/g）	320	0.613kPa, 25℃吸附水	7
密度/（kg/m^2）	800	2.33kPa, 25℃吸附水	16
再生温度/℃	150 ~ 315	33.3kPa, 25℃吸附 CO_2	2
孔隙度/%	50		
孔径/nm	1 ~ 7.5		
孔容积/（cm^3/g）	0.40		

（5）其他吸附剂 近年来，一些新型吸附剂相继被推出，如"不可逆"吸附剂（又称为高反应性能吸附剂），能在气相或液相中与多种组分进行激烈的化学反应。由于吸附质和吸附剂进行的是不可逆反应，吸附剂再生不可能在使用现场处理，必须返回生产厂家进行再生。这类吸附剂仅仅适用于除去含量为百万分之几的微量组分。吸附负荷如果过高，则吸附剂的更换会比较频繁，在经济上不合理。不可逆吸附剂的应用如表 7 – 6 所示。

表 7 – 6 不可逆吸附剂的应用

含硫化合物：H_2S、COS、SO_2、有机硫化合物	含氮化合物：NO_x、HCN、NH_3、有机氮化合物
卤化物：HF、HCl、Cl_2、有机氮	不饱和烃类：烯烃、二烯烃、乙炔
有机金属硫化物：AsH_3、As（CH_3）$_3$	供氧体：O_2、H_2O、甲醇、羟基化合物、
汞和汞化合物，金属羟基化合物	有机酸、H_2、CO、CO_2

生物吸着剂是另一类反应吸附剂。它首先吸着诸如有机分子等物质，然后将它们氧化成 CO_2、H_2O，若原始分子中除 C、H 和 O 外尚有其他原子，则也有可能氧化成另外的物质。实际上，在处理城市和工业废水的生化处理池中，生物质就可认为是生物吸着剂。这些生物质常被固定在多孔或高比表面积的支撑体上，例如木质或有机材料小球，被用作反应吸附剂处理含有机物质的气体。

吸附树脂也是一类令人关注的吸附剂，通常是苯乙烯、二乙烯苯的共聚物，常用于从废气中脱除有机物质，例如从空气流中脱除丙酮。吸附树脂可引入其他官能团，赋予某些吸附特性，在这方面类似于离子交换树脂。大孔树脂呈网状结构，比表面积接近于无机吸附剂，也是一种吸附性能优良的高分子聚合物吸附剂。

亲和吸附剂具有选择性，可用于从复杂的有机分子混合物中回收特殊的生物质或有机分子。这种吸附剂的活性中心可与吸附质分子（特别是蛋白质分子）产生识别作用，从而达到对吸附质分子的特异性吸附。"亲和"指的是以蛋白质为代表的生物高分子，能分辨特定的物质，再与其可逆性结合的现象。这是一种具有极强排他性、特异性的结合，又称为特异性相互作用，其作用力称为"亲和力"。特异生物亲和反应发生在一些重要的生命过程中，如酶与其相应的底物或抑制物的反应，激素与其相应的受体的反应，抗体与抗原的反应等，这些特异的生物亲和反应中至少有一方是以大分子物质出现的。可以说，亲和吸附剂是针对专门蛋白质、核酸等生物大分子分离而开发的。亲和吸附剂价格很贵，仅用于回收极昂贵的医药和生物质的情况。

[知识链接]

炭分子筛（CMS）是一种具有纳米级超细微孔的炭质吸附剂，于20世纪60年代末被开发出来，现已经得到迅速发展。CMS有着特殊的微孔结构和很窄的孔径分布，可按照吸附分子的大小和形状进行吸附，具有筛分分子的能力。由于CMS是基于不同组分在该吸收剂上具有不同的内扩散速率来进行吸附分离的，所以具有较好的广谱性，目前主要是用作变压吸附分离混合气体技术，用于制备高纯度的 N_2，或者对煤气进行分离纯化，如 $N_2/CH_4/CO_2$、N_2/CH_4 体系中 N_2 的分离等。

5. 吸附剂的性能

吸附剂具有良好吸附特性，主要是因为它有多孔结构和较大的比表面积，下面介绍与孔结构和比表面积有关的基础性能。

（1）密度

① 填充密度 ρ_B：又称体积密度，指单位填充体积的吸附剂质量。通常将烘干的吸附剂装入量筒中，摇实至体积不变时，吸附剂质量与吸附剂所占体积比称为填充密度。

② 表观密度 ρ_P（又称颗粒密度）：定义为单位体积吸附剂颗粒本身的质量。

③ 真实密度 ρ_t：是指扣除颗粒内细孔体积后单位体积吸附剂的质量。

（2）吸附剂的比表面积　吸附剂的比表面积是指单位质量的吸附剂所具有的吸附表面积，单位为 m^2/g。吸附剂孔隙的孔径大小直接影响吸附剂的比表面积。可依据孔径的大小将吸附剂分为大孔、过渡孔和微孔。吸附剂比表面积以微孔的表面积为主，常采用气相吸附法测定。

（3）吸附容量　吸附容量是指吸附剂吸满吸附质时的吸附量（单位质量的吸附剂所吸附的吸附质质量），反映了吸附剂吸附能力的大小。吸附量可以通过观察吸附前后吸附质体积或质量的变化来测得，也可通过电子显微镜等观察吸附剂固体表面的变化而测得。

表7-7列出了一些常用吸附剂的基础性能。

表 7 - 7	常用吸附剂的基础性能				
性能	活性氧化铝	活性炭	硅胶	合成沸石	合成树脂
真实密度/（10^{-3}kg/m³）	3.0 ~ 3.3	1.9 ~ 2.2	2.1 ~ 2.3	2.0 ~ 2.5	1.0 ~ 1.4
表观密度/（10^{-3}kg/m³）	0.8 ~ 1.9	0.7 ~ 1.0	0.7 ~ 1.3	0.9 ~ 1.3	0.6 ~ 0.7
填充密度/（10^{-3}kg/m³）	0.49 ~ 1.00	0.35 ~ 0.55	0.45 ~ 0.85	0.60 ~ 0.75	—
孔隙率	0.40 ~ 0.50	0.33 ~ 0.55	0.40 ~ 0.50	0.30 ~ 0.40	—
比表面积/（m²/g）	200 ~ 370	200 ~ 1200	300 ~ 850	400 ~ 750	700 ~ 800

二、吸 附 操 作

吸附分离过程包括吸附过程和解吸过程。由于需处理的流体浓度、性质及要求吸附的程度不同，吸附操作有着多种形式。

1. 搅拌吸附

这种吸附操作是把要处理的液体和吸附剂一起加入到带有搅拌器的吸附槽中，使吸附剂与溶液充分接触，溶液中的吸附质被吸附剂吸附。经过一段时间，吸附剂达到饱和；随后，将料浆送到过滤机中，使吸附剂从液相中滤出。如果吸附剂可继续使用，则将吸附剂进行适当的解吸、再生后，再回收利用。

吸附搅拌设备的结构与一般的搅拌反应器或混合罐/槽相似，主要是釜式或槽式，设备结构简单，操作容易。这种操作适用于较大规模的分离，常用于液体精制，其操作过程如图 7 - 3 所示。吸附操作时，搅拌使溶液呈湍流状态，湍流使颗粒外表面的膜阻力减少，适用于外扩散控制的传质过程。

搅拌吸附操作广泛用于糖液的活性炭脱色等。

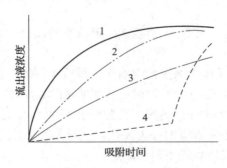

图 7 - 3　搅拌吸附操作的工作曲线
1—无吸附　2—缓慢吸附　3—典型吸附　4—快速吸附

2. 固定床吸附

固定床吸附操作设备一般用塔式设备，又称吸附塔。吸附剂均匀堆放在吸附塔中的多孔支承板上，形成固定、不流动的吸附床层。含吸附质的待处理流体自上而下流过吸附床层，也可以自下而上流过床层。当流体从塔顶流入时，塔顶还要设置分布器，使流体能均匀分布于整个床层截面上；当流体从塔底流入时，吸附床层的多孔支承板可起到分布器的作用。目前使用的吸附塔主要有立式、卧式和环式三种类型。

通常，固定床的吸附与再生两个过程分别在两个塔设备中交替进行，如图7-4所示。吸附首先在吸附塔A中进行，当出塔流体中的吸附质浓度高于规定值时，切换到吸附塔B中继续吸附，同时吸附塔A可用变温或减压等方法进行吸附剂的再生，然后再进行塔A吸附，塔B再生。如此可进行循环操作。

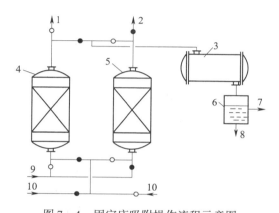

图7-4　固定床吸附操作流程示意图
● 表示阀门关闭 ○ 表示阀门打开
1，2—放空 3—冷凝器 4—吸附塔A 5—吸附塔B
6—分层器 7—苯 8—水 9—混合气 10—空气 11—水蒸气

需要指出的是，在固定床吸附操作开始时，吸附剂尚未达到吸附饱和，出塔流体中吸附质的含量较低。随着吸附的进行，沿着流体的流动方向，吸附剂逐渐饱和，达到饱和的吸附剂床层的厚度逐渐加大，而且向床层的另一端逐渐延伸。如果将整个吸附床层沿流体流动的方向分割成若干个吸附段，则会发现，随着吸附的进行，始终有一段吸附剂在进行吸附，而且沿着流体流动的方向，这个吸附段也在不断前移，如图7-5所示。这个吸附段称为吸附带。对整个吸附床来说，当吸附带移动到床层末端时，出塔流体中的吸附质浓度急剧增大，这种现象称为穿透，此时的出塔流体中的吸附质浓度称为穿透点（又称为破点）。穿透点是通过实验测定的，这是固定床吸附设备设计的要点。吸附过程中出塔流体中吸附质浓度变化的曲线称为穿透曲线。

床层达到穿透时，床层末端尚有部分吸附剂未达到饱和。但从应用的角度，需要停止吸附操作，对吸附剂进行洗涤、解吸、再生处理。洗涤的目的是去除吸附剂吸附的杂质，一般用纯化水洗涤。洗涤操作与吸附操作相同，从吸附床的一端流入，由另一端流出，直至流出的洗涤液检测合格。

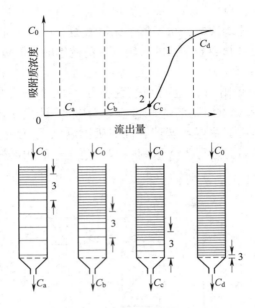

图7—5　吸附带的移动和穿透曲线

1—穿透曲线　2—穿透点　3—吸附带

固定床吸附塔结构简单，加工容易，操作方便灵活，吸附剂不易磨损，物料返混少，分离效率高，回收效果好。固定床吸附操作广泛用于气体中溶剂回收、气体干燥和溶剂脱水等。但固定床吸附操作的传热性能差，当吸附剂颗粒较小时，流体通过床层的压降较大。另外，因吸附、再生及冷却等操作需要一定的时间，故生产效率较低。

3. 膨胀床吸附操作

膨胀床也称为扩张吸附，是将吸附剂固定在容器中，待处理流体从容器底部进入，流经吸附剂床层，再从容器顶部流出。整个吸附剂床层中的吸附剂颗粒在通入流体后彼此间不再相互接触，但不是呈流化状态，而是相对处在床层中的一定层次上实现稳定分级；流体以平推流的形式流经床层，由于吸附剂颗粒间有较大的空隙，待处理流体中的固体颗粒能顺利通过床层。

膨胀床吸附设备与固定床设备基本相同，操作时与吸附塔配套的转子流量计和恒流泵的调节要求十分精细，转子流量计可用来确定流体进入吸附塔时床层上界面的位置，并调节操作过程中变化的床层膨松程度，保证捕集效率；恒流泵则用于不同操作阶段不同方向上的进料。与固定床略有不同的是，膨胀床吸附塔在吸附床层的上端和下端均设置有筛网，又称速率分布器。上端的筛网高度位置可方便地调节，下端筛网可使流体以均匀的流速平推流入，避免出现沟流现象。

膨胀床吸附操作时，首先要使床层稳定地扩张升高，然后经过进料、洗涤、洗脱、再生与清洗，最终转入下一个循环（图7－6）。

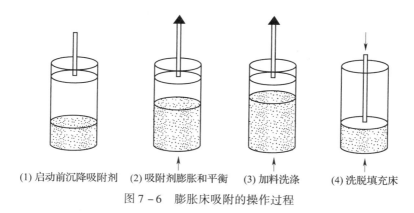

(1) 启动前沉降吸附剂   (2) 吸附剂膨胀和平衡   (3) 加料洗涤   (4) 洗脱填充床

图 7-6   膨胀床吸附的操作过程

（1）床层的稳定膨胀和介质的平衡   首先确定适宜的膨胀度，使介质颗粒在流动的液体中分级。一般采用流速为 $100 \sim 300 cm/h$，当床层膨胀到固定床高度两倍时，吸附性能较好。

（2）进料吸附   依据测量的流体流量与床层高度的关系，调节恒流泵的流速，使吸附床层保持恒定的膨胀度并进行吸附，通过检测流出液中的目标产物，确定吸附终点。

（3）洗涤   当吸附达到终点时，用具有一定浓度的缓冲液冲洗吸附介质，可以既冲走滞留在柱内的大颗粒杂质（如细胞或细胞碎片），又可洗去弱吸附的杂质，直至流出液中看不到固体杂质后，再改用固定床操作模式。

（4）洗脱   采用固定床操作，将配制好的洗脱剂用恒流泵从床层上部引入，下部流出，分段收集流出液体，分析检测目标产物的活性峰位置和最大活性峰浓度。

（5）再生和清洗   当采用膨胀床吸附直接从浑浊液中吸附分离、纯化蛋白质类的目标产物时，常常会存在有非特异性吸附，此时虽经洗涤、洗脱等步骤，但仍然可能会有一些杂质难以清除。为提高介质的吸附容量，就必须进行清洗，以使介质再生。一般情况下，清洗液的流速控制在使床层膨胀到堆积高度 5 倍左右，经过 3h 的清洗，可以达到再生的目的。

4. 流化床吸附操作

流化床的结构与固定床类似，但静态时其吸附床层的高度低于固定床，床层的上部留有充足空间，可供吸附剂颗粒的流化。当待处理流体从床层的底部进入吸附塔时，较高的流速使静态的吸附剂床层发生流化，同时流体中的吸附质与吸附剂发生吸附，经过吸附处理后的流体由床层的顶部流出，流出的流体可返回吸附床层做循环吸附，以提高吸附效率。当吸附剂饱和后，可对吸附剂进行解吸、再生、洗涤，然后转入下一个批次的操作。

在流化床吸附的连续操作中（图 7-7），吸附剂颗粒由吸附床的上层进入，从底部排出并进入脱附设备，可用加热或其他方法使吸附剂解吸；如有需要可接着再进行再生（如果吸附剂解析后即获得再生，可略去再生操作），再生后的吸附剂返回到吸附床层的顶部继续进行吸附操作。含吸附质的待处理流体由吸附床层的底部进入，吸附后由床层的上部排出；大部分排出的液体可通过循环泵返回流化床，少量由吸附塔出口排出，同时补加一定量的新的待处理流体，以维持流化床的流化速度。

流化床吸附操作的优点是床层的吸附压降小，因为吸附剂和吸附质在吸附塔内都是流动的，但方向相反。这种操作的生产能力大，但吸附剂颗粒磨损程度较严重，且由于流态化的限制，使操作范围比较窄小。

5. 移动床吸附操作

流化床操作中，吸附剂颗粒以和待处理流体流向相反的方向、呈流化态的方式流动。如果控制吸附剂颗粒的流动速度，使其既保持与流体的逆向接触流动，又不会在流体流动中呈现悬浮的流化状态，由此形成的连续稳态的吸附操作，称为移动床吸附。图7－8为包括吸附剂再生过程在内的连续循环移动床吸附操作。

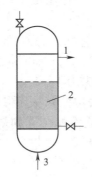

图7－7　流化床吸附操作
1—待处理液　2—流化床
3—待处理液

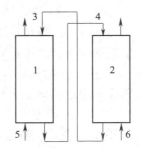

图7－8　连续循环移动床吸附操作
1—吸附床　2—再生床　3—再生的吸附剂
4—饱和吸附剂　5—待处理液　6—洗脱液

移动床的结构简单，是一个空塔设备，上部设有固体吸附剂的分散给料装置，下部设有流体进料装置。在吸附操作中，新鲜的吸附剂由塔顶加进，添加速度的大小以保持气、固相有一定的接触高度为原则；达到吸附饱和的吸附剂可以在塔底连续排出，被送到另一容器再生后，返回到塔顶；待吸附处理的流体从塔底进入，向上通过吸附剂床流向塔顶。与固定床相比，移动床吸附操作的优点是处理气体量大，吸附剂可循环使用；缺点是吸附剂的磨损和消耗较大，要求吸附剂有较强的耐磨能力和吸附性。

在实际的移动床吸附操作中，吸附剂颗粒的磨损和如何通畅排出吸附塔，是最大的难题。为防止吸附剂的床层出口被堵塞，常采用床层振动或用球形旋转阀等特殊装置，将吸附剂颗粒排出床层。

[能力拓展]

模拟移动床吸附操作是针对移动床操作中易发生吸附剂颗粒堵塞、移动吸附操作难度较大而开发的一种吸附操作方式。在这种操作方式中，固相的吸附剂床层不动，而通过切换流动液相（包括料液和洗脱液）的入口和出口位置，就如同移动固相床层一样，产生与移动床吸附相同的效果，如图7-9所示。图7-9（1）为真正的移动床吸附操作，待处理原料液从床层中部连续输入，固相自上而下移动，吸附质P和非吸附质W分别从不同的出口连续排出。吸附质P的出口以上部分为吸附质洗脱回收和吸附剂再生操作段。图7-9（2）为由若干个固定床构成的模拟移动床吸附操作单元，图7-9（2）a为某一时刻的操作状态，图7-9（2）b为图7-9（2）a以后的操作状态。如将这若干个床中最上一个看作是处于最下一个床的后面（即这些床呈循环操作排列），则从图7-9（2）a状态到图7-9（2）b状态，液相进出口分别向下移动了一个床位，相当于液相的进出口不变而固相床向上移动了一个床位的距离，形成液固相逆流接触操作，产生移动床吸附的操作效果。

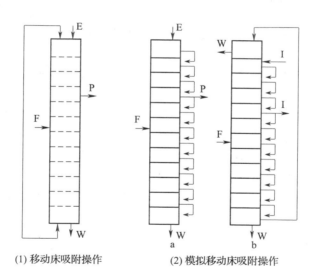

(1) 移动床吸附操作　　　(2) 模拟移动床吸附操作

图7-9　移动床和模拟移动床吸附操作示意图

F—料液　P—吸附质　E—洗脱液　W—非（弱）吸附质

三、吸附工艺问题及处理

1. 吸附能力下降

吸附剂在使用过程中吸附能力下降，可能存在以下几个方面的原因：

（1）料液预处理不好　　如果用吸附剂吸附小分子物质，对待处理的料液进行预先处理非常重要，特别是要除去料液中的固体颗粒及大分子物质，以防吸附床层被堵塞。

（2）吸附剂再生效果不好 吸附剂再生操作中，再生剂用量不够、再生操作不规范（如流速、压力变化过大等）、再生条件（温度、流速等）不合理等，都会使吸附剂再生不彻底，影响下一次的吸附效果。生产上严格规范操作、确定合理的工艺条件，进行逆流再生等有利于提高再生效果的工艺路线。

（3）吸附剂劣化 吸附剂经反复吸附和再生操作后，吸附能力会下降，这称为吸附剂的劣化。造成这种情况的原因有：料液中某些污染物质覆盖了吸附剂颗粒的表面（内、外表面）；较高的操作温度（特别是再生温度）使吸附剂颗粒发生半熔融，引起微孔消失，减少了吸附面积；或者在吸附操作中出现了化学反应，破坏了吸附剂颗粒的微孔结构。防止劣化的措施是认真分析待处理的料液，通过预处理尽可能除去有害杂质，同时控制好操作条件。

（4）操作不合理 吸附操作中，压力的快速变化能引起吸附剂床层的松动或压实。所以操作中应防止吸附器压力发生快速变化。

2．固定床操作中过早出现"穿透"现象

床层过早出现"穿透"现象，需立即停止进料，将床层内料液排出至原料储液罐，待排除床层故障后再重新进行吸附操作。出现床层过早"穿透"现象的原因主要有以下几方面：

（1）床层吸附剂装填不合理，颗粒不均匀，导致出现偏流现象。需重新装填吸附剂。

（2）操作过程不规范（如流速或压力突然变化），使床层均匀程度受到破坏。应严格按操作规程进行操作。

（3）系统密闭性差，或床层出现气泡或分流现象。应进行密闭性检查，消除漏气、气泡及分层后，再进行正常的工艺操作。

（4）料液浓度过高，操作流速过大等。应适当稀释待处理料液，合理确定操作流速。

项目二 离 子 交 换

离子交换法是基于一种离子交换剂作为吸附剂，吸附溶液中需要分离的离子的工艺单元操作。一般来说，离子交换单元的主要任务有以下几个方面：

（1）使料液中的一种或几种离子尽可能多地转入到固体离子交换吸附剂上，以实现有效组分的分离。

（2）采用蒸馏水或纯化水等对吸附了一定离子的吸附剂床层进行洗涤，以除去床层内的杂质，便于下一步处理。

（3）采用适当的溶剂对离子交换吸附剂进行处理，使已经吸附的离子从固相吸附剂中被交换入液相中，以回收被交换的离子并形成所需的化合物。

（4）采用适当的溶剂对离子交换吸附剂进行处理，使离子交换吸附剂转化为可用于交换的待处理溶液中相应离子的形式。

（5）当离子交换吸附剂使用一段时间后，因杂质影响而吸附性能下降，需对其进行再生处理以恢复交换能力。

生物工业中最常用的交换剂为离子交换树脂，广泛用于提取氨基酸、有机酸、抗生素等小分子生物制品。在提取过程中，目的成分（吸附质）吸附在离子交换树脂上，在适宜条件下用洗脱剂将吸附质从树脂上洗脱下来，达到分离、浓缩、提纯的目的。

离子交换树脂无毒性，能反复再生使用，少用或不用有机溶剂，成本低、设备简单、操作方便。目前已成为生物制品提纯分离的主要方法之一。离子交换法也有生产周期长、pH 变化范围大、甚至影响成品质量等缺点。此外，离子交换树脂法还广泛用于脱色、硬水软化及制备无盐水等。

一、离子交换的基本原理

离子交换树脂具有网状的立体结构，不溶于酸、碱和有机溶剂，属固体高分子化合物。其单元结构由两部分组成：不可移动的立体网络骨架和可移动的活性离子。活性离子可在网络骨架和溶液间自由迁移，当树脂处在溶液中时，其上的活性离子可与溶液中同性离子发生等物质的量的交换。如果树脂包含的是活性阳离子，就能交换溶液中的阳离子，称为阳离子交换树脂；如果包含的是活性阴离子，就能交换溶液中的阴离子，称为阴离子交换树脂。

1．离子交换的基本机理

离子交换过程是按化学计量比进行的多相可逆的化学反应过程，当正、逆速度相等时，离子的交换相界面两侧交换离子的浓度不再变化而达到平衡状态，即离子交换平衡。平衡状态和过程方向无关。离子交换过程和一般多相化学反应不同，当发生交换时，树脂体积常发生改变，从而影响交换离子的转移。

图 7 - 10 表示溶液中的一粒树脂发生着交换反应：$A^+ + RB \rightleftharpoons RA + B^+$。不论溶液的运动情况如何，在树脂颗粒的表面上始终存在着一层薄膜（层流层），交换离子借助分子扩散通过薄膜。溶液的湍动越剧烈，薄膜的厚度就越小，同时溶液主体的离子浓度也越均匀一致。一般说来，树脂颗粒大小和其交换容量无关。在树脂颗粒的表面和内部都存在交换作用，和所有多相化学反应一样，离子交换过程包括五个步骤：

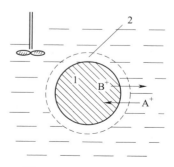

图 7 - 10　离子交换过程
1—树脂　2—薄膜

（1） A^+ 自溶液扩散到树脂表面。

（2） A^+ 从树脂表面扩散到树脂内部的活性中心。

（3） A^+ 与 B^+ 在树脂的活性中心内发生交换反应。

（4） B^+ 自树脂内部的活性中心扩散到树脂表面。

（5） B^+ 从树脂表面扩散到溶液中。

上述步骤中，（1）和（5）在树脂表面的薄膜内进行，同时发生、速度相等且互为可逆过程，称为膜扩散或外部扩散过程；（2）和（4）也同时发生在树脂颗粒内部，方向相反，速度相等，称为粒扩散或内部扩散过程；（3）为离子交换反应过程。因此离子交换过程实际上只有三步：外部扩散、内部扩散和离子交换反应。这三步反应的总反应速度即为离子树脂交换反应的速度。这种多步骤过程的总反应速度受着最慢一步反应速度的控制，最慢的步骤称为控制步骤。事实上，离子交换反应的速度极快，不是控制步骤。而内部扩散和外部扩散的反应速度，则要视情况而定。一般来说，离子在树脂颗粒内的扩散速度与树脂颗粒结构、颗粒大小、离子特性等因素有关；而外扩散速度则与溶液的性质、离子浓度、溶液流动状态等因素有关。

2. 离子交换树脂

离子交换树脂的种类很多，如前所述，可按照树脂颗粒包含活性离子的不同，分成阳离子交换树脂和阴离子交换树脂，每一类又根据电离度的不同分为强型和弱型。

（1）强酸性阳离子交换树脂　由苯乙烯和二乙烯苯（DVB）共聚物颗粒经浓硫酸硬化等生产过程制成，其交换基团具有强电解质性质，可以是 H 型或 Na 型。这种树脂可以用无机酸（HCl、H_2SO_4）或 NaCl 再生，热稳定性较高，可承受 120℃ 高温。

（2）弱酸性阳离子交换树脂　这类树脂的交换基团一般是弱酸，可以是羧基（—COOH）、磷酸基（—PO$_4$H$_2$）和酚基等。其中以含羧基的树脂用途最广，如丙烯酸/甲级丙烯酸和二乙烯苯的共聚物。

弱酸性阳离子交换树脂有较大的离子交换容量，对多价金属离子的选择性较高，仅能在中性和碱性介质中解离，发生交换作用。一般的耐用温度为 100 ~ 120℃。

（3）强碱性阴离子交换树脂　这类树脂有两种类型：季胺基团树脂和对氮二乙基氢氧官能团树脂。对弱酸的交换能力，第一类树脂较强，但其交换能力比第二类小。一般来说，碱性离子交换树脂比酸性离子交换树脂的热稳定性、热力学稳定性都弱，离子交换容量也略小。

（4）弱碱性阴离子交换树脂　指含有伯胺（—NH$_2$）、仲胺（—NHR）或叔胺（—NR$_2$）的树脂。这类树脂在水中的解离程度小，呈弱碱性，容易和强酸反应，较难与弱酸反应。这类树脂需用强碱（如 NaOH）再生，再生后的体积变化比弱酸性树脂小，使用温度 70～100℃。

离子交换树脂也可以依据树脂的物理结构，分为凝胶型与大孔型两类：

① 凝胶型：这类树脂为高分子凝胶结构，外观透明，其高分子链的间隙是离子交换的通道，称为凝胶孔。离子通过孔道扩散进入树脂颗粒内部。凝胶孔的孔径一般在 3nm 以下，随树脂交联度与溶胀情况而有所不同。

② 大孔型：大孔型树脂具有一般吸附剂的微孔，孔径从几 nm 到上千 nm。大孔树脂的比表面积大，化学稳定性和机械性能都较好，吸附容量大，再生容易。

目前市场上的离子交换树脂种类很多，均按上述方法分类。每类中各牌号树脂的性能有较大的差别，应根据实际使用情况来选用。

3. 离子交换树脂的理化性质

（1）外观和粒度 树脂的颜色有白色、黄色、黄褐色及棕色等；有透明的，也有不透明的。为便于观察交换过程中色带的分布情况，多选用浅色树脂。使用后的树脂色泽会逐步加深，但对交换容量的影响不明显。

离子交换树脂颗粒通常为球形，少数呈膜状、棒状、粉末状或无定形状。球形颗粒的优点是液体流动阻力较小，耐磨性好，不容易破裂。

树脂颗粒在溶胀状态下粒径的大小即为其粒度。商品树脂的粒度一般为 0.3～1.2mm。大颗粒树脂适用于高流速及有悬浮物存在的液相，小颗粒树脂则多用作色谱和含量很少的成分的分离。粒度越小，交换速度越快，但流体阻力也会增加。

（2）膨胀度 离子交换树脂在水中因溶剂化作用而体积增大，称为溶胀；树脂的溶胀程度与其交联度、交联结构、活性基团与反离子种类有关。一般弱型树脂溶胀程度较大，例如强酸性阳离子交换树脂溶胀 4%～8%（体积），弱酸性阳离子交换树脂体积溶胀约 100%；强碱性阴离子交换树脂溶胀 5%～10%（体积），而弱碱性阴离子交换树脂溶胀 30%。在设计离子交换柱时需考虑树脂的溶胀特性。

（3）交联度 离子交换树脂是具有立体交联结构的高分子物质。这种立体交联结构是通过在树脂合成时加入的交联剂来实现的。树脂中交联剂的含量称为交联度，用质量百分比表示。交联剂多使用二乙烯苯。交联度直接影响树脂的物化性能，如交联度大，树脂结构紧密、溶胀程度小、稳定性好、对离子的吸附选择性高。但交联度过高也会影响树脂内的扩散速率。应根据被交换物质分子的大小及性质，选择合适交联度的树脂。

（4）密度 单位体积的干树脂（或湿树脂）的质量称为干（湿）真密度。当树脂在柱中堆积时，单位体积的干树脂（或湿树脂）的质量称为干（湿）表观密度，又称为堆积密度。树脂的密度与其结构密切相关，活性基团越多，湿/真密度就越大；交联度越高，湿表观密度越大。一般情况下，阳离子树脂比阴离子树脂的真密度大；凝胶树脂比相应的大孔树脂表观密度大。

（5）含水率　每克干树脂吸收水分的质量称为含水率，一般为 $0.3 \sim 0.7 g/g$。树脂的交联度越高，含水率就越低。干燥的树脂容易破裂，故商品树脂常以湿态密封包装。干树脂初次使用前应用盐水浸润后，再用水逐步稀释以防止暴胀破裂。

（6）交换容量　单位质量或体积的干树脂所能交换的离子的量，称为离子交换树脂的交换容量，表示为 mmol/g 或 mmol/mL 干树脂。交换容量是描述树脂活性基团数量或交换能力的重要参数。一般情况下，交联度越低，活性基团数量越多，则交换容量就越大。

实际应用中，常用三个概念：理论交换容量、再生交换容量和工作交换容量。理论交换容量是指单位质量（或体积）树脂中可以交换的化学基团总量，也称为总交换容量。工作交换容量是指实际进行交换反应时树脂的交换容量。因树脂在实际交换时总有一部分不能被完全取代，所以工作交换容量小于理论交换容量。再生交换容量是指树脂经过再生后能达到的交换容量。因再生不可能完全，再生容量小于理论交换容量。通常，再生交换容量 $= 0.5 \sim 1.0$ 总交换容量；工作交换容量 $= 0.3 \sim 0.9$ 再生交换容量。

工作交换容量依赖于离子交换树脂的总交换容量、再生水平、被处理溶液的离子成分、树脂对被交换离子的亲和性或选择性、树脂粒度以及操作流速和温度等因素。

（7）孔度、孔径与比表面积　树脂的孔度是指每单位质量或体积的树脂所含有的空隙体积，以 mL/g 或 mL/mL 表示。树脂的孔径差别很大，与合成方法、原料性质等密切相关。孔径的大小对离子交换树脂选择性的影响很大，对吸附有机大分子尤为重要。比表面积是指单位质量的树脂所具有的表面积，以 m^2/g 表示。在利于提高树脂合适孔径的基础上，选择比表面积较大的树脂，有利于提高吸附量和交换速率。

（8）稳定性　树脂的稳定性包括机械稳定性、热稳定性和化学稳定性。机械稳定性是指树脂在各种机械力的作用下抵抗破碎的能力，一般用树脂的耐磨性能来表达。

化学稳定性是指树脂抵抗氧化剂和各种溶剂、试剂的能力。不同类型的树脂，其化学稳定性有一定的差异。一般阳离子树脂比阴离子树脂的化学稳定性好，弱碱性阴离子树脂最差。如聚苯乙烯型强酸性阳离子树脂对各种有机溶剂、强酸、强碱等稳定，可长期耐受饱和氨水、$0.1 mol/L$ $KMnO_4$、$0.1 mol/L$ HNO_3 及温热 NaOH 等溶液发生明显破坏；而羟基型阴离子树脂稳定性较差。

干燥的树脂受热易降解破坏。强酸、强碱的盐型比游离酸（碱）型稳定，聚苯乙烯型比酚醛树脂型稳定，阳离子型比阴离子型稳定。树脂热稳定性的优劣决定了树脂的最高使用温度。

（9）选择性　离子交换树脂对溶液中各种离子的吸附能力是不相同的，一些离子容易被吸附，而另一些离子却很难被吸附。被树脂吸附的离子，在再生的时候，有的离子容易被置换，有的却很难被置换。离子交换树脂的这种对离子吸附性能的差异称为选择性。选择性是离子交换树脂对不同离子吸附能力强弱的反映。与树脂吸附性好的离子选择性高，可取代树脂上亲和力弱的离子。树脂的选择性在实际应用中，会影响离子交换过程和树脂的再生过程。

离子交换树脂的选择性有一定的规律性。离子的电荷越大，就越容易被树脂吸附；反之，离子的电荷越小，就越不容易被吸附。例如，二价离子比一价离子更易被吸附。但如果离子载有相同的电荷时，原子序数大的元素所形成的离子的水合半径小，就容易被离子交换树脂所吸附。

室温下，较低离子浓度的溶液中，常见离子的选择性次序为：

对强酸性阳离子交换树脂：$Fe^{3+} > Al^{3+} > Ca^{2+} > Mg^{2+} > K^+ \approx NH_4^+ > Na^+ > H^+ > Li^+$；

对强碱性阴离子交换树脂：$SO_4^{2-} > NO_3^- > Cl^- > OH^- > F^- > HCO_3^-$；

对弱酸性阳离子交换树脂：$H^+ > Fe^{3+} > Al^{3+} > Ca^{2+} > Mg^{2+} > K^+ > Na^+ > Li^+$；

对弱碱性阴离子交换树脂：$OH^- > SO_4^{2-} > NO_3^- > PO_4^{3-} > Cl^- > HCO_3^-$。

离子交换树脂的选择性能还与其活性基团有关。

工业应用上对离子交换树脂的要求是：交换容量高、选择性好、再生容易、机械强度高、化学与热稳定性好和价格低。

二、离子交换的影响因素

影响离子交换速度的因素很多，下面重点从影响选择性、交换速度等方面来讨论。

1. 影响选择性的因素

当溶液中同时存在多种离子时，对树脂的吸附选择性的影响因素比较多，主要有：

（1）离子的水化半径　通常，离子的体积越小，就越容易被吸附。离子在水溶液中会发生水合作用而形成水化离子。因此，离子在水溶液中的大小用水化半径来表示。离子的水化半径越小，离子与树脂活性基团的亲和力就越大，越容易被树脂吸附。离子水化半径大小与离子本身的大小、离子表面电荷密度有关。

当离子的化合价相同时，随着原子序数的增加，离子半径增大，离子表面电荷密度减小，吸附水分子减少，水化半径减小，容易被树脂吸附。

（2）离子化合价和离子的浓度　在常温稀溶液中，离子化合价越高，电荷效应越强，就越容易被树脂吸附，如 $Tb^{4+} > Al^{3+} > Ca^{2+} > Ag^+$。当溶液浓度较低时，树脂吸附高价离子的倾向增大，如链霉素–氯化钠溶液加水稀释后，链霉素的吸附量明显提高。

（3）溶液 pH　溶液的 pH 决定着树脂交换基团及交换离子的解离程度，从而影响交换容量和交换选择性。对于强酸强碱性树脂，任何 pH 下都可进行离子交换反应；对于弱酸弱碱性树脂，pH 的影响较大，主要是树脂的解离度和吸附能力。弱酸性树脂只有在碱性条件下才能有交换作用，而弱碱性树脂在酸性条件下有交换作用。一般溶液 pH 的选择应考虑三个因素：在产物稳定的 pH 范围内，使产物能离子化，使树脂能离子化。

（4）离子强度　如果溶液中其他离子浓度高，这些离子必然与目的物离子进行吸附竞争，同时也会增加目的物离子及树脂活性基团的水合作用，从而降低吸附选择性和交换速度。所以，应在保证目的物溶解度和溶液缓冲能力的前提下，尽可能采用较低的离子强度。

（5）树脂交联度和膨胀度　如果树脂的交联度小，则结构蓬松，膨胀度大，离子交换速度快，但交换的选择性差。反之，交联度高，则膨胀度小，不利于大分子的吸附进入。因此，必须选择适当交联度和膨胀度的树脂。

（6）有机溶剂　有机溶剂的存在，常常使树脂对有机离子的吸附选择性降低，而更容易吸附无机离子。另一方面，有机溶剂也会降低有机离子的电离度，使无机离子的吸附竞争性增强。同理，树脂上已被吸附的有机离子容易被有机溶剂洗脱。所以，生产上常常用有机溶剂从树脂上洗脱难洗脱的有机物质。例如金霉素对 H^+ 和 Na^+ 的交换系数都很大，用盐或酸不能将金霉素从树脂上洗脱，而在 95% 甲醇溶液中，交换常数的值降到 1/100，用盐酸 – 甲醇溶液就能较容易洗脱。

（7）其他作用力　有时交换离子与树脂间除离子间的相互作用之外，还存在其他作用机理，如形成氢键、范德华力，进而影响目标离子的交换吸附。如作为阳离子交换剂的磺酸型树脂可以吸附原本为阴离子的青霉素，其原因就在于青霉素分子中肽键上的氢可以与树脂磺酸基上的氢之间形成氢键。

在常温下的稀溶液中，离子交换的选择性与化合价呈现明显的规律性：离子的化合价越高，就越容易被吸附；离子交换反应受溶液的 pH 影响很大。对强酸、强碱树脂来说，任何 pH 下都可进行交换反应，而弱酸、弱碱树脂的交换反应则分别在偏碱性、偏酸性或中性溶液中进行；对凝胶型树脂来说，交联度大，结构紧密，膨胀度小，促进吸附量增加；相反，交联度小，结构松弛，膨胀度大，吸附量减小；另外，离子交换反应是在树脂颗粒内外部的活性基上进行的，因此要求树脂有一定的孔道，以便离子的进出反应；离子交换树脂在水和非水体系中的行为是不同的。有机溶剂的存在会使树脂脱水收缩、结构紧密，降低吸附有机离子的能力，而相对提高吸附无机离子的能力。可见，有机溶剂的存在不利于有机离子的吸附。利用这个特性，常在洗涤剂中加适当有机溶剂以洗脱有机物质。

2. 影响交换速度的因素

（1）树脂颗粒　树脂颗粒增大，内扩散速度减小。对于内扩散控制过程，减小树脂颗粒直径，可有效提高离子交换速度。

（2）树脂交联度　交联度低，树脂容易膨胀，树脂内的扩散较容易，所以当内扩散为控制因素时，降低交联度，能提高交换速度。

（3）溶液流速　外扩散随溶液过柱流速（或静态搅拌速度）的增加而增加，内扩散基本不受流速或搅拌的影响。

（4）溶液的离子浓度　当溶液中的离子浓度较低时，对外扩散速度影响较大，而对内扩散影响较小；当溶液中的离子浓度较高时，对内扩散影响较大，而对外扩散影响较小。

（5）温度　溶液的温度提高，扩散速度加快，因而交换速度也增加。

（6）离子的大小　小离子的交换速度比较快。大分子由于在扩散过程中受到空间的阻碍，在树脂内的扩散速度特别慢。

（7）离子的化合价　离子在树脂中扩散时，与树脂骨架间存在静电引力。离子的化合价越高，这种引力越大，因此扩散速度就越小。

3. 影响交换效率的因素

交换层离子交换效率与离子在离子交换柱中的运动情况密切相关。图 7 – 11 为旋转 90° 的离子交换柱中离子分层示意图。从柱顶加入含 A_1 的溶液，溶液中的交换离子 A_1 由于不断被树脂吸附，其浓度从起始浓度 c_0 沿曲线 1 逐渐下降至浓度为零，而树脂上的平衡离子 A_2（假定其化合价与离子 A_1 相同）由于逐渐被释放，则浓度由零沿曲线 2 逐渐上升至 c_0。离子交换过程只能在 $A_1 \sim A_2$ 层内进行，这一层树脂称为交换层。交换层内两种离子同时存在。在 $0 \sim A_1$ 之间，离子 A_2 的浓度为 0，离子 A_1 的浓度达到饱和，该区域已经完成交换，称为饱和区；在 $A_2 \sim A_3$ 之间，离子 A_1 的浓度为零，离子 A_1 的浓度最高，该区域尚未开始交换，称为非交换区；在 $A_1 \sim A_2$ 之间，两种离子逐渐分层，离子 A_2 集中在前面，离子 A_1 集中在后面，中间形成一条明显的分界线。随着交换的进行，交换层不断前移，直至流出液中出现离子 A_1，此时称为漏出点。之后离子 A_1 增至原始浓度，离子 A_2 的浓度减至零。

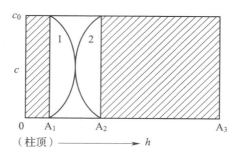

图 7 – 11　旋转 90° 的离子交换柱中离子分层示意图

h—柱的高度　c—离子浓度　c_0—起始浓度

$A_1 \sim A_2$—交换层　A_1—溶液交换离子　A_2—树脂平衡离子

上述过程中，交换层 $A_1 \sim A_2$ 越窄，则两种离子在交换层内的分界线就越明显，越有利于两种离子的分离；同时，较窄的交换层可在吸附时提高树脂的饱和度，减少吸附离子的漏失，并在解吸时提高洗脱液浓度。交换层的宽窄由多种因素决定：交换平衡常数 $K > 1$ 要比 $K < 1$ 时的交换层窄，即 K 值越小，交换层越宽；离子化合价、离子浓度、树脂交换容量以及树脂颗粒大小、两种离子的解离度都会影响交换层的宽度。另外，柱床流速高于交换速度也会加宽交换层，流速越大则交换层越宽。

三、离子交换设备

前面介绍了离子交换法的基本原理与离子交换树脂的基本性能。要运用这些来解决实际生产中各组分的分离，还必须在离子交换装置内通过具体的操作方式来实现。

1. 离子交换方式

常用的离子交换方式有 3 种："间歇式"，又称分批操作法，也称静态交换，多用于科研或小规模生产的料液处理；"管柱式"或"固定床式"，这是生产中最常用、最主要的一种离子交换操作方式；"流体式"或"流动床式"，这种方式的树脂用量和再生剂用量少、产品质量均匀、自动化程度高、生产能力大，但所需的生产设备多、操作管理复杂，对树脂性能的要求高。后两种离子交换操作合称为动态交换。

（1）静态交换　静态交换是将交换树脂与所需处理的溶液混合置于容器中，在静态或搅动下进行离子的交换。这种操作必需重复多次才能使反应达到较完全的平衡。静态交换法操作方法简单、设备要求低、操作过程可分批间歇进行，但效率低、交换不完全、树脂破损率较高，不适用于多种成分的分离，实际生产中使用较少，只适用于实验室。

（2）动态交换　动态交换，即离子交换树脂与溶液在流动状态下进行交换。交换在一个圆筒形的交换柱内进行，树脂床层与交换溶液始终处于相对运动的状态中，如溶液流经静置树脂床层的固定床式，或者树脂和交换溶液同时做逆向接触流动的流动床式。一般来说，动态交换法是指固定床式操作，即先将树脂装柱或装罐，交换溶液流经树脂床层进行交换。很多抗生素（如链霉素、头孢霉素、新霉素等）的生产均采用这种方法。动态法交换完全、不需要搅拌，可多罐串联使用，单罐出口浓度较高等，还可以使吸附交换和洗脱分别在柱床的不同部位同时进行，适用于多组分的分离及产品精制脱盐、中和，在软水、去离子水的制备中也多采用这种方法。

离子交换反应是可逆的，动态交换能把交换后的溶液及时和树脂分离，从而大大减少了逆反应的影响，使交换反应不断地顺利进行，并使溶液在整个树脂层中进行多次交换，即相当于多次间歇操作，由于它与静态法的间歇操作相比，效率要高得多，故在生产上广为应用。

2. 离子交换设备

离子交换设备与吸附设备的结构相似，根据设备结构形式的不同可分为罐式、柱式和塔式；根据溶液进入交换设备的方向不同可分为正吸附离子交换（溶液自上而下流入设备）和反吸附离子交换（溶液自下而上流入设备）；根据离子交换方式的不同可分为静态和动态两大类：静态设备一般用搅拌罐，搅拌罐仅用作静态交换用，交换后利用沉降、过滤或旋液分离器等将树脂分离，然后装入解吸罐中进行洗涤、解吸和再生；动态设备又分为间歇操作的固定床、连续操作的移动床和流化床。这些设备中用得最多的是固定床，固定床多采用离子交换罐或交换柱。

固定床有单床（单柱或单罐操作）、多床（多柱或多罐串联）、复床（阳柱、阴柱）及混合床（阳、阴树脂混合在一个柱或罐中）。连续流动床是指溶液及树脂以相反方向均连续不断流入和离开交换设备，一般也有单床、多床之分。

（1）离子交换罐　常用的离子交换罐是一个具有椭圆形顶及底的圆筒形设备，圆筒体的高径比值一般为2~3，最大为5。筒体多用钢板制成，内衬橡胶，以防酸碱腐蚀。小型交换罐可用硬聚氯乙烯或有机玻璃制成，实验室用的交换柱多用玻璃筒制作，下端衬以烧结玻璃砂板、带孔陶瓷、塑料网等以支撑树脂。

筒体内装有树脂，树脂层的高度一般占圆筒高度的50%~70%，上部留有充分空间以备反冲时树脂层的膨胀。树脂层堆积在罐底部装有筛网和滤布的多孔支承板上，树脂层上（罐内上部）设有溶液分布装罩，使溶液、解吸液及再生剂能均匀通过树脂层（图7-12）；也可用石英、石块或卵石直接铺于罐底来支持树脂，大石块在下，小石子在上，约分5层，各层石块直径范围分别是16~26mm、10~16mm、6~10mm、3~6mm及1~3mm，每层高约100mm（图7-13）。罐顶上有人孔或手孔（大罐可在壁上），用于装卸树脂。罐顶部通常还设有视镜或灯孔，溶液、解吸液、再生剂、软水进口可共用一个进料口与罐顶连接。各种液体出口、反洗水进口、压缩空气（疏松树脂用）进口

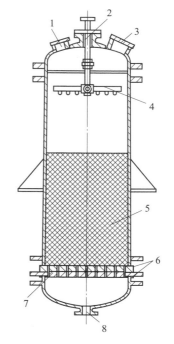

图7-12　具有多孔支承板的离子交换罐
1—视镜　2—进料　3—手孔
4—液体分布器　5—树脂层
6—多孔板　7—尼龙布　8—出液

167

也可共用一个出液口与罐底连接。另外，罐顶还配置有压力表、排空口及反洗水出口。

将几个单床串联起来操作，便成为多床设备。操作时，将溶液泵入第一罐，然后靠罐内空气压力依次压入下一罐。离子交换的附属管道一般用硬聚氯乙烯管，阀门可用塑料、不锈钢或橡皮隔膜阀，在阀门和多交换罐之间常装一段玻璃短管，用作观察。

（2）反吸附离子交换罐　反吸附离子交换罐为固定床离子交换设备（图7-14），溶液由罐的下部以一定流速导入，使树脂在罐内呈沸腾状态，交换后的废液从罐顶出口溢出。为了减少树脂从上部溢出口溢出，可将上部设计成为扩口形（图7-15），以降低流体流速，减少流出液体对树脂的夹带。

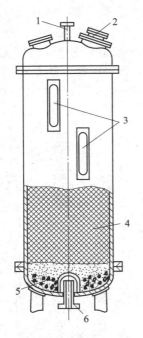
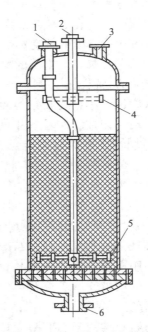

图7-13　具有石块支承层的离子交换罐　　　　图7-14　反吸附离子交换罐

1—进料　2—视镜　3—液位计　　　　　　1—进溶液　2—进淋洗水、解吸液及再生剂

4—树脂层　5—卵石层　6—出液　　　　　3—出废液　4，5—分布器

6—出淋洗水、解吸液及再生剂，进反洗水

反吸附可以省去菌丝过滤，且液-固两相接触充分，操作时不会产生短路、死角，生产周期短，解吸后得到的生物产品质量高。但反吸附时树脂的饱和度不及正吸附的高。理论上讲，正吸附时可达到多级平衡，反吸附时返混只能是一级平衡。此外，反吸附时罐内树脂层的高度比正吸附时低，以防树脂外溢。

（3）混合床离子交换设备　混合床离子交换设备属于正吸附离子交换设备，

床层由阴、阳两种树脂混合而成。混合床多用于脱盐处理，可制备无盐水。交换时，溶液中的阳、阴离子被交换到固体树脂上而被从溶液中除去；从树脂上交换出来的 H^+ 和 OH^- 结合成水，可避免溶液中 pH 的变化而破坏生物产品。图 7–16所示为混合床离子交换罐制备无盐水的流程。交换操作时，溶液由上而下流动；再生操作时，先用水反冲，使阳、阴树脂悬浮并借密度差分层（一般阳离子树脂较重，两者密度差应为 0.1～0.13），然后将碱液由罐上部引入，酸液则由罐底引入，废酸、碱液由中部引出；再生及洗涤结束后，用压缩空气将阳、阴离子交换树脂重新按 1∶1 的体积比混合均匀，制备无盐水时的床层流速多为25～30m/h。

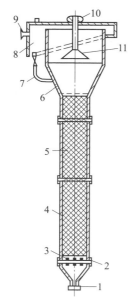

图 7–15 扩口式离子交换罐
1—底部进、出液体 2—分布器
3—支承板 4—壳体 5—树脂层
6—扩大沉降段 7—回流管 8—循环室
9—出液体 10—进液体 11—喷头

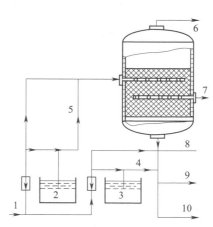

图 7–16 混合床离子交换罐制备无盐水流程
1—生水 2—碱 3—酸 4—稀酸 5—稀碱
6—出反洗水及空气 7—废再生液
8—混合树脂用空气 9—淋洗水 10—无盐水

（4）连续式离子交换设备 在固定床正吸附离子交换操作中，离子交换仅限于很短的交换带中，树脂利用率低，生产周期长。若采用连续离子交换设备操作，则交换速度快，产品质量均匀、连续化生产、便于自动控制。但操作过程中树脂破坏大，设备及操作较复杂且不易控制。

图 7–17，图 7–18 所示为两种实验规模的连续离子交换设备。再生后的树脂由柱顶以一定速度加入，与柱底进入的溶液逆流接触，饱和树脂在柱底流出，废液则在柱顶流出。

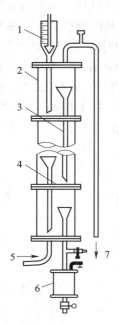

图 7 - 17 筛板式连续离子交换设备
1—树脂计量 2—塔身 3—树脂加料
4—筛板 5—进溶液
6—接收饱和树脂 7—出废液

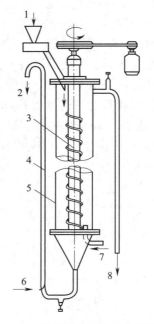

图 7 - 18 旋涡式连续离子交换设备
1—树脂加料 2—出树脂 3—螺旋转子
4—树脂提升 5—塔身 6—进空气
7—进溶液 8—出废液

四、离子交换操作

1. 树脂预处理

新的树脂由于含有许多会影响交换效果和产品质量的杂质，且很多时候树脂本身的型式不适用于交换过程，往往需要进行预处理后才能使用。处理过程一般包括研磨、过筛和浸泡净化等。

（1）物理处理 市售的树脂通常是潮湿的，研磨过筛前应先铺开、阴干。（注意：不能把树脂在烘箱中烘干或置于太阳下暴晒，以免使树脂水分分解而引起性质的改变）。将晾干后的树脂研磨、过筛，筛取所需的粒度。研磨时宜少研磨、勤过筛。如果需要更细粒度的树脂，可在研磨后用浮选法浮选出合适粒度的树脂。

筛除杂质后的树脂，往往还需要用水浸泡，使之充分吸水膨胀，并水洗除去杂质，再用酒精或其他溶剂浸泡，去除树脂制备过程中残存的少量有机杂质。如果树脂已经完全干燥，则不能直接用清水浸泡，而应该用浓氢氧化钠溶液浸泡，逐渐稀释，以减缓膨胀程度，最后用清水洗涤，防止树脂胀裂。

（2）化学处理 树脂装柱膨胀后，还需要进行化学处理，用 8 ~ 10 倍树脂体积的 1mol/L 的 HCl 或 NaOH 溶液交替搅拌浸泡。一般的操作过程如下：

① 食盐水处理：用 2～3 倍树脂体积的 10% NaCl 水溶液浸泡 20h 以上，然后用清水漂洗干净；

② 稀盐酸处理：用约 8 倍树脂体积，2%～5% 浓度的 HCl 溶液浸泡 4～8h 后，再用蒸馏水洗约至中性。

③ 稀氢氧化钠溶液处理：用约 8 倍树脂体积，2%～5% 浓度的 NaOH 溶液，浸泡 4～8h 后，再用蒸馏水洗至中性。

注意：对阴、阳两类离子交换树脂来说，上述步骤基本相同，但实施的顺序有所差别，即阴离子树脂先用酸溶液处理后再用碱溶液处理，阳离子树脂则先用碱溶液处理后再用酸溶液处理。

（3）转型 转型即树脂经过化学处理后，为了发挥其交换性能，按照使用要求人为赋予树脂平衡离子的过程。通过转型，将树脂转成所需的离子型，对树脂进行活化。常用的阳离子交换树脂有氢型、钠型、铵型等，常用的阴离子交换树脂有羟型、氯型等。对于分离蛋白质、酶等物质，往往要求在一定的 pH 范围内及离子强度下进行操作。因此，转型后的树脂还必须用相应的缓冲溶液平衡数小时后备用。

例如 732 型树脂的预处理，就是按照上述化学处理过程，先以 8～10 倍树脂体积的 1mol/L 的 HCl 搅拌浸泡 4h，反复用水洗至近中性后，用 8～10 倍树脂体积的 1mol/L 的 NaOH 搅拌浸泡 4h，反复用水洗至近中性后，再用 8～10 倍树脂体积的 1mol/L 的 HCl 搅拌浸泡 4h，最后水洗至中性备用。其最后一步就是用酸处理使之变成氢型树脂的操作步骤。

转型操作可以采用静态法或动态法。

2. 树脂装柱

离子交换树脂一般采用湿法装柱，即将经过预处理的离子交换树脂放入容器中。将湿离子交换树脂加入适量的洗脱剂调成稀糊状，搅拌下徐徐倒入交换柱内，使树脂缓慢沉降。沉降后，树脂层的高度一般为柱内径的 8～10 倍（柱高的 2/3 左右）。装柱时树脂层内不允许有气泡及分层现象。装柱后用水充分地逆冲洗洗涤，把树脂中的微粒、夹杂的尘埃溢流除去，同时驱离树脂层内的气泡，使树脂颗粒填充均匀。停止逆洗，待树脂沉降后，放出适量洗涤水，并确保树脂层完全浸入液体，不能暴露于空气中。有时还需用几倍于柱体积的缓冲液进行平衡以确保交换树脂的缓冲状态。

树脂的装柱也可以采用干法装填，即将干燥的树脂直接填入柱内，装填速度应缓慢，并同时轻轻振动柱子，使树脂颗粒的填充松紧一致。树脂的装量一般为柱内径的 8～10 倍，应特别注意树脂润湿后的膨胀性。

3. 离子交换操作

离子交换操作是指待交换离子从料液中交换到树脂上的过程，分正交换法和反交换法两种。在正交换法中，料液自上而下流经树脂床层，有清晰的离子交换层，交换饱和度高，洗脱液质量好，但操作周期长，树脂阻力大，影响交换速度。在反交换法中，料液自下而上流经树脂层，床层呈沸腾状，对设备要求较高。生产中应根据料液的黏度和工艺条件进行选择，大多采用正交换法。图 7-19 表述了固定床离子交换工艺。

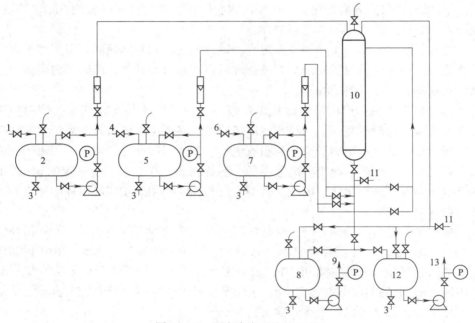

图 7-19　固定床离子交换工艺

1—原料　2—原料液贮罐　3—排污　4—洗涤液　5—洗涤液贮罐　6—再生液　7—再生液贮罐
8—成品贮罐　9—去使用点　10—离子交换柱　11—取样　12—废液罐　13—去处理

固定床离子交换操作方式可分为单床式、多床式、复床式和混合床式（图 7-20）。

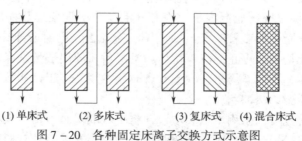

(1) 单床式　　(2) 多床式　　(3) 复床式　　(4) 混合床式

图 7-20　各种固定床离子交换方式示意图

▨ 阳离子树脂层　▨ 阴离子树脂层　▨ 阴阳离子树脂混合层

单床操作是一种树脂填充于一个交换柱的最简单的操作方式；多床操作则是将一种树脂分别填充于两个或更多的交换柱中，以串联或并联的方式组合在一起；复床操作是将分别填充有阴、阳两种树脂的两个或更多的交换柱串联，主要用来脱盐；混合床则是将阴、阳离子两种交换树脂均匀混合装填于同一个交换柱内，多用于制造高纯度的水或脱除料液中的某些盐。

以正交换法固定床吸附交换操作为例，完整的离子交换操作一般包括以下三个过程：交换、洗脱、再生。

（1）交换 离子的交换是在料液流经树脂床层时进行的。交换时应注意控制合适的流速。反交换方法中，树脂床层应保持良好的沸腾状态；而正交换方法中，料液流速宜缓慢，树脂床层的表面为水平状态，液体无湍动现象。当交换层较宽时，为保证分离效果，可采用多罐串联正交换法。

离子交换操作时还应注意树脂层之上应保持有液层，处理液的温度应在树脂耐热性允许的最高温度以下，树脂层中不能有气泡。

离子交换过程可看作是将目标产物离子化后交换到介质上，而杂质不被吸附，从交换柱中流出。这种交换操作，目标产物需经洗脱收集，树脂使用一段时间后吸附的杂质接近饱和状态，就要进行再生处理。另外，离子交换过程也可将料液中的杂质离子化后被交换，而目标产物不被交换直接流出收集，这种交换操作，一段时间后树脂也需经再生处理，为了避免在交换过程中造成交换柱的堵塞和偏流，样品溶液须经过滤或离心分离处理。

交换过程中，应依据事先的工艺计算，定时检查流出液的情况，是否交换至漏出点。当出现漏出点时，则表明离子交换已经完成，应进行洗脱、再生。

（2）洗脱 离子交换完成后，将树脂吸附的物质释放出来重新转入溶液的过程称为洗脱。洗脱是用亲和力更强的同性离子取代树脂上吸附的目的产物。洗脱剂可选用酸、碱、盐、溶剂等，应根据树脂和目的产物的性质来选择。

洗脱是交换的逆过程，洗脱条件应尽量使溶液中被洗脱离子的浓度降低，一般情况下，洗脱条件应与交换条件相反。例如，如果酸性条件下吸附交换，则应在碱性条件下进行洗脱。洗脱流速应大大低于交换时的流速。

洗脱的方式可以是静态的，也可以用动态的。一般来说，洗脱和交换都用同一种方式。静态洗脱可以进行一次，也可以进行多次，旨在提高目的物收率。动态洗脱在离子交换柱上进行，洗脱过程中，洗脱液的 pH 和离子强度可以始终不变；也可以按照分离的要求人为地分阶段改变 pH 和离子强度，即阶段洗脱，常用于多组分的分离上。这种洗脱液的改变也可以通过仪器（梯度混合仪）来完成，称为连续梯度洗脱。梯度洗脱的效果优于阶段洗脱，特别适用于高分辨率的分析。另外，根据工艺要求，也常对不同浓度的洗脱液进行分步收集，以获得较高的分离效果。

（3）再生 树脂再生又称为活化，即让使用过的树脂重新获得使用性能的处理过程。再生反应是吸附交换的逆反应。离子交换树脂的再生一般需要三个步骤：第一步，将需要再生的树脂用大量的水冲洗，以去除树脂表面和空隙内部物理吸附的各种杂质；第二步，用酸、碱、盐进行转型处理，除去功能基团结合的杂质，使其恢复原有的静电吸附及交换能力；第三步，用清水清洗树脂至所需的 pH。

如果树脂在洗脱后，树脂的离子型与下次吸附交换树脂所要求的离子型相同，则洗脱的同时，树脂就基本达到了再生，可直接重复使用；但如果洗脱后树脂的离子型不符合下次交换树脂所要求的离子型，则必须进行再生处理。如果树脂暂时不用，则应浸泡于水中保存，以免树脂干裂而造成破损。

常用的再生剂有 HCl、H_2SO_4、NaCl、NaOH、Na_2CO_3 及 NH_4OH 等。操作时，随着再生过程的进行，树脂的再生程度（再生树脂占全部树脂量的百分率）不断增加，当上升到一定值时，继续提高再生程度比较困难。通常控制再生程度在 80%～90%。

再生操作与转型操作相同，有静态法和动态法两类。静态再生是将树脂与再生剂混合，反复多次后，再用水多次洗涤树脂，直至再生废液被全部洗出，工业上一般不用此法。动态再生可用顺流再生，也可用逆流再生。顺流再生时，未再生完全的树脂在床层底部，残留离子会影响分离效果；逆流再生时，床层底部的树脂再生程度最高，分离效果稳定。动态再生的操作如下：

① 反洗：目的在于使树脂层松动，除去杂质沉淀物与浮游物、气泡等，至排出水清澈透明。在混合床中，反洗还兼有使两种树脂分层的作用。

② 进再生液：反洗完毕，待树脂沉降后排出积水，将再生液通入树脂层。再生剂的选择一般遵循以下原则：弱酸性阳离子交换树脂用酸液，弱碱性阴离子交换树脂用碱液，强酸、强碱性树脂可用中性盐溶液。再生剂的用量、再生液浓度及再生时的流速等选择可参照表 7-8。如果离子交换树脂完全再生，再生剂用量必须达到表中理论量的 3～20 倍，很不经济。实际生产中多采用部分再生法，再生剂用量仅为理论量的 1.5～3 倍。

表 7-8 离子交换树脂的完全再生条件

离子交换树脂的种类	再生剂量/（mmol/g）	再生剂浓度/%
强酸性阳离子交换树脂	50（HCl）	10
	50（NH_4Cl）	10
弱酸性阳离子交换树脂	40（HCl）	5
强碱性阴离子交换树脂	50（NaOH）	10
	30（NaCl）	10
弱碱性阴离子交换树脂	30（NaOH）	5

③ 清洗：用清水对再生后的树脂层进行洗涤，以除去其中的再生废液。一般是先正洗，再反洗。生产中为回收再生废液，正洗时往往先慢速冲洗以回收废液，然后再快速冲洗。洗涤水常用软水或无盐水。

④ 混合：洗涤后，对于混合床还需在其下部通入压缩空气搅拌，使两种树脂充分混匀后备用。

五、离子交换技术的应用

离子交换技术工业上有着多种的用途，如进行产物的提取分离，酸碱物质的盐型转换，或对产物进行脱盐精制等。

1. 制备软水

普通的井水和自来水中常含有一定量的无机盐，这种含有 Ca^{2+}、Mg^{2+} 的水称为硬水。水的硬度通常用度（$H°$）表示，1 度指每升水中含有相当于 10mg CaO 的数量，而吨·度是指每吨水所具有的总硬度。硬水不能直接供给锅炉和粗提岗位，必须进行软化。除去 Ca^{2+}、Mg^{2+} 的水称为软水。软水的硬度一般要求在 $1H°$ 以下。国内制备软水一般采用 1×7（732）型树脂，其离子交换反应如下：

$$2R - SO_3Na + Ca^{2+} \longrightarrow (R - SO_3)_2Ca^{2+} + 2Na^+$$

$$2R - SO_3Na + Mg^{2+} \longrightarrow (R - SO_3)_2Mg^{2+} + 2Na^+$$

树脂使用一段时间后，其交换能力逐渐下降，出口软水的硬度也逐渐升高，因此需用 10% 的 NaCl 溶液再生成钠型以重复使用。再生反应式为：

$$(R - SO_3)_2Ca^{2+} + 2Na^+ \longrightarrow 2R - SO_3Na + Ca^{2+}$$

$$(R - SO_3)_2Mg^{2+} + 2Na^+ \longrightarrow 2R - SO_3Na + Mg^{2+}$$

2. 制备去离子水

去离子水又称为纯化水或无盐水，是指不含有任何盐类及可溶性阴离子和阳离子的水，其纯度比软水高得多，在药品生产中应用很多。去离子水的制备多采用氢型强酸性阳离子树脂和羟型强碱性或弱碱性阴离子树脂。弱碱性树脂虽具有交换容量高、再生剂耗量少等优点，但这种树脂不能除去弱酸性阴离子如 SiO_3^{2-}、CO_3^{2-} 等，所以水质不如用强碱性树脂制备的好。因此，在实际运用时，应根据水质要求和原水质量来选用不同的树脂和组合。如采用强酸 – 强碱组合或强酸 – 弱碱组合；如果弱原水的硬度较高，也可采用大孔弱酸 – 强酸 – 弱碱（或强碱）的组合，以得到较高质量的去离子水，其交换反应式如下：

$$R - SO_3H + MX \longrightarrow R - SO_3M + HX$$

$$R' - OH + HX \longrightarrow R' - X + H_2O$$

式中，M 代表金属阳离子，X 代表阴离子。

当阴阳离子交换树脂需要再生时，可分别用 $1mol/L$ 的 NaOH 和 HCl 进行处理，再生成氢型和羟型即可重复使用。再生反应式为：

$$R - SO_3M + HCl \longrightarrow R - SO_3H + MCl$$

$$R' - X + NaOH \longrightarrow R' - OH + NaX$$

当原水中碳酸氢盐、碳酸盐含量较高时，可在阳离子交换树脂柱（阳柱）

和阴离子树脂交换柱（阴柱）之间装一个 CO_2 脱气塔，以延长阴离子树脂的使用期限。如果水质要求更高，可将阴、阳离子树脂两次组合，或使用混合床来制备。混合床的脱盐效果更好，但再生操作不便，适合于装在强酸-强碱树脂组合的后面，以除去残余的少量盐分。交换反应如下：

$$R-SO_3H + R'-OH + MX \longrightarrow R-SO_3M + R'-X + H_2O$$

图 7-21 表述了以电渗析配合离子交换技术制备纯化水的生产工艺。原水经过离心泵输送至机械过滤器，经过滤除去水中悬浮物后，流入活性炭处理器；经过进一步除去吸附杂质后，再送入精密过滤器，除去更细小的粒子，以保护电渗析仪；经过精密过滤器的深度过滤除杂后的原水进入电渗析，在外加电源和离子交换膜的作用下，脱除了水中大部分盐后流入中间水箱；经初步处理后的原水再由中间水泵送入氢型阳离子交换柱、羟型阴离子交换柱及混合柱，实现水中阴、阳离子的脱除，送入纯化水贮罐，供各使用点使用。阳柱、阴柱及混合柱使用一段时间后，交换能力降低，很难保证水质要求，需用酸、碱进行再生处理，对于混合柱再生后还需用空气搅动，使阴、阳树脂混合均匀。

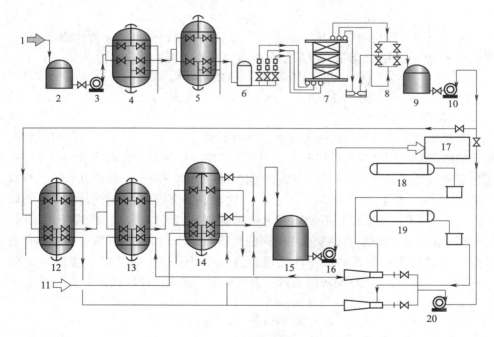

图 7-21　离子交换法制备纯化水

1—原水　2—原水箱　3—原水泵　4—机械过滤器　5—活性炭过滤器　6—精密过滤器　7—电渗析仪
8—电渗析仪阀组　9—中间水箱　10—中间水泵　11—压缩空气　12—阳柱　13—阴柱　14—混合柱
15—纯水箱　16—纯水泵　17—使用点　18—碱贮槽　19—酸贮槽　20—酸、碱再生装置

3. 肝素的提取

肝素属于黏多糖，在体内与蛋白质结合成复合体，这种复合体无抗凝血活

性；当除去蛋白质后，其药用功能才会显示出来。肝素提取一般包括三个步骤：肝素 – 蛋白质复合物的提取、肝素 – 蛋白质复合物的分解和肝素的分级分离，其中的分级分离采用离子交换法。肝素钠的生产工艺如图 7 – 22 所示。

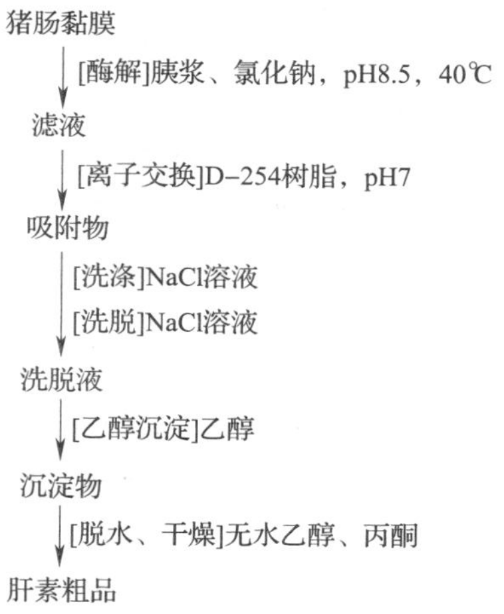

经酶解、过滤后得到的产物含有其他黏多糖、未除尽的蛋白质及核酸类物质，还需要用阴离子交换剂进行分级分离。其操作过程是：将滤液冷却至 50℃ 以下，用 6mol/L NaOH 溶液调至 pH 为 7；加入 5kg D – 254 强碱性阴离子交换树脂，搅拌 5h 完成交换；弃去液体，用自来水漂洗树脂至水清后，用约与树脂等体积的 2mol/L NaCl 溶液搅拌洗涤 15min，弃去洗涤液；再加 2 倍量的 1.2mol/L

猪肠黏膜
↓ [酶解]胰浆、氯化钠，pH8.5，40℃
滤液
↓ [离子交换]D–254树脂，pH7
吸附物
↓ [洗涤]NaCl溶液
↓ [洗脱]NaCl溶液
洗脱液
↓ [乙醇沉淀]乙醇
沉淀物
↓ [脱水、干燥]无水乙醇、丙酮
肝素粗品

图 7 – 22　肝素钠的生产工艺

NaCl 溶液同法洗涤两次，再用半倍量的 5mol/L NaCl 溶液洗脱 1h，收集洗脱液；然后用 1/3 量的 3mol/L NaCl 溶液洗脱两次，合并洗脱液，得到肝素钠的盐溶液，再经过醇沉、干燥即得粗成品。

D – 254 树脂属于聚苯乙烯二乙烯苯、三甲胺季胺型强碱性阴离子交换树脂。按此工艺生产的肝素钠，最高效价可达到 140U/mg 以上，收率平均约为 2×10^4 U/kg 肠黏膜。树脂经洗脱后浸泡于 4mol/L NaCl 溶液中，下次使用前用水洗涤数遍，即可使用。

4. 抗生素的提取及转型

链霉素为强碱性生物活性药物，在 pH 为 4 ~ 5 时稳定。链霉素在中性溶液中为三价正离子，所以适宜在中性和酸性条件下用阳离子交换树脂提取。强酸性树脂吸附比较容易，但洗脱困难，宜用弱酸性树脂。在中性条件下，氢型弱酸性树脂交换作用差，应预先将树脂处理成钠型。料液的浓度宜适当稀释，以利于吸附链霉素这种高价离子，而不利于吸附低价杂质离子。洗脱时，因弱酸性树脂对氢离子的亲和力很大，用酸即可将链霉素完全洗脱，酸的浓度控制在 1mol/L，洗脱液浓度较高，交换层较窄，洗脱高峰集中。

新霉素是六价碱性物质，可以用强酸或弱碱性树脂提取。用弱酸性树脂提取时，其流程和提取链霉素相似，所不同的是可以用氨水将新霉素从磺酸基树脂上洗脱下来，故常用磺酸基树脂来提取。在碱性条件下，新霉素由正离子变成游离碱，使溶液中新霉素正离子浓度降低，即解吸离子的浓度降低，有利于洗脱。选用的树脂交联度应合适，过大会使交换容量降低，过小会使选择性不好。氨水洗脱液可用羟型强碱树脂脱色，经过蒸发除去氨水，不留下灰分。

[技能要点]

吸附分离是利用吸附剂通过分子间力的作用特定吸附某种物质，使之从一相转移到另一相，从而达到分离某种物质的目的。按照相互作用力的不同，吸附可分为物理吸附、化学吸附和交换吸附三种类型。常用的吸附剂有活性炭、沸石分子筛、活性氧化铝等。吸附操作是吸附剂吸附、解吸、清洗、再生和重新吸附的循环操作过程，有多种操作工艺，如搅拌吸附、固定床吸附、移动床吸附、流化床吸附和膨胀床吸附。

离子交换可认为是吸附操作的一种类型，利用离子交换剂作为吸附剂，实现目的离子分离的目的。常用的交换剂为离子交换树脂，根据所包含的活性离子的不同，树脂可分为阳离子交换树脂和阴离子交换树脂。离子交换设备与吸附设备的结构类似，可分别按照设备的结构、溶液进入设备的方向、离子交换的方式等特征做不同的分类，主要有固定床、移动床、流化床和离子交换柱等。离子交换操作时需先进行树脂的预处理，完成树脂的转型，再进行装柱，进行离子交换操作。一般来说，完整的离子交换操作过程包括交换、洗脱和再生。

[思考与练习]

1. 名词解释

吸附，吸附等温线，吸附容量，吸附剂劣化，树脂溶胀，树脂孔度

2. 填空题

(1) 物质从流体相（气体或液体）浓缩到固体表面从而实现分离的过程称为_____作用，在表面上能发生该作用的固体称为_____，而被浓缩的物质称为_____。

(2) 线性等温线是一种_____等温线，平衡系数 K 是_____，吸附剂有较强的_____能力，未被溶质所饱和，吸附量与_____无关。

(3) 吸附分离过程包括_____过程和_____过程。

(4) 弱酸性阳离子交换树脂的交换基团一般是弱酸，例如_____、_____和酚基等，而弱碱性阴离子交换树脂交换基团主要是_____、_____或叔胺（—NR$_2$）等。

(5) 单位质量或体积的干树脂所能交换的离子的量称为离子交换树脂的_____。

(6) 有机溶剂常使树脂对有机离子的吸附选择性_____，容易吸附无机离子；但另一方面也会降低有机离子的_____，使无机离子的吸附竞争性增强。

3. 选择题

(1) 将烘干的吸附剂装入量筒中，摇实至体积不变时，吸附剂质量与吸附剂所占体积比称为_____。

A 真实密度　　　B 表观密度　　　C 填充密度　　　D 量筒密度

(2) 以下哪种操作现象是吸附剂劣化的表现？_____

A　吸附性下降　　　　B　再生效果差　　　C　吸附床堵塞　　　D　吸附床松动

（3）离子交换中树脂颗粒的表面和内部都存在交换作用，其中离子从树脂表面扩散到溶液中的可逆过程称为_____。

A　膜扩散　　　　　B　粒扩散　　　　　C　内核扩散　　　　D　双膜扩散

（4）离子交换树脂合成过程中常加入二乙烯苯添加剂，其用量多少称为离子交换树脂的_____。

A　膨胀度　　　　　B　交联度　　　　　C　孔隙度　　　　　D　堆积密度

（5）关于离子交换树脂的操作，以下哪种操作是正确的？_____

A　市售的树脂通常是潮湿的，使用前应先在烘箱中烘干

B　如果树脂已经完全干燥，应用清水浸泡以减缓膨胀程度

C　树脂装柱膨胀后，用 8～10 倍树脂体积的盐酸溶液反复浸泡

D　树脂装柱后先用水充分逆冲洗，除去其中的杂质和气泡

4．简答题

（1）固定床吸附与膨胀床吸附有哪些异同点？

（2）固定床吸附操作中过早出现"穿透"现象的主要原因有哪些？

（3）影响离子交换速度的因素有哪些？

（4）什么是离子交换树脂的转型？离子交换树脂有哪些常用的离子型？

（5）简述离子交换树脂的动态再生操作过程。

模块八 色谱与电泳

学习目标

[学习要求] 了解色谱与电泳的基本原理和基本操作过程，懂得各种色谱及电泳的应用原则，理解色谱图、电泳带等概念；熟悉实际色谱和电泳的操作过程，特别的气相和液相色谱，以及实验室电泳的设备流程。

[能力要求] 了解典型色谱与电泳的工作原理，熟悉色谱、电泳操作的种类与应用方法。

项目一 色谱的基本原理

一、色谱的概念

色谱法最早是由俄国植物学家 Tswett 提出来的。1906 年，Tswett 在装有碳酸钙颗粒的玻璃管中，倒入植物叶片的石油醚提取液，然后用石油醚液不断地冲洗；随着冲洗液的流动，溶解于提取液中的叶片色素，在管中的碳酸钙上缓慢地向下移动，其中不同的组分被分离开，并在碳酸钙柱内的不同部位上形成不同的颜色区域，称为色谱带（图 8－1）。经分析，原提取液中的各种组分，分别集中到了不同颜色的色谱带里，而使得不同的色谱带有不同的颜色。于是，这种分离方法被称为色谱法或色层法（chromatography）。随着技术的发展，这种色谱法已不限于分离有色物质，更多的应用于无色物质的分离和测定，但习惯上仍沿用色谱这个名称。

按现代色谱学的术语，Tswett 实验中相对于石油醚而固定不动的碳酸钙称为固定相，装有固定相的管子称为色谱柱，冲洗过程称为洗脱，洗脱液称为流动相。

Tswett 的发现在当时并没有引起足够

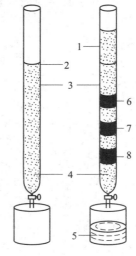

图 8－1 叶片色素提取液在碳酸钙
上形成不同颜色的谱带

1—流动相（石油醚） 2—混合色素
3—色谱柱 4—固定相（CaCO₃）
5—洗出液 6—绿色层（叶绿素 A）
7—黄色层（叶黄素）
8—黄色层（胡萝卜素）

180

的重视，直到 1941 年两位英国人 Martin 和 Synge 采用相同的方法，把氨基酸的混合液注入到以硅胶作固定相的柱中，用氯仿作流动相，分离得到羊毛中不同的氨基酸组分，才引起业内的重视。如今，色谱法已从早期的柱色谱、纸色谱、薄层色谱发展到现在的气相色谱、高效液相色谱、超临界流体色谱，近年来，毛细管电泳色谱和场流分析技术也发展迅速。色谱法在现代分离分析技术中占有极重要的地位，获得日益广泛的应用。

二、色谱法分离原理

[课堂互动]

想一想 仪器分析中常用的气相色谱和液相色谱，主要区别在哪里？

色谱法是利用样品中各种组分在固定相与流动相中受到的作用力不同，在流动相的推动下使被分离的组分与固定相发生反复多次的吸附（或溶解）、解吸（或挥发）过程，使得那些在同一固定相上吸附（或分配）系数只有微小差别的组分，在固定相上的移动速度产生较大差别，从而达到了各个组分间的分离，最后按顺序进入检测仪器获得分析。

1. 分配系数

色谱分离的作用力可以是：吸附力（吸附色谱）、溶解能力（分配色谱）、离子交换能力（离子交换色谱）和渗透能力（凝胶色谱）。可以用分配系数来描述某一组分对流动相和固定相的作用力状况，即指在一定温度下，该组分在固定相和流动相中分配达到平衡时，组分在固定相和流动相中的浓度 c_s、c_m 之比，也称为浓度分配比（平衡系数、吸附系数、选择性系数等），其表达通式如下：

$$K = \frac{c_s}{c_m} \tag{8-1}$$

式中　c_s——每 1mL 固定相中溶解溶质的量

c_m——每 1mL 流动相中溶解溶质的量

分配系数的差异是所有色谱分离的实质性原因，适用于各种类型的色谱分离。分配系数取决于组分和两相的热力学性质，柱温是影响分配系数的重要参数，分配系数与柱温成反比。

2. 洗脱体积

色谱分离中，使溶质从柱中流出时所通入的流动相的体积称为洗脱体积。不同的溶质有不同的洗脱体积。对于同一个色谱柱，洗脱体积取决于分配系数。

三、色　谱　图

在色谱法中，当样品进入色谱柱后，样品中各组分随着流动相不断向前移动。如果各组分的分配系数不同，它们就有可能达到分离。分配系数大的组分，滞留在固定相中的时间长，在柱内移动的速度慢，后流出柱子，分配系数小的组分则先流出柱子。分离后各组分的含量经检测器转换成电信号而记录下来，从而得到一条描述着信号随时间变化的曲线，称为色谱流出曲线，又称色谱图（图8-2）。色谱图的纵坐标为检测器的响应信号；横坐标为时间，也有用流动相体积或者距离来表示。曲线上突起部分就是色谱峰，每个峰代表样品中的一个组分。

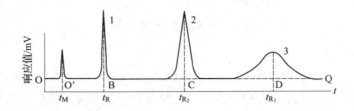

图8-2　典型色谱流出曲线图

如何看懂色谱图？以下是色谱图的有关术语。

（1）基线　色谱柱中仅有流动相通过时，检测器响应信号的记录值称为基线。如图8-2的OQ线和图8-3的Ot线。基线反映了操作条件下检测器系统噪声随时间变化的波动情况，是检查仪器工作是否正常的指标之一，稳定的基线应是一条水平直线。

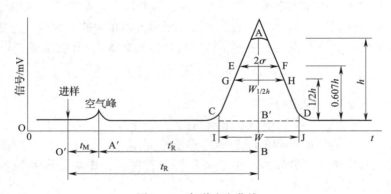

图8-3　色谱流出曲线

（2）色谱峰　当样品中的组分随着流动相流入检测器时，检测器的响应信号大小随时间变化所形成的峰形曲线称为色谱峰，峰的起点和终点的连接直线称为峰底。

① 峰形：正常的色谱流出曲线为对称于峰尖的正态分布曲线，称为正常峰 [图8-4（1）]，但实际上，流出的曲线并非完全对称，如前沿陡峭、后沿拖尾的流出曲线峰 [拖尾峰，图8-4（2）]，前沿伸后沿陡峭的流出曲线峰 [前伸峰，图8-4（3）]。

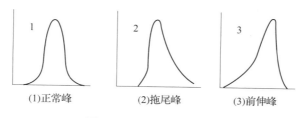

(1)正常峰　　　　(2)拖尾峰　　　　(3)前伸峰

图 8 - 4　流化床吸附操作

② 峰高：指色谱峰顶点与基线之间的垂直距离，如图 8 - 3 中的 B'A，以 h 表示。

③ 峰面积：是指每个组分的流出曲线与基线间所包围的面积，以 A 表示。

峰高或峰面积的大小和每个组分在样品中的含量相关，因此色谱峰的峰高或峰面积是色谱定量分析的主要依据。

（3）保留值　表示试样中各组分在色谱柱中滞留时间或将组分带出色谱柱所需流动相体积的数值，依据计量单位的不同，可分别称为保留时间、保留体积等。保留值的大小取决于各组分在两相间的分配过程，同时也受流动相流速的影响，是由色谱分离过程中的热力学和流体力学因素所控制的。任何一种物质在一定的固定相和操作条件下，都有一个确定的保留时间和保留体积。也就是说，对于特定的色谱柱，在相同操作条件下（温度、压力、流速、流动相），各种物质都有其特定的保留值。因此，保留值可作为色谱法定性定量分析的依据。

① 保留时间（t_R）：指从开始进样到出现浓度最大值时所需的时间，如图 8 - 3 所示的 O'B 线. 以 s 或 min 为单位，用 t_R 表示。

② 保留体积（V_R）：指从开始进样至出现浓度最大值时所通过的流动相体积。

③ 死时间（t_M）：指一些不被固定相吸附或吸收的组分，从开始进样到出现浓度最大值时所需的时间，如图 8 - 3 所示的 O'A' 线。

④ 死体积（V_M）：指一些不被固定相吸附或吸收的组分，从开始进样到出现浓度最大值时所需流动相的体积，可由死时间与色谱柱出口流动相体积流速来计算。死体积反映了色谱柱的几何特性，与被测物质的性质无关。

⑤ 调整保留时间（t_R'）：某组分的保留时间扣除死时间后称为该组分的调整保留时间（校正保留时间），如图 8 - 3 所示的 A'B 线。

⑥ 调整保留体积（V_R'）：指扣除死体积后的保留体积，又称校正保留积。调整保留体积更合理地反映了被测组分的保留特点。

⑦ 相对保留值：指在相同操作条件下，待测组分与参比组分的调整保留值之比，又称为选择因子。相对保留值可以消除某些操作条件对保留值的影响，只要柱温、固定相和流动相的性质保持不变，即使填充情况、柱长、柱径及流动相流速有所变化，相对保留值仍保持不变。

（4）区域宽度（色谱峰密度）　在色谱图中（以图 8 – 3 为例），色谱峰形的宽窄常用区域宽度表示。区域宽度可与峰高相乘来计算峰面积。色谱峰的区域宽度通常有 3 种表示方法：

① 拐点宽度（W_t）：即位于 0.607h 处的峰宽，如图 8 – 3 中的 EF 段，W_t = 2σ；其中的 σ 称为标准偏差（σ），为 0.607h 处峰宽的 1/2。

② 半峰宽度（$W_{1/2h}$）：即峰高一半处的峰宽，如图 8 – 3 中的 GH 段，$W_{1/2h}$ = 2.355σ。

③ 峰宽（W）：又称为基线宽度，从色谱峰曲线的左、右两拐点作切线，其在基线上的截距为基线宽度（此处峰高为零），如图 8 – 3 中 IJ 段，$W = 4\sigma$。

上述 W_t、$W_{1/2h}$ 和 W 都表示色谱峰的宽窄，最常用的是易于测量的 W。区域宽度的单位由色谱峰横坐标单位而定，可以是时间、体积或距离等，在理想的色谱中，组分的谱带应是很窄的，若谱带较宽，将直接导致分离效果下降。

（5）色谱峰间的距离　色谱图上两个色谱峰之间的距离大，表明色谱柱对各组分的选择性好；反之，则表明选择性差。这种选择性可定量地用分离度 R 值来表示：

$$R = \frac{t_{R_2} - t_{R_1}}{1/2(W_1 + W_2)} \tag{8 – 2}$$

式中　t_{R_2}——为相邻两峰中后一峰的保留时间

　　　　t_{R_1}——相邻两峰中前一峰的保留时间

　W_1、W_2——为相邻两峰的峰宽

分离度 R 综合考虑了保留值的差值和峰宽两方面的因素对柱效率的影响，是表述色谱柱在一定的色谱条件下对混合物的综合分离能力的指标。根据分离度 R 值的大小可以判断各组分在色谱柱中的分离情况。两峰保留值相差越大，峰越窄、分离度 R 值越大，两色谱峰的距离越远，分离效果越好，如图 8 – 5 所示。当 $R < 1$ 时，两峰有部分重叠；当 $R = 1$ 时，两峰有 98% 的分离；当 $R = 1.5$ 时，两峰分离程度可达到 99.7%，一般将此作为相邻两峰完全分离的标志。

（6）色谱柱的塔板数　色谱柱的性能常用柱效来表述。柱效是塔板数和塔板高度的函数。塔板数本是源自精馏塔的概念，这里被用来描述色谱柱的分离效率。如果将色谱柱看作是一个精馏塔，当混合液流经一小段色谱柱后，各组分在固定相和流动相之间达成平衡，这一小段色谱柱即可看成是一个理论塔板，相当于精馏操作中的理论塔板。一

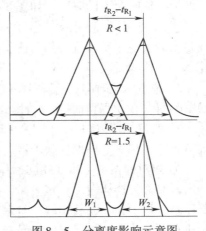

图 8 – 5　分离度影响示意图

个理论塔板所对应的色谱柱长度称为理论塔板高度（理论板高）。一个色谱柱可包含若干个理论塔板。色谱柱的塔板数越多，说明流动相对色谱柱的平衡次数越多，色谱柱的分离效果就越好。

（7）色谱流出曲线的意义

① 色谱峰的个数，等于样品中所含组分的最少个数。

② 色谱峰的保留值（或位置），是进行定性分析的依据。

③ 色谱峰的面积或峰高，是进行定量分析的依据。

④ 色谱峰的保留值或区域宽度，是评价色谱柱分离效能的依据。

⑤ 色谱峰两峰间的距离，是评价固定相（或流动相）选择是否合适的判定依据。

四、色谱分离工艺流程

目前色谱法已广泛应用于许多领域，成为重要的分离分析手段。尽管色谱分离有多种机理，但无论是哪种机理，都是要应用互不混溶的两相，即固定相和流动相。固定相是表面积很大的多孔性固体或吸附了一种溶剂的多孔固体，能与待分离的物质发生可逆性吸附、溶解、交换、渗透等作用，是色谱操作的基质。流动相（又称展层剂、洗脱剂）是连续流动的气体或液体，携带各组分朝着一个方向移动。

一般来说，固定相填充于柱体中，在柱体的顶端（入口）加入一定量的料液后，连续输入流动相，料液中的溶质在流动相和固定相之间发生扩散传质，产生分配平衡。溶质受连续流动的流动相作用，吸附在固定相上的溶质解吸进入流动相，随流动相向前移动，又遇到新的吸附面而被吸附到固定相上，随后又解吸进入流动相。这样，溶质在两相之间经过反复多次的吸附 – 解吸 – 吸附平衡，最终随流动相流出固定相层。由于各种溶质组分在固定相中的分配系数（或溶解、吸附、交换、渗透、亲和能力）的差异，使各组分随流动相移动的速率不同，分配系数大的组分在固定相上存在的概率大，随流动相移动的速度小。因此，当流动相在色谱柱内移动一定距离后，各组分在色谱柱内分层，随流动相在不同时间段内流出色谱柱（随流动相移动速度快的先流出色谱柱，移动速度小的后流出色谱柱），从而达到各组分分离的目的。色谱柱出口处各个溶质的浓度变化如图 8 – 6 所示。

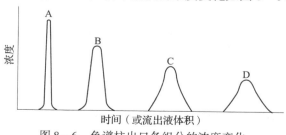

图 8 – 6　色谱柱出口各组分的浓度变化

下面以某二元混合物的色谱分离为例（图8-7），进一步说明色谱分离的基本过程：

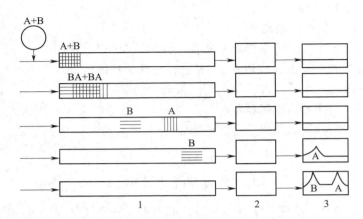

图8-7 二元混合物在色谱柱内分离示意图

1—色谱柱 2—检测器 3—记录器

（1）刚开始将样品加入色谱柱中，A、B组分混合在一起。

（2）经过一段距离后，若样品中A、B组分的热力学性质不同，即分配系数不同，则组分逐渐分离为两种组分含量不同的几个混合谱带，如BA和BA几个谱带。

（3）经过连续反复多次分配，A、B的混合组分逐渐分离成B、A两个谱带。各组分在迁移过程中每个谱带自身在系统内也会逐渐扩散，从而影响A、B的分离。

（4）组分A进入检测器，信号被记录，在记录仪上得到峰A。

（5）组分B进入检测器，信号被记录，在记录仪上峰A出完后又出峰B。

项目二 色谱操作

一、色谱工艺构成

不同的色谱方法，其工艺过程不同。以柱色谱为例，其工艺系统主要由进样及流动相供给装置、色谱柱、检测器及流分收集装置、控制器几部分构成，如图8-8所示。

1. 进样及流动相供给装置

在制备型和工业型色谱系统中，流动相供给装置一般包括贮液罐、高压泵、液体混合罐及梯度洗脱系统。由于色谱柱比较昂贵，为了保护它，常常需要在其流程前面加上预处理柱。高压泵用来输送流动相，分为恒压和恒流两种基本类型。

2. 色谱柱

色谱柱是进行色谱分离操作的核心装置，通常为填充有色谱剂的玻璃柱或金属柱（图8-9）。柱的入口端设置有进料分配板，可使进入柱内的流动相呈现均匀分布的规则流态。柱的底部常用玻璃棉或砂芯玻璃板作为固定相的支撑体。如前所述，温度对于溶质在固定相中的分配系数有着很大的影响，因此色谱分离过程对操作温度有着严格的要求，可通过双层套管的结构来通水保温。

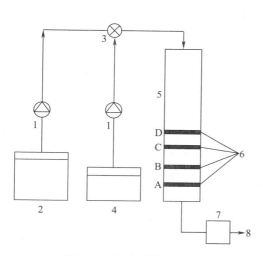

图8-8　柱色谱分离工艺

1—泵　2—流动相　3—三通阀　4—料液　5—色谱柱

6—柱内色谱带　7—检测器　8—收集器

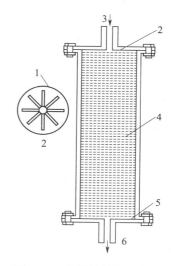

图8-9　色谱柱结构示意图

1—流道　2—分配板

3—流动相或原料液

4—填料　5—集液板

6—流向检测器或收集器

一般情况下，色谱柱的分离效率与柱长成正比，与柱的直径成反比。因此，色谱柱通常是细长的，一般 $l/d = 20 \sim 30$，柱直径大多为 $2 \sim 15\text{cm}$。柱直径大时，样品的负载量增加，但流动很难均匀，分离效果差；柱直径小时，进样量少，装柱困难。色谱柱的装填好坏，直接影响分离效果。装柱时，要采取适宜的方法，确保装填均匀。

3. 检测器与流分收集装置

检测器的作用是检测柱底出口处液体中各组分的浓度变化，可以据此了解样品中各组分的分离情况。根据组分的物理化学特性，如紫外吸收性、荧光变化、电导率、旋光性及可见光光密度等，选择适当的在线检测仪器。

流分收集器将柱底部流出的液体，每次按照一定量分别收集，其常用的定量方式有滴数式、容量式、质量式等若干种。

4. 控制器

控制器是指为了对整个色谱分离过程进行严格的监控，而对色谱系统配置的计算机控制系统。可与检测器及进样流速、进样压力、过程温度等运行情况实时显示、监控并记录。

二、常见的色谱操作

1. 凝胶过滤色谱

（1）凝胶过滤色谱原理　凝胶过滤色谱（简称 GFC）是利用凝胶粒子为固定相，根据料液中溶质相对分子质量的差别进行分离的液相色谱方法，又称分子筛色谱、体积排阻色谱，其原理如图 8-10 所示。凝胶粒子是由有机高分子之间相互交联形成的网状结构，含有大量的微孔，且具有一定孔径分布，可允许小分子物质进入。将凝胶粒子装填成一定高度的色谱柱，使含有多种溶质组分的料液流经凝胶柱层。料液中相对分子质量较大的组分，因其分子质量较大，不能进入到凝胶粒子微孔中，从凝胶粒子之间的空隙中流过，这样流出的洗脱液体积为色谱柱的空隙体积；料液中相对分子质量较小的组分，因其分子较小而进入到凝胶粒子的所有微孔中，其洗脱体积接近于色谱柱的柱体积；而相对分子质量介于前述两组分之间的溶质组分，其洗脱体积介于空隙体积和柱体积之间，依据相对分子质量的大小顺序洗脱（相对分子质量大的先被洗脱下来）。最后，先流出的洗脱液中含有最大分子的物质，后流出的洗脱液中含有最小分子的物质，如果按流出的时间分段收集，则可以分别获得含有各种相对分子质量大小的洗脱液。

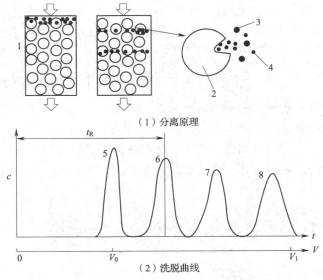

（1）分离原理

（2）洗脱曲线

图 8-10　凝胶过滤色谱的分离原理及洗脱曲线

1—色谱柱　2—凝胶粒子　3—大分子　4—小分子　5~8—各组分的洗脱峰

　　凝胶过滤色谱的分配系数只与溶质组分的相对分子质量、分子形状和凝胶结构（孔径分布）有关，与洗脱液 pH、离子强度等无关，即在一般的色谱操作条件下，相对分子质量一定的溶质组分的分配系数为常数，可采用组成一定的洗脱液进行洗脱，这种洗脱方法也称为恒定洗脱法。

　　（2）凝胶过滤色谱操作　包括凝胶处理、装柱、上样洗脱、凝胶的再生和保养几个方面。

　　① 凝胶处理：常用的葡聚糖凝胶和聚丙烯酰胺凝胶，多是以干品出售的，使用前必须先溶胀。通常是浸泡在洗脱液中慢慢搅拌。用于浸泡干凝胶的洗脱液必须具有一定的离子强度，否则凝胶粒子中的羧基不能被完全屏蔽，凝胶粒子具有离子交换性质，从而改变溶质的分配系数；另外，搅拌时应轻柔缓慢，避免凝胶粒子损坏。加热可加速溶胀。溶胀必须要完全，否则会影响色谱柱的均一性。溶胀时搅拌可能会产生很细微的颗粒，必须将其除去，否则会严重降低柱的流速。琼脂糖凝胶是以浓悬浮液的形式出售，不需要溶胀。

　　② 装柱：应选择 L/D 比值（高径比）适宜的柱子。比值大可提高色谱柱的分辨率，但影响流速。装柱前，色谱柱的底部先放玻璃棉、细孔玻璃板等可拆卸的支持物；装柱时，应使凝胶粒子悬浮于洗脱液中，搅拌下缓慢加入柱中，让凝胶粒子自然沉积到所需的高度为止。柱层应装填均匀，不能开裂或有气泡，不宜过高并且要适度紧密（装填过高、过密会因柱底较大压力而使得凝胶粒子被挤压变形，使洗脱液流速过慢）。

　　③ 上样洗脱：柱层装好后，关闭柱层底部液体流出口，在柱层上加样。加样体积不能过多，通常小于柱体积的 5%。加样时，要防止扰动凝胶柱层的表面，所以常用滴管贴柱壁轻轻注入。加样后打开柱层底部出液口，使样品液渗入凝胶柱层。注意此时应防止凝胶柱层表面干燥，应及时通入洗脱液，保持恒速洗脱。

　　非水溶性溶质的洗脱采用有机溶剂（如苯、丙酮、乙醇、甲醇、二氯甲烷、石油醚、乙酸乙酯、正己烷等），水溶性溶质的洗脱一般采用具有不同离子强度和 pH 的缓冲液。pH 的影响与被分离组分的酸碱性有关，在酸性 pH 时碱性组分易于洗脱；在碱性 pH 时酸性组分易于洗脱；多糖类组分的洗脱以水为最佳，有时为了使样品溶解度增加而使用含盐洗脱液。

　　④ 凝胶的再生和保养：理论上凝胶本身不与溶质发生作用，所以色谱分离后无需进行凝胶的再生处理。但实际操作时，凝胶常有一定的污染，需要做适当的处理。交联葡聚糖凝胶柱可用 0.2mol/L NaOH 和 0.5mol/L NaCl 混合液浸泡处理，聚丙烯酰胺凝胶和琼脂糖凝胶则常用 0.5mol/L NaCl 浸泡处理。

　　凝胶柱层长时间不用时，应湿态保存，并完全除去凝胶粒子上的磷酸根离子和所有底物，真空或低温下保存。为抑制微生物在凝胶层内的生长，还需要加入适当的抑菌剂，如 0.02% 叠氮钠、0.01% ~ 0.02% 三氯丁醇、0.005% ~ 0.01%

乙基汞硫代水杨酸钠、苯基汞代盐（苯基汞代乙酸盐、硝酸盐、硼酸盐，0.001% ～0.01%）。

（3）凝胶过滤介质　凝胶粒子也称为凝胶过滤介质，因其良好的亲水性、表面惰性、稳定性及一定的孔径分布和机械强度，常用于蛋白质等生物大分子的分级分离和除盐。其实，早在1940年，人们就发现了凝胶的立体排阻作用，但在葡聚糖凝胶（商品名Sephadex）被发现之后，凝胶过滤才真正展开应用。目前，常用的凝胶过滤介质有以下几种：

① 交联葡聚糖凝胶：由葡聚糖（右旋糖酐）与其他交联剂交联而成，有两大类商品：Sephadex 和 Sephacryl。Sephadex 是葡聚糖与环氧氯丙烷的交联物，环氧氯丙烷用量越大，交联程度越高，凝胶网状结构越紧密，吸水量越小，常按交联度大小分成 G10～G200 等多种型号，可在 pH2～10 下稳定工作，可煮沸消毒，强酸溶液和氧化剂会使其交联的糖苷键水解断裂；Sephacryl 是葡聚糖与亚甲基双丙烯酰胺的交联物，稳定工作的 pH 为 3～11，化学和机械稳定性高于 Sephadex，能耐较高流速和高温，很少发生溶解或降解，可使用各种去污剂、胍、脲等作为洗脱剂，常用于多种蛋白质、蛋白多糖、质粒甚至较大的病毒颗粒的分离。

② 琼脂糖凝胶：这种凝胶依靠糖链之间的次级键来维持网状结构，琼脂糖的浓度越大，网状结构就越紧密；其机械强度低，不能耐高温，但可以用化学法灭菌处理，在 pH4～9 的盐溶液中可以使用。常见的商品种类有 Sepharose、Bio－Gel－A 等，如 Sepharose CL 是由环氧氯丙烷交联制备的琼脂糖凝胶，机械强度较普通 Sepharose 高。琼脂糖凝胶经化学修饰后主要用于离子交换色谱、亲和色谱的载体。

③ 聚丙烯酰胺凝胶：这是以丙烯酰胺为单位，由亚甲基双丙烯酰胺交联而成，其商品名是 Bio－Gel P，主要有 Bio－Gel P－2～300 等 10 种，后面的数字越大，可分离的分子质量也就越大。这种凝胶具有很好的亲水性，基本上不带电荷，吸附效应小，不易生长微生物，在水溶液、一般的有机溶液、盐溶液及 1～10 的 pH 下均比较稳定，在较强碱性条件下或较高的温度下容易分解。

④ 聚苯乙烯凝胶：其商品为 Styrogel，具有大网孔结构，可用于分离相对分子质量 1600～40000000 的生物大分子，适用于有机多聚物分子质量的测定和脂溶性天然物的分级，机械强度好。

此外，也可以在凝胶主体上加入其他交换基团，如磺酸基（Se－Sephadex）、羧甲基（CM－Sephadex）、二乙基胺基乙基（DEAE－Sephadex－A50）等，这些物质既有分子筛效应，又具有一定的交换性能。

凝胶过滤色谱最先是作为牛痘苗的精制方法在工业上得到应用。例如，将破伤风和白喉培养液通过装有 Sephadex G100 的色谱柱，再用 Sephadex G200 的柱处理，最后再用压力渗析法去除洗脱液中的缓冲剂（Na_2HPO_4），即可得到痘苗产品。

现在，凝胶过滤色谱法已得到广泛应用，可用于相对分子质量从几百到10^6数量级的物质分离、纯化与分析，也可用于制水中的脱除热原、去除低分子生物制剂中抗原性杂质。例如，去除青霉素制剂（6–氨基青霉烷酸、苄青霉素、氨苄青霉素、苯氧乙基青霉素、二甲氧苯青霉素等）中引起过敏的蛋白质杂质，得到高纯度的制剂产品。

利用凝胶过滤色谱中溶质的分配系数在分级范围内与溶质相对分子质量的对数呈线性关系的特点，可用来进行物质分子质量的测定。例如，先用标准蛋白质如细胞色素 C（12500，指相对分子质量，下同）、肌红蛋白（16900）、胰凝乳蛋白酶（23200）、卵白蛋白（45000）和血红蛋白（64500）等分别进行凝胶过滤色谱实验，确定分配系数与相对分子质量的关系式，再通过测定未知物质的洗脱体积（分配系数），就可推算其分子质量。这种方法仅对球形分子的测量精度较高，对分子形状为杆状的物质，测量值偏小。

2. 离子交换色谱

（1）离子交换色谱原理　离子交换色谱（简称 IEC）是以离子交换剂为固定相，以适当的溶剂作为流动相，根据荷电溶液与离子交换剂之间的静电相互作用力的不同，用适当的洗脱液实现不同组分的差速迁移，最终实现混合溶质各组分的分离。

[课堂互动]

想一想　离子交换色谱操作与离子交换吸附操作有哪些异同点？

离子交换色谱常用合成树脂（多为苯乙烯和二乙烯苯的共聚物）作为离子交换剂的介质，通过在共聚物上键合具有阳离子或阴离子交换特性的活性基团，即可制备相应的离子交换剂。阳离子交换剂上常键合磺酸、磷酸、羧酸等活性基团，如 CM（羧甲基，适用范围 pH >4），P（磷酸基）和 SP（磺丙基）等；阴离子交换剂上则常键合伯胺基、仲胺基、叔胺基、季胺基等活性基团，如 DEAE（二乙胺乙基，通用范围 pH $\leqslant 8.6$），QAE（季铵乙基）等。

（2）离子交换剂的选择　由于离子交换色谱是根据物质所带电荷性质及数量来进行分离的，必须根据被分离物质所带电荷的情况来选择离子交换剂。大多数蛋白质在中性 pH 范围内稳定，等电点在酸性范围内。当流动相 pH 低于等电点时，蛋白质带正电荷，可以同阴离子基团发生离子交换反应，但是多数蛋白质在这样的 pH 范围内是不稳定的。当流动相 pH 高于等电点时，蛋白质带负电荷，可以同阳离子基团发生离子交换反应，此时流动相 pH 在 $6\sim 8$，基本属于蛋白质的稳定范围。所以，在蛋白质的分离纯化过程中，常使用带有阳离子基团的阴离子交换剂。

此外，还应考虑树脂其他方面的因素，如树脂颗粒的大小、树脂内部孔隙大小、扩散速率、树脂容量、反应基团的种类、树脂的寿命等。

（3）离子交换色谱操作　　进行离子交换色谱操作时，应先将离子交换剂用洗脱液处理，使其转变成洗脱液离子的型式；然后将溶解在少量溶剂（通常为洗脱液）中的试样加注到色谱柱的上端；再通入洗脱液进行洗脱，流出液分步收集，测定其含量；洗脱结束后用再生剂对离子交换剂进行再生；同时，根据检测结果，分段合并各步收集液，进行浓缩提取。离子交换色谱操作很少采用恒定洗脱法，而多采用流动相离子强度线性增大的线性梯度洗脱法，或离子强度逐级增大的逐次洗脱法。

在线性梯度洗脱和逐次洗脱过程中，离子交换色谱柱内溶质区带后部的离子强度高于前部，因此区带后部的移动速度高于前部，溶质在洗脱过程中得到浓缩。凝胶过滤色谱之外的色谱操作多采用线性梯度洗脱或逐次洗脱法，只是流动相组成的变化情况不同。线性梯度洗脱法中，流动相离子强度连续增大，需要特殊的调配浓度梯度的设备；逐次洗脱法则通过切换不同盐浓度的流动相溶液进行洗脱，不需要特殊的梯度设备，操作上较为简便，但由于流动相浓度不是连续变化，容易出现干扰峰和多组分洗脱峰重叠的现象，洗脱操作参数（如盐浓度、体积）的设计较困难。因此，在实际的色谱操作中，如果料液组成未知，一般应先采用线性梯度洗脱法，确定各种组分的分配特性以及色谱操作条件。

选择合适的离子交换剂是离子交换色谱操作的关键。离子交换剂的选择与使用详见"吸附与交换"。溶解样品的初始缓冲液离子强度要低，色谱展开用的洗脱剂离子强度可升高。使用梯度洗脱时，离子强度逐渐增加。阳离子交换剂的洗脱pH 由低到高，阴离子交换剂的洗脱 pH 则由高到低。离子交换剂在初次使用前一般都需要预处理；使用后则需要再生处理。这些操作均可见"吸附与交换。"

离子交换色谱是基于离子交换的原理来分离纯化生物产物的，具有较好的通用性，较广的应用范围，选择性远高于凝胶过滤色谱。但同时，离子交换色谱的操作变量也远多于凝胶过滤色谱，影响分离的因素也非常复杂。这种复杂性一方面给过程设计和规模放大增加了难度，另一方面也给目标产物的选择性高度纯化带来了机遇。小型离子交换色谱的实验数据一般不能直接用作规模（包括柱体积和处理量）放大，必须实施必要的探索性实验。

[能力拓展]

梯度洗脱又称为梯度淋洗或程序洗脱，是指在液相色谱操作中，在同一个分析周期内，按一定程度不断改变流动相的浓度配比，从而使一个复杂样品中性质差异较大的组分达到良好分离的目的。

在这种洗脱操作中，流动相由几种不同极性的溶剂组成。通过改变流动相中各溶剂组成的比例来改变流动相的极性，使得每个流出的组分都有合适的分配系数 K，从而在最短时间内实现最佳分离。其操作的要点在于使洗脱液中溶剂（强极性）比例梯度增加，使样品中的各组分分别保持较为合适的分配系数 K。操作中常使用一个弱极性的溶剂和一个强极性的溶剂。图 8 -11 为一种简易的梯度洗脱装置：两个容器放于同一水平上，两容器连通，图中的 1 盛装高浓度的弱极性溶剂，2 盛装低浓度的强极性溶剂且与洗脱柱相连，当溶液由 2 流入柱中时，1 中的溶液就会自动流入 2 中来补充，经搅拌与 2 中的溶液相混合，这样流入柱中的洗脱液的洗脱能力即成梯度变化。

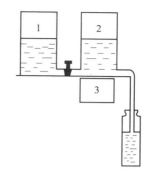

3. 疏水性相互作用色谱

图 8-11 梯度洗脱原理

1—高浓度洗脱液　2—低浓度洗脱液

3—磁力搅拌器

（1）疏水性相互作用色谱的原理这种色谱（简称 HIC）是利用介质表面偶联有疏水性基团（疏水性配基）的吸附剂作为固定相，根据蛋白质与疏水性吸附剂之间的弱疏水性相互作用的差别，来进行蛋白质类生物大分子的分离纯化。亲水性蛋白质的表面均含有一定量的疏水性基团。疏水性氨基酸（如酪氨酸、苯丙氨酸等）含量较多的蛋白质，其疏水性基团多，疏水性大。在水溶液中，蛋白质具有将疏水性基团折叠在分子内部而使其表面显露极性和荷电基团的作用，但仍然会有疏水性基团或极性基团的疏水部位暴露在蛋白质的表面，这部分疏水基团可与亲水性固定相表面偶联的短链烷基、苯基等发生疏水性相互作用，被固定相（疏水性吸附剂）所吸附。

在离子强度较高的盐溶液中，蛋白质表面疏水部位的水化层被破坏，裸露出疏水部位，使得疏水性相互作用增大。因此蛋白质在疏水性吸附剂上的分配系数随着流动相盐浓度的提高而增大，吸附需在高浓度的盐溶液中进行，而洗脱则应采用降低流动相离子强度的线性梯度洗脱法或逐次洗脱法。

（2）疏水性吸附剂　各种凝胶过滤介质经偶联疏水性配基后均可用作疏水性吸附剂。常用的疏水性配基主要有苯基、短链烷基（C3～C8）、烷氨基、聚乙二醇和聚醚等。由于疏水性吸附作用与配基的疏水性（疏水链长度）、配基密度成正比，所以配基密度应与配基的疏水性相关联。一般来说，对于疏水性高的配基来说，其偶联时配基的修饰密度应较疏水性低的配基修饰密度低。配基修饰密度过小，疏水性吸附作用不够，而密度过大则又会造成洗脱困难，通常的修饰密度在 $10～40\mu mol/cm^3$。

关于疏水性吸附剂的偶联请参阅有关的书籍，这里不做讨论。需要指出的是疏水性配基与亲水性固相粒子之间的偶联主要是利用氨基或醚键结合，形成疏水性吸附剂，如图 8-12 所示，其中的 R 表示疏水性配基。图中，（1）的末端氨基以及（1）、（2）的亚氨基显弱碱性，在中性 pH 范围内带正电荷，这类吸附剂除疏水性吸附外，还可能存在静电吸附（离子交换）作用；（3）的吸附剂利用醚键结合，没有引入荷电基团，对蛋白质仅产生疏水性作用。

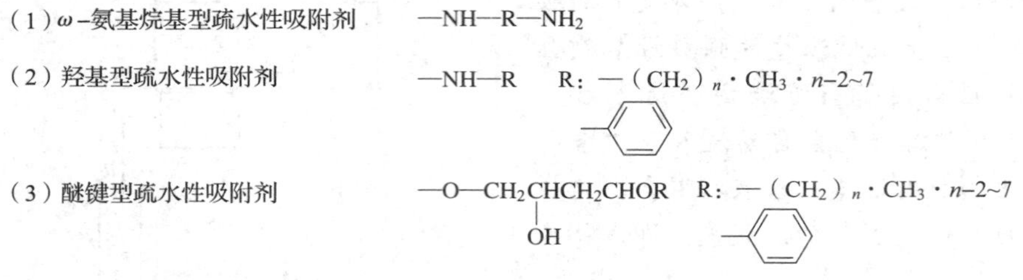

（1）ω–氨基烷基型疏水性吸附剂　　　—NH—R—NH$_2$

（2）羟基型疏水性吸附剂　　　—NH—R　　R：—（CH$_2$）$_n$·CH$_3$·n–2~7

（3）醚键型疏水性吸附剂　　　—O—CH$_2$CHCH$_2$CHOR　R：—（CH$_2$）$_n$·CH$_3$·n–2~7
　　　　　　　　　　　　　　　　　　　|
　　　　　　　　　　　　　　　　　　OH

图 8 – 12　疏水性吸附剂

（3）影响疏水性吸附的因素　蛋白质的荷电性质可定量描述，但其疏水性则比较复杂，除疏水性配基的结构和修饰密度外，流动相组成及操作温度等都会对疏水性吸附的强弱产生重要影响。例如：

① 离子强度及种类：离子强度提高，蛋白质的疏水性吸附作用增大。同盐析作用相同，在高价阴离子存在下，蛋白质的疏水性吸附作用较高。因此，疏水性相互作用色谱主要利用硫酸铵、硫酸钠和氯化钠等盐溶液作为流动相，在略低于盐析点的盐浓度下进料，再逐渐降低流动相离子强度进行洗脱分离。

② 破坏水化作用的物质：SCN$^-$、ClO$_4^-$ 和 I$^-$ 等离子半径较大、电荷密度低的阴离子可减弱水分子之间的相互作用，称为离液离子，这与高价阴离子（如 SO$_4^{2-}$、HPO$_4^{2-}$ 等，称为反离液离子）的盐析作用相反，可减弱疏水性吸附，使得蛋白质易于洗脱。

乙二醇、丙三醇等含羟基的物质也具有影响水化作用、降低蛋白质的疏水性吸附作用，经常用作洗脱促进剂，针对疏水吸附强烈、仅靠降低盐浓度难以洗脱的高疏水性蛋白质的洗脱。

③ 表面活性剂：表面活性剂可与吸附剂和蛋白质的疏水部位结合，从而减弱蛋白质的疏水性吸附。因此，可在难溶于水的膜蛋白质中添加一定量的表面活性剂，促进其溶解，再进行洗脱分离。但应注意表面活性剂的浓度应适当，浓度过小会使膜蛋白不易溶解，浓度过大则会抑制蛋白质的吸附。

④ 温度：吸附通常是放热过程，降低温度有利于吸附的进行。但疏水性吸附与一般的吸附相反，蛋白质疏水部位的失水是吸热过程，温度升高会增大吸附结合作用。

⑤ pH：pH 的变化可能会引起蛋白质疏水性的提高或下降，这种影响比较复杂。

（4）疏水性相互作用色谱的操作　疏水性吸附的操作同其他类型的柱色谱操作相同，包括加样（一般样品溶液中需补加适量的盐）、洗脱（用降低盐浓度的平衡缓冲液洗脱）、再生（除去固定相吸附的杂质）。为了使目的组分能紧密结合在柱上，应选择适当的缓冲液、pH 和离子强度，也要考虑温度因素。采用下列一种或几种方法来有效洗脱目的组分：

① 改换一种具有较低盐析效应的离子。

② 降低离子强度。

③ 减弱洗脱剂的极性，也可加入乙二醇。

④ 用含有表面活性剂的洗脱剂。

⑤ 提高洗脱剂的 pH。

一般来说，疏水性吸附剂的再生可用蒸馏水、乙醇、正丁醇、乙醇、蒸馏水来依次洗涤，用初始缓冲液来平衡吸附剂；也可用 8mol/L 的尿素进行再生，吸附剂经过再生后可反复多次地使用。

疏水性相互作用色谱主要用于蛋白质类生物大分子的分离纯化，可与离子交换色谱互为补充，分离纯化利用 IEC 难以分离的蛋白质。由于疏水性相互作用的机理比较复杂，吸附剂的选择和洗脱分离条件不容易掌握，往往需要事先利用小型预装柱进行吸附与洗脱实验，确定最佳吸附剂和洗脱分离溶剂。

[能力拓展]

纸色谱法又称纸层析法，是一种以纸为载体的色谱法，依据极性相似相溶原理，是以滤纸纤维的结合水为固定相，而以有机溶剂作为流动相。固定相一般为纸纤维上吸附的水分，流动相为不与水相溶的有机溶剂；也可使纸吸留其他物质作为固定相，如缓冲液、甲酰胺等。

纸色谱的原理与操作见图 8 - 13。

由于样品中各物质分配系数不同，因而扩散速度也不相同，从而达到分离的目的。操作时，将试样点在纸条的一端，然后在密闭的槽中用适宜溶剂进行展开。当组分移动一定距离后，各组分移动距离不同，最后形成互相分离的斑点。将纸取出，待溶剂挥发后，用显色剂或其他适宜方法确定斑点位置。根据组分移动距离（R_f 值）与已知样比较，进行定性。用斑点扫描仪或将组分点取下，以溶剂溶出组分，用适宜方法定量（如光度法、比色法等）。通常可用于天然活性产物的成分检验，氨基酸的鉴定及测定，以及一些特定细胞筛查等。

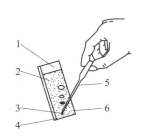

图 8 - 13　纸色谱的原理与操作

1—载玻片　2—固体支持剂　3—原斑点

4—槽中溶剂水平线　5—微量滴管

6—表明原斑点位置的记号

4. 亲和色谱

（1）亲和色谱的原理　许多生物大分子化合物都具有与其结构相对应的专一分子的可逆结合特性，称为亲和力，如蛋白酶与辅酶、抗原与抗体、激素与其受体、核糖核酸与其互补的脱氧核糖核酸等之间，都具有这种特异性的亲和力。依据生物高分子可与相对应的配基进行特异性可逆结合的特点，采用一定技术，把相应的配基固定在载体上使它变成固相，装在层析柱中来提纯其相对应的生物大分子，即目的组分。例如利用固相抗体来提纯其相应的抗原，或利用固相抗原提纯其相对应的抗体；利用固相化的竞争性抑制剂提纯其相对应的酶等。其过程原理如图 8 – 14 所示：把具有亲和力的一对分子的任何一方作为配基，在不伤害其生物功能的情况下，与不溶性载体结合，使之固定化，装柱，再将含有目的组分的料液作为流动相，在有利于固定相配基与目的组分可逆结合的条件下进入色谱柱［图 8 – 14 (1)］；这时，料液中只有能与配基发生可逆结合的目的组分被吸附［图 8 – 14 (2)］，不能结合的杂蛋白则直接流出；经过清洗后，选择适当的洗脱液或者改变洗脱条件进行洗脱，使目的组分与固定相配基解离［图 8 – 14 (3)］，即可将目的组分分离。

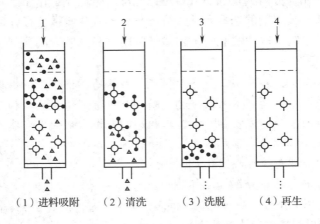

图 8 – 14　亲和色谱分离原理与操作示意

△目的组分　●杂蛋白

1—料液　2—清洗液　3—洗脱液　4—清洗液

一般情况下，需根据目的组分选择合适的亲和配基来修饰固体粒子，以制备所需的固定相。固体粒子称为配基的载体。这种载体应具备以下条件：

① 不溶性的多孔网状结构，渗透性好。

② 物理化学性质稳定，有较高的机械强度，寿命长。

③ 具有亲和性，没有非特异性吸附。

④ 含有可活化的反应基团，有利于亲和配基的固定化。

⑤ 抗微生物和酶的侵蚀。

⑥ 粒径最好均一的球形粒子。

载体与配基的联结方法有多种，在可能的条件下最好用共价偶联法，如有溴化氰法、重氮法、叠氮法和过碘酸氧化法等，常用的载体材料有琼脂糖、纤维素、右旋葡糖、聚丙烯酰胺和多孔玻璃等。目前最常用的是溴化氰琼脂糖和配基上氨基偶联。

（2）亲和色谱的操作　可分为进料吸附、清洗、洗脱和介质再生几个步骤。

吸附操作必须保证吸附介质对目的组分的较高吸附容量，尽可能降低杂质的非特异性吸附。一般杂质的非特异性吸附与其浓度、性质、载体材料、配基固定化方法以及流动相的离子强度、pH 与温度等因素有关。缓冲剂的离子强度应适当，pH 应使配基与目的组分及杂质的静电作用较小。

料液流速是影响分离速度和效果的重要因素。提高流速虽然可以加快分离速度，但会降低柱效。此外，琼脂糖颗粒容易变形，压力过大反而使流速降低。

清洗的目的是洗去介质颗粒内部和颗粒间空隙中的杂质，一般使用与吸附时相同的缓冲液。

目的组分的洗脱方法有特异性洗脱和非特异性洗脱。特异性洗脱剂中含有与亲和配基或目的组分具有亲和结合作用的小分子化合物。通过与亲和配基或目的组分的竞争性结合来洗脱目的组分。非特异性洗脱则是通过调节洗脱液的 pH、离子强度、离子种类或温度等降低目的组分的亲和吸附作用。当亲和作用很大，用通常方法不能洗脱目的组分时，可用尿素或盐酸胍等变性剂溶液使目的组分变性，失去与配基的结合能力，但应注意目的组分变性后能否复性。

洗脱结束后，色谱柱仍然需要继续用洗脱剂洗涤，直到无亲和物质存在为止，再用平衡缓冲液充分平衡色谱柱，以备下次使用。

（3）亲和色谱的应用及特点　亲和色谱专一性好、操作条件温和、过程简单、纯化倍数高，能有效保持生物活性物质的高级结构稳定性，回收率也较高，是一种专门用于分离纯化生物大分子的色谱分离技术。亲和色谱最初是用于蛋白质特别是酶的分离和精制上，后来发展到大规模地应用在酶抑制剂、抗体和干扰素等的分离精制上，以及小规模的核酸、细胞、细胞器和整个细胞的分离纯化中。

在实际操作中，不同的分离机理常同时存在。例如，在硅胶薄层色谱中，同时包含吸附作用和分配作用；在生物大分子的离子交换色谱分离中，有时会包含离子交换作用、吸附作用、分子筛作用和生物亲和作用等机理。此外，离子交换作用和亲和作用也可看作是特殊的吸附作用，因此也可把离子交换色谱和亲和色谱归类于吸附色谱。由此看来，上述分类仅具有相对意义。另外，根据固定相的形状不同，色谱分离技术可分为柱色谱、纸上色谱和薄层色谱三类；根据流动相的物态不同，可分为气相色谱分离、液相色谱分离和超临界色谱分离。

[知识链接]

反相色谱是依据固定相极性的不同而区分的一种色谱分离方法。20 世纪 70 年代以前，液相色谱都是使用亲水性的固定相，对极性化合物具有强亲和力，也称为"正相"（正常）色谱。如果使用非极性物质作为固定相介质，采用极性溶剂作为流动相，根据溶质极性的差别来分离纯化溶质，则称为反相色谱。溶质在反相色谱中的分配系数取决于溶质的疏水性。一般来说，疏水性越大，分配系数就越大。当固定相一定时，也可通过调节流动相的组成来调整溶质的分配系数。流动相极性越大，溶质的分配系数也越大。所以，反相色谱常采用降低流动相极性（水含量）的线性梯度洗脱法。应注意：生物活性大分子在反相色谱分离过程中容易变性失活，必须选用适宜的反相介质。

项目三　电泳分离技术

在直流电场中，带电粒子向极性相反的电极移动的现象称为电泳。利用带电粒子在电场中移动速度不同而达到分离的技术称为电泳技术。电泳现象发现于 19 世纪初，但直到 20 世纪 40 年代才开始将这一技术用于分析目的。至 20 世纪 60 ~ 70 年代，随着滤纸、聚丙烯酰胺凝胶等介质相继引入电泳以来，电泳技术得以迅速发展。现今，已有滤纸电泳、醋酸纤维素膜电泳、琼脂糖凝胶电泳、淀粉凝胶电泳、聚丙烯酰胺凝胶电泳等，除用于小分子物质的分离分析外，主要用于蛋白质、核酸、酶，甚至病毒与细胞的研究，并已成为医学检验中常用的技术。

近年来，随着生物技术的发展，电泳技术在生物技术研究和生物技术产品的检测、鉴定、分析、分离上的应用受到高度重视。将电泳原理与其他技术原理相结合，发展了许多新的电泳技术。在生物技术研究和产物分离上广泛应用的主要是区带电泳。

一、电　泳　原　理

将带电荷的供试品（蛋白质、核苷酸等）加注于惰性支持介质中（如纸、醋酸纤维素。琼脂糖凝胶、聚丙烯酰胺凝胶等），在直流电场的作用下，含不同电荷的混合组分粒子按各自的速度分别向极性相反的电极方向移动，使不同的组分分离成狭窄区带，再用适宜的检测方法记录各区带图谱或计算其百分含量，这是电泳的基本原理。

1. 电泳的理论基础

核酸、蛋白质等均是由携带正电荷的氨基、亚氨基、酰胺基等和携带负电荷的羧基、苯酚基、羟基等的两性生物大分子。这些基团所带电荷的性质和数量可随溶液环境（如 pH 和离子强度等）而变化。带正电荷的分子在电场作用下向阴极方向移动，而带负电荷的分子向阳极方向移动。这些分子在电场内迁移时的受力（F）与电场强度（E）和分子的净电荷数（Q）之间呈正比关系。

$$F = QE \qquad (8-3)$$

式中　F——受力，N

　　　Q——净电荷数，C

　　　E——电场强度，V/m

　　分子在电场中运动时还受到一定的阻力，这些阻力与介质黏度（η）、分子半径（r）及分子的移动速度（v）有关。

$$F' = 6\pi r \eta v \tag{8-4}$$

式中　F'——阻力，N

　　　　r——分子半径，m

　　　　η——介质黏度，$\text{N} \cdot \text{s/m}^2$

　　　　v——分子运动速度，m/s

　　当分子在电场中以稳态运动时，其受力与阻力相等，即 $F = F'$，因此有：

$$QE = 6\pi r \eta v \tag{8-5}$$

电泳迁移速率是指在单位电场强度（1V/m）时的泳动速度，即 $u = v/E$，则：

$$u = \frac{Q}{6\pi r \eta} \tag{8-6}$$

　　2. 影响电泳迁移速率的因素

　　电泳速度与电泳迁移速率是两个不同的概念。电泳速度是指单位时间内带电粒子的移动距离（cm/s），而电泳迁移速率是指单位电场强度下的电泳速度 $[\text{cm}^2/(\text{s} \cdot \text{V})]$。两者是密切相关的，电泳速度大，电泳迁移率也越大。影响电泳迁移速率的因素有：

　　（1）样品　被分离样品的净电荷数和电泳速度成正比。带电荷量多，电泳速度快。若被分离组分的带电量相同，则分子质量大的电泳速度慢，分子质量小的电泳速度快。分子质量大小与电泳速度成反比。球形分子的电泳速度比纤维状的快。

　　（2）电场强度　电场强度也称电位梯度，指单位长度（cm）支持介质上的电位降。电场强度高，带电粒子的移动速度快。根据电场强度的大小，可将电泳分为两类：常压电泳（2～10V/cm）和高压电泳（20～200V/cm）。常压电泳多用于蛋白质等大分子物质的分离；高压电泳则多用于氨基酸、多肽、核苷酸、糖等电荷量较小的分子物质的分离。

　　电压增大，相应的电流也增大。过大的电流容易产生热效应而使得蛋白质变性，必须伴有散热措施，才能取得较好的分离效果。

　　[课堂互动]

　　想一想　电泳分离操作与空气净化中的静电除尘操作在原理上有没有共同的特点？

　　（3）缓冲液　缓冲液能使电泳支持介质保持稳定的 pH，并通过其组成和浓度等因素影响着样品组分的迁移速率。

　　① pH：溶液 pH 决定物质的解离程度，即该物质带净电荷的多少。对蛋白质、氨基酸等两性电解质而言，缓冲液 pH 距离等电点越远，所带电荷数就越多，电泳速度也就越快。电泳时，应根据样品的性质，选择合适 pH 的缓冲液。一般常用的电泳缓冲液 pH 范围在 4.5～9.0。

② 组成：通常采用的是甲酸盐、乙酸盐、柠檬酸盐、磷酸盐、巴比妥盐和三羟甲基氨基甲烷 – EDTA 缓冲液等。对缓冲液的要求是物质性能稳定、不容易电解。

③ 浓度：缓冲液的浓度可用摩尔浓度或离子强度表示。浓度低，电泳速度快，但分离区带不清晰；浓度高，电泳速度慢，但分离区带清晰。浓度过低，则缓冲液的缓冲量小，难以维持 pH 的恒定；浓度过高，又降低了粒子的带电量而使电泳速度过慢。最适的缓冲液浓度一般为 0.02 ~ 0.2mol/L。

（4）支持介质　用于电泳的支持介质应该是惰性材料，不与被分离样品或缓冲液发生化学反应，并且应具有一定的坚韧度，不易断裂、容易保存。各种介质内部的精细结构对于被分离样品的移动速度有很大影响，所以对支持介质的选择应取决于被分离样品的类型。

① 吸附：支持介质的表面对被分离样品具有吸附作用，使样品滞留而降低电泳速度，会出现样品的拖尾现象。

② 电渗：电场中液体对固体的相对移动称为电渗，这是由缓冲液的水分子与支持介质表面之间电性吸引所造成的。水是极性分子，如滤纸中含有的羟基使其表面带负电荷，而与其接触的水溶液则显示出正电荷，在电场作用下，水溶液将向负极移动。电渗现象与电泳现象同时存在，所以电泳时分离物质电泳速度也受电渗现象的影响。应尽可能选择低电渗作用的支持介质，以减少电渗的影响。

③ 分子筛效应：有些介质如聚丙烯酰胺凝胶是多孔性的，带电粒子在多孔介质的泳动时受到多孔介质孔径的影响。一般来说，大分子在泳动过程中受到的阻力大，小分子在泳动过程中受到的阻力小，有利于目的组分的分离。

（5）温度　电泳时电流通过支持介质可以产生热量。按照焦耳定律，电流通过导体时的产热与电流强度的平方、导体电阻和通电时间成正比（$Q = I^2Rt$）。产热对电泳来说是不利的，热量可促进支持介质上溶剂的蒸发，从而影响缓冲液的离子强度。通常对于高压电泳，需设置冷却系统，以防样品在电泳时变性。

二、电泳分类与操作

1. 电泳技术的分类

按照电泳原理不同，电泳可分为区带电泳、移界电泳、等速电泳和等电聚焦电泳。

区带电泳是当前应用最广泛的电泳技术。这是采用半固体或胶状介质作为支持介质，样品加入支持介质后再施加电场，使带电粒子在支持介质上或支持介质内迁移，在电泳过程中，不同的粒子在均一的缓冲液系统中分离成独立的区带。

按支持介质性质的不同，区带电泳又可分为无载体电泳和载体电泳。区带电泳一般分类如图 8 – 15 所示。

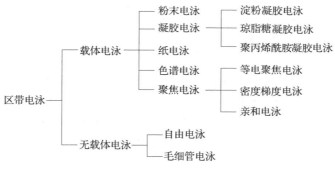

图 8 - 15　区带电泳的分类

按有无固体支持介质，还可分为在溶液中的自由电泳和有固体支持介质的支持物电泳。自由电泳又包括有显微电泳（也称细胞电泳，在显微镜下对细胞或细菌的电泳）、移界电泳（在两种或两种以上的介质进行的电泳）、柱电泳（在色谱柱中进行的，可利用密度梯度的差别使分离的区带不再混合的电泳）。支持物电泳是目前应用最多的。根据支持物的特点又可分为无阻滞支持物（如滤纸、醋酸纤维素薄膜、纤维素粉、淀粉、玻璃粉、聚丙烯酰胺粉和凝胶颗粒等）、高密度凝胶（如淀粉凝胶、聚丙烯酰胺凝胶、琼脂或琼脂糖凝胶等）。

2. 几种典型的电泳技术

（1）醋酸纤维素薄膜电泳　醋酸纤维素是粗纤维素的羟基乙酰化形成的纤维素醋酸酯，由该物质制成的薄膜称为醋酸纤维素薄膜。这种薄膜对蛋白质样品吸附性小，几乎能完全消除"拖尾"现象，又因为膜的亲水性较小，所容纳的缓冲液少，电泳时电流的大部分由样品传导、分离速度快、电泳时间短、样品用量少，5μg 的蛋白质可得到满意的分离效果。这种电泳特别适合于病理情况下微量异常蛋白的检测。

（2）凝胶电泳　以淀粉胶、琼脂或琼脂糖凝胶、聚丙烯酰胺凝胶等作为支持介质的区带电泳法称为凝胶电泳。其中聚丙烯酰胺凝胶电泳（PAGE）普遍用于分离小分子蛋白质及核酸。琼脂糖凝胶的孔径较大，对一般的蛋白质不起分子筛作用，但适用于分离同工酶及其亚型和大分子核酸等，应用较广。

① 琼脂糖凝胶：琼脂糖是由琼脂分离制备的链状多聚糖，主要由琼脂糖和琼脂胶组成。琼脂糖的结构单元是 D - 半乳糖及其衍生物，为不带电荷的中性物质。多个琼脂糖键依氢键及其他力的作用使其互相盘绕形成绳状琼脂糖束，构成大网孔型凝胶。该凝胶适合于免疫复合物、核酸与核蛋白的分离、鉴定及纯化。在临床生化检验中常用于 LDH 等同工酶的检测。

② 聚丙烯酰胺凝胶：聚丙烯酰胺凝胶是由亚甲基双丙烯酰胺交联制备得到的聚合物，具有三维空间网络结构。这种空间结构对不同大小的分子具有筛分效应，可根据已知分子质量的标准蛋白来测得供试样品中的蛋白质分子质量。

③ SDS - 聚丙烯酰胺凝胶：采用聚丙烯酰胺凝胶电泳分离蛋白质混合样品时，由于各蛋白质组分所带的静电荷及分子大小、形状各不相同，多种因素共同作用导致其电泳迁移率互不相同。后来人们发现并证实：如果在聚丙烯酰胺凝胶电泳时加入一定量的十二烷基磺酸钠（SDS），则蛋白质分子的电泳迁移率主要取决于其分子质量的大小，其他因素的影响几乎可以忽略不计；当蛋白质的相对分子质量在 15000 ~ 200000 时，电泳迁移率与分子质量的对数呈线性关系。因此，人们可以采用 SDS - 聚丙烯酰胺凝胶系统做单向电泳，不仅可以根据分子质量大小对蛋白质进行分离，而且可以根据电泳迁移率的大小来测定蛋白质的分子质量。

SDS 是一种阴离子去污剂，在水溶液中以单体和分子团的混合形式存在，能破坏蛋白质分子间以及与其他物质分子间的非共价键，使蛋白质变性而改变原有的分子空间构象。当蛋白质分子与 SDS 充分结合后，所带上的 SDS 负电荷大大超过了蛋白质分子原有的电荷量，掩盖或消除了不同种类蛋白质分子间原有的电荷差异。蛋白质 - SDS 复合物的流体力学和光学性质表明，其在水溶液中的形状类似于长椭圆棒，且不同的蛋白质 - SDS 复合物的椭圆棒的短轴长度是恒定的，约为 1.8nm，长轴的长度则与蛋白质分子质量的大小成正比例变化。这样，蛋白质 - SDS 复合物在 SDS - 聚丙烯酰胺凝胶系统中的电泳迁移率便不再受蛋白质原有电荷和形状等因素的影响，而主要取决于椭圆棒的长轴长度即蛋白质分子质量大小这一因素。

（3）等电聚焦电泳（IEF） 这是 20 世纪 60 年代中期出现的新技术，可以利用有 pH 梯度的介质来分离等电点不同的蛋白质。在 IEF 的电泳中，具有 pH 梯度的介质呈现从阳极到阴极 pH 逐渐增大的分布状态。如前所述，蛋白质分子是典型的两性电解质分子，具有等电点特性，可在大于其等电点的 pH 环境中解离成带负电荷的阴离子，向电场的正极泳动，在小于其等电点的 pH 环境中解离成带正电荷的阳离子，向电场的负极泳动。这种泳动只有在等于其等电点的 pH 环境中，即蛋白质所带的净电荷为零时才能停止。如果在一个有 pH 梯度的环境中，对各种不同等电点的蛋白质混合样品进行电泳，则在电场作用下，不管这些蛋白质分子的原始分布如何，各种蛋白质分子将按照它们各自的等电点大小在 pH 梯度中相对应的位置处进行聚焦，经过一定时间的电泳以后，不同等电点的蛋白质分子便分别聚焦于不同的位置。这种按等电点的大小，生物分子在 pH 梯度的某一相应位置上进行聚焦的行为就称为"等电聚焦"。等电聚焦的特点就在于它利用了一种称为两性电解质载体的物质在电场中构成连续的 pH 梯度，使蛋白质或其他具有两性电解质性质的样品进行聚焦，从而达到分离、测定和鉴定的目的。目前，IEF 已可以分辨 pI 值只差 0.001pH 单位的生物分子，因此特别适合于分离分子质量相近而等电点不同的蛋白质组分。

两性电解质载体，实际上是许多异构和同系物的混合物，由一系列多羧基多氨基脂肪族化合物组成，分子质量在 300~1000，在直流电场的作用下，能形成一个从正极到负极的 pH 逐渐升高的平滑连续的 pH 梯度。若不同 pH 的两性电解质的含量与 pI 值的分布越均匀，则 pH 梯度的线性就越好。理想的两性电解质载体应在 pI 附近有足够的缓冲能力及电导性，前者保证 pH 梯度的稳定，后者可允许一定的电流通过。不同 pI 的两性电解质应有相似的电导系数从而使整个体系的电导性均匀。两性电解质的分子质量要小，易于应用分子筛或透析方法将其与被分离的高分子物质分开，但不应与被分离物质发生反应或使之变性。常用的 pH 梯度支持介质有聚丙烯酰胺凝胶、琼脂糖凝胶、葡聚糖凝胶等，其中聚丙烯酰胺凝胶最常应用。

（4）毛细管电泳　又称为高效毛细管电泳（HPCE），指以弹性石英毛细管为分离通道，以高压直流电场为驱动力，依据样品中各组分在单位电场强度下迁移速度或分配行为的差异而实现分离的一种分析方法。这是经典电泳技术与现代微柱分离相结合的产物，是分析化学中继高效液相色谱法之后的又一个重大发展，使分析化学从微升（μL）水平进入到纳升（nL）水平，并使得单细胞乃至单分子的分析成为可能，广泛应用于肽、核酸、病毒、水溶性维生素的分离与鉴别。

3. 电泳的操作

采用不同的电泳技术进行分离或分析样品的操作，所需要的材料和试剂也有所不同。目前，电泳技术是分子生物学研究工作中不可缺少的重要分析手段，主要是应用于实验分析与研究领域，属于实验操作技术。这里以凝胶电泳为例，介绍电泳操作的一般性过程。其操作过程一般包括：制胶、加样、电泳、固定与染色、脱色、检测几个步骤，通常需要电泳仪（提供稳定的电场）、缓冲液槽（固定支持介质和提供电泳场所）、极板（含正负电极），以及制备凝胶用的灌胶架、制胶框、玻璃板等（图 8-16）。

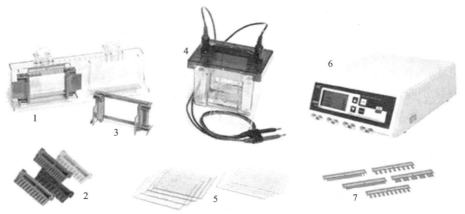

图 8-16　典型的电泳装置组成

1—灌胶架　2—上样托架　3—制胶框　4—电泳槽

5—玻璃板（厚、薄）　6—电泳仪　7—电泳梳

（1）制胶 用于垂直平板电泳的凝胶通常被灌注在垂直放置的两侧有隔片的两块玻璃板之间，凝胶溶液从顶部灌注。灌胶完成后从顶部插入梳子，形成加样口。在垂直电泳装置上可以进行连续或不连续电泳，其差别在于制胶方法不同。

连续电泳仅有分离胶，并且整个电泳使用相同的缓冲液，灌胶极为方便。不连续电泳是将浓缩胶（非排阻性大孔凝胶）加在分离胶上，使用不同的缓冲液，因而需要分别灌注分离胶和浓缩胶。首先，按配方在模具中灌注分离胶，然后在分离胶的表面加一层水（或水饱和的异丙醇/正丁醇），封住胶面，以促进聚合并使凝胶表面平直。凝胶在 30～40℃下放置 40～60min 后，可以看到一个界面，表示凝胶已聚合。吸掉水，用浓缩胶缓冲液淋洗凝胶，然后灌注浓缩胶，并插入与模具大小相同、与凝胶厚度相当的梳子。为防止渗入气泡，梳子应倾斜插入。然后让模具再静置于 30～40℃下聚合 40～60min。如灌注线性梯度胶，则在灌注分离胶时需要用梯度混合器。

对于水平电泳，其制胶方法与垂直电泳基本相同。对于不连续凝胶水平电泳，制胶时也采用垂直灌注，但存在以下区别：

① 垂直电泳的凝胶是在顶端用梳子形成加样孔，水平电泳则在凝胶聚合后在胶面上加样或做加样孔。

② 垂直电泳必须先灌注分离胶，后灌注浓缩胶，以便插入梳子；水平电泳用的凝胶是平铺在冷却板上，可先灌注浓缩胶，后灌注分离胶，且浓缩胶中需加入甘油，不需等待聚合。浓缩胶中的甘油可使加样孔中保有一定的水，对样品的高盐浓度不敏感，甚至可免去电泳前的透析。

③ 垂直电泳是先灌注分离胶，底部的胶浓度最大；水平电泳是后灌注分离胶，顶部的凝胶浓度大。

④ 垂直电泳制胶后不需要取胶，仍将胶置于玻璃板中电泳；水平电泳需要将聚合后的凝胶从灌胶模具中取出，平铺于冷却板上进行电泳，冷却效果好。

（2）加样 加样应注意以下几个方面的要求：

① 选择合适的样品缓冲液：一般来说，聚丙烯酰胺凝胶电泳的样品不需要做特殊处理，但应注意选择 pH 和离子强度合适的样品缓冲液，以保证样品的溶解性、稳定性和生物活性，通常使用与缓冲系统相同的 pH，但离子强度不宜过大。如果样品需要特殊的稳定剂、保护剂等，应注意其对电泳的影响。为了观察电泳前沿，在样品缓冲液中应加入有色指示剂，阳极电泳常用溴酚蓝，阴极电泳常用焦宁。

对于粉末样品，则应先用缓冲液溶解成合适浓度。对于高盐浓度的样品溶液，应先脱盐，再用低离子强度的缓冲液平衡，使离子强度符合样品缓冲液的要求。对于不易溶解的样品，可用尿素或非离子去污剂如 Triton X-100、十二烷基磺酸钠、尿素、有机溶剂等助溶剂。配制好的样品最好在高速离心机上离心 3～

5min，取上清液加样，以免电泳时产生拖尾现象。

②制备标准蛋白：如果需要测定分子质量，则必须准备标准蛋白样品。市售的标准蛋白多是由一系列纯化的不同分子质量的混合蛋白，彼此间不会发生相互作用，且有良好的线性关系。标准蛋白也可以自己制备，选择 5~7 种合适分子质量范围的蛋白溶解在样品缓冲液中，分装后，保存于 −20℃。

③选择加样浓度：加样浓度取决于样品的组成、分析目的和检测方法。对未知样品可先做一个蛋白稀释系列（如 0.1~20mg/mL），找到最佳的加样浓度。如用考马斯亮蓝染色，可用 1~2mg/mL 的蛋白样品，银染色所用的加样浓度可比考马斯亮蓝染色低 20~100 倍。

④加样要求：对于垂直电泳，加样前应轻轻将电泳梳倾斜拔出，用电极缓冲液淋洗加样孔，吸出，再加适量的电极缓冲液，然后用微量注射器小心将样品加成一条细窄带（特别是连续电泳），否则将影响电泳分辨率。如果没有足够数量的样品，应在加样孔中加样品缓冲液，不要留有空穴，以防止电泳时邻近带的扩展。对于水平电泳，可以在胶面上或加样孔中加样，或用滤纸块加样。在胶面上加样时，应注意加样量与加样间距，一般情况下加样量不超过 3μL，加样间距大于 1cm 时才可加 5μL。连续电泳时的加样应呈细窄带。阳极电泳的样品加在阴极侧，阴极电泳的样品加在阳极侧。

（3）电泳　根据凝胶板在电场中的放置方式，可分为垂直电泳和水平电泳。

①垂直电泳：在这种电泳方式中，凝胶板垂直放置，夹在两块玻璃平板中。先将电泳槽的下槽放入电极缓冲液，再将聚合好的凝胶板和玻璃板一起放入电泳槽，在上槽中注入电极缓冲液，打开冷却系统，接通电源。通常起始电压为 70~80V，电流大小与凝胶厚度、大小和样品数有关，一般可设置为 20~30mA。电泳过程中应记录电压、电流的变化。电泳时间取决于凝胶孔径，特别是缓冲液和电参数的选择，通常需要 2~6h。待指示剂（如溴酚蓝）前沿达到电泳槽底部时，切断电源，关闭冷却系统，取出凝胶，准备染色。

②水平电泳：在这种电泳方式中，凝胶板水平放置于冷却板上。先将电极缓冲液加在电泳槽两侧的缓冲液槽中，开冷却系统。冷却板上铺一层液体石蜡，再铺凝胶（注意：凝胶与冷却板之间不能有气泡，以利于散热）。电极与凝胶之间用 8~10 层浸泡有电极缓冲液的滤纸电极芯连接，称为滤纸桥。滤纸桥与凝胶板的搭接至少应重叠 10mm 以上，且搭接边缘必须与凝胶板保持严格的平行（以便使电泳区带平直），滤纸桥的另一端悬在电极缓冲液中（图 8−17）。打开电源，进行预电泳。预电泳的时间一般为 20min，过长则会产生电解物质。样品直接滴加在凝胶板表面或加样孔中，也可滴加在有合适孔径的滤纸桥上搭接处。加样后，先进行 5~10min 的低电压、低电流电泳（一般为原电压和电流的 1/5~1/2），使蛋白质分子顺利进入凝胶。待指示剂（如溴酚蓝）前沿接近电极（阳极或阴极）时，切断电源，关闭冷却系统，取出凝胶，准备染色。

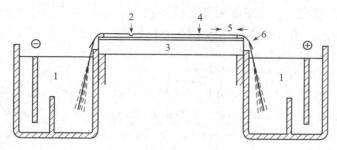

图 8-17　水平电泳装置组成

1—电极缓冲液　2—加样孔　3—冷却板　4—凝胶板　5—搭接长度（12mm）　6—滤纸桥

（4）固定与染色　为防止凝胶内已分离成分的扩散，有时在电泳后还需要进行固定。去除的凝胶只要浸泡在7%乙酸或12.5%三氯乙酸的水溶液中几分钟，即可达到蛋白带固定的效果。也可以浸泡在用7%乙酸或12.5%三氯乙酸配制的染色液中，同时进行固定和染色。如果用聚丙烯酰胺凝胶电泳分离同工酶，为了让酶带上进行某种显色反应，往往是先显色后固定。

电泳后蛋白质区带的检测，有多种不同的方法，最常用的是用染料和生物大分子结合成有色复合物。因此，选用的染料应考虑以下要求：

① 必须与大分子结合以形成一个不溶性、有色的紧密复合物，但不会结合到凝胶中和支持膜上，容易从凝胶中除去，不会产生影响蛋白带辨别和定量扫描。

② 必须容易溶解在对大分子没有影响的溶剂中，有利于背景的脱色。

③ 选用高吸光系数的染料有利于提高定量测定的灵敏度。

④ 选用能与大分子专一性结合的染料，并在结合后产生不同的颜色，提高检测的选择性。

（5）脱色　蛋白质染色后，需要将凝胶上的背景色脱除，以便于蛋白带的辨别分析。脱色时，先用水洗掉表面染料，然后放在脱色液中浸洗，常用的脱色液有7%乙酸、甲醇-水-乙酸溶液等。脱色过程中应经常更换新溶液，直到染料洗出、背景接近无色为止。氨基黑染色的脱色时间较长；考马斯亮蓝染料易于脱色。也可以采用电泳脱色方法来短时间得出结果，即在玻璃或有机玻璃槽中盛有7%的乙酸溶液，已染色的胶放置在槽中间，两边加铂金电极，并通直流电，通常在30~40V电压、0.5A电流下1~2h即可脱色完毕。

（6）检测　可将各个样品的色带如实描绘下来，根据色带的宽窄、颜色深浅而分级，再测量相对迁移率（R_f）。相对迁移率可用来表示分离区带的泳动速度。在电泳结束后先在指示剂移动位置（前沿）做一标记（可插一根短铜丝），染色后再量出指示剂移动的距离和蛋白质色带移动的距离。测量时应以蛋白色带的中部位置为准。

R_f = 蛋白质带迁移距离前沿指示剂迁移距离

也可以将凝胶板置于凝胶成像框中，对样品的电泳情况进行定量或定性分析。

常用于蛋白质区带染色的试剂和染色方法见表8－1。

表8－1　　　　　　　　　　常用的蛋白质染色法

方法	固定液	染料	染色时间	脱色
氨基黑10B	甲醇	0.1mol/L NaOH－1% 氨基黑	5min（室温）	5% 乙醇
	7% 乙酸	7% 乙酸－0.5% ~1% 氨基黑	10min（96℃）	7% 乙醇
考马斯亮蓝 R250	20% 磺基水杨酸	0.25% R250 水溶液	5min（室温）	5% 乙醇
	10% 三氯乙酸	10% 三氯乙酸－1% R250，19:1（体积比）	0.5h（室温）	10% 三氯乙酸
	样品中含尿素的在5% 三氯乙酸中固定	5% 磺基水杨酸－1% R250，19:1（体积比）	1h（室温）	90% 甲酸
考马斯亮蓝 G250	6% 乙酸	6% 乙酸－1% G250	10min（室温）	甲醇－水－浓氨 64:36:1
	12.5% 三氯乙酸	12.5% 三氯乙酸－0.1% G250	30min（室温）	
1－苯胺基－8－萘磺酸	2mol/L 盐酸浸几秒钟	pH6.8，0.1mol/L 磷酸盐缓冲液－0.003% 染料	3min	
Ponceau 3R	12.5% 三氯乙酸	0.1mol/L NaOH 中1% 3R	2min（室温）	5% 乙醇
固绿	7% 乙酸	7% 乙酸－1% 固绿	2h（5℃）	7% 乙酸

三、电泳操作实例

下面以琼脂糖凝胶电泳分离 DNA 为例，介绍包括制胶、加样、电泳、染色和检出五个步骤：

1. 制胶

称取琼脂糖粉末，以 pH8.0 的醋酸钠－Tris 缓冲液（0.4mol/L Tris、0.2mol/L 醋酸钠溶液、0.01mol/L EDTA，用冰醋酸调到 pH8.0）配成1% 溶液。琼脂糖难溶，应先煮溶。将制胶模具垂直放置，周围用硅油密封，或用夹子加紧，以免胶液泄漏。溶液从顶部灌注后。灌胶后从顶部插入梳子，以形成加样孔。梳子宽度取决于玻璃板的宽度，梳子的厚度和凝胶的厚度则取决于隔板的厚度。之后，在室温下放置 1~2h，待胶柱呈灰白色半透明状态，即表明已聚合完毕。

2. 加样

轻轻将梳子倾斜拔出，用电极缓冲液淋洗加样孔，吸出；再加适量电极缓冲液。取 0.5μg 左右的样品，例如质粒 DNA 或它的 Eco RI 的酶解液，体积为

50μL 左右，加入 1/4 体积的溴酚蓝 – 甘油指示剂后，用微量注射器小心加样（呈细窄带状）。如果有剩余的加样孔，则应以样品缓冲液填充，不能留有空穴。

3. 电泳

按照说明书先在电泳槽的下槽中装入电极缓冲液。将凝胶连同模具一起移入电泳槽，在上槽中注入电极缓冲液，打开冷却系统，连接电源。一般起始电压为 70 ~ 80V，然后不断升高；起始电流可设置为 20 ~ 30mA，这取决于凝胶厚度、大小和样品数。待指示剂前沿到达电泳槽底部（阳极）时，切断电源，关掉冷却系统，取出凝胶，准备染色。

4. 染色

用菲啶溴红染色液浸泡凝胶 10min，然后倒出染色液，将凝胶移到磨砂玻璃上。

5. 检出

将凝胶板置于紫外灯下，约 3min 后可见到胶板中呈现具有红色荧光的条带，该条带标志着 DNA 的所在位置。

[技能要点]

色谱分离是利用样品中各种组分在固定相与流动相中受到的作用力不同，在固定相上的移动速度产生了很大的差别，从而达到各个组分的完全分离过程。按照分离物质的不同分为气相和液相色谱，按照固定相不同可分为凝胶过滤色谱、亲和色谱、离子交换色谱和疏水性相互作用色谱等色谱。

电泳分离技术是指带电荷的供试品（蛋白质、核苷酸等）在惰性支持介质中（如醋酸纤维素、琼脂糖凝胶、聚丙烯酰胺凝胶等），于电场作用下向其对应的电极方向按各自的速度进行泳动使组分分离成狭窄区带，用适宜的检测方法记录其电泳区带图谱或计算其百分含量的方法。包括醋酸纤维素薄膜电泳、凝胶电泳、等电聚焦电泳等。

[思考与练习]

1. 名词解释

色谱图，洗脱体积，保留体积，分子筛色谱，离子交换色谱，疏水性相互作用色谱，亲和色谱，电泳迁移速率，醋酸纤维薄膜电泳，凝胶电泳，等电聚焦电泳

2. 填空题

（1）在色谱分离中可以用_____来描述某一组分对流动相和_____之间的作用力状况，即在一定温度下，该组分在两相中的分配达到_____时，其在两相中的浓度之比。

（2）样品中所含组分的最少个数等于色谱峰的_____；色谱的保留值是对色谱进行_____定性分析的依据；色谱峰进行定量分析的依据是色谱峰的_____或峰高，而评价色谱柱分离效能的依据则是色谱峰的保留值或_____。

（3）在色谱操作时，固定相_____填充于柱体中，在柱体的_____加入一定量的料液后，连续输入_____，料液中的溶质在流动相和固定相之间产生_____；随着流动相的流动，溶质在两相之间发生多次的_____过程，最终随_____流出固定相层。由于各种溶质组分在固定相中存在着_____的差异，导致其流出的速率不同，分配系数_____的先流出色谱柱，分配系数_____的后流出色谱柱。

（4）电泳的基本原理是：将_____的供试品加注于惰性支持介质中，在支持介质的两端施加_____，使含不同电荷的组分粒子按各自的速度分别向_____的电极方向移动，从而使不同的组分分离成狭窄的_____，再用适宜的_____记录各区带图谱或计算其百分含量。

3．选择题

（1）以下哪种力不是色谱分离的作用力？_____

A　吸附力　　　　B　内摩擦力　　　　C　渗透性　　　　D　离子交换性

（2）色谱操作时从开始进样至出现浓度最大值时所通过的流动相体积称为_____。

A　保留体积　　　B　死体积　　　　C　柱体积　　　　D　峰体积

（3）凝胶过滤色谱操作中，凝胶加入色谱柱之前的正确处理方式是_____。

A　常温下先用水浸泡至完全溶胀后，在轻柔搅拌下加入

B　加热下先用洗脱液浸泡至完全溶胀后，在轻柔搅拌下加入

C　常温下先用洗脱液浸泡至完全溶胀并过滤后，在轻柔搅拌下加入

D　加热下先用洗脱液浸泡至完全溶胀并过滤后，在轻柔搅拌下加入

（4）在 SDS – 聚丙烯酰胺电泳分离蛋白质混合样品时，蛋白质分子的电泳迁移率主要取决于_____。

A　蛋白质的静电荷数　　　　　　B　蛋白质的相对分子质量

C　蛋白质的分子形状　　　　　　D　聚丙烯酰胺凝胶的交联度

4．简答题

（1）请简述疏水性相互作用色谱的工作原理。

（2）亲和色谱分离操作中，应如何选择固定相？

（3）影响电泳迁移率的因素有哪些？

（4）为什么等电聚焦电泳可以分离分子质量相近的不同蛋白质组分？

模块九 蒸 馏

学习目标

[学习要求] 了解蒸馏的基本原理和基本操作，懂得蒸馏分离不同物系的基本原则，理解简单蒸馏、闪蒸和精馏等概念；熟悉精馏操作过程，熟悉板式塔和填料塔结构以及设备流程。

[能力要求] 了解典型蒸馏装置的工作原理，熟悉精馏设备的工作流程与操作。

在生物工程和制药生产过程中，往往会遇到有两个或两个以上组分组成的均相液体混合物料，有的是粗产品与其他物质或溶剂的混合物，有的是两种溶剂的混合物。工艺上需要对粗产品进行纯化，对溶剂等进行回收和提纯，特别是天然活性产物的分离纯化过程。

蒸馏是分离均相物系的常用方法，是最早实现工业化的用以分离互溶液体混合物的典型单元操作，也是迄今为止工业生产过程中应用最广泛、技术最成熟的分离单元操作。它是利用互溶液体混合物中各组分挥发能力的差异（或沸点的差异）来达到分离与提纯目的的单元操作。

项目一 蒸馏的原理

蒸馏是分离均相物系的常用方法，是最早实现工业化的用以分离互溶液体混合物的典型单元操作，也是迄今为止工业生产中应用最广泛、技术最成熟的分离单元操作。

液体具有挥发成为蒸气的性质。液体挥发为蒸气的过程称为气化，而液体被加热至沸点时的气化又称为沸腾。各种液体的挥发性不同，沸点不同，气化程度存在差异。因此，当混合液体气化后，所生成的蒸气组成与原来的液体组成是不同的。蒸气也能够冷凝为液体。同理，混合蒸气的冷凝液组成与原来的蒸气组成也是有差别的。蒸馏就是利用互溶液体混合物中各组分挥发性差异（或沸点差异），通过加热和冷凝来实现各组分之间分离与提纯的一种单元操作。

加热，可以使液体沸点升高。若将混合液体加热使其部分组分达到沸点，则挥发性高的组分，即沸点低的组分（称为易挥发组分或轻组分）在气相中的浓度比在液相中的浓度要高；而挥发性低的组分，即沸点高的组分（称为难挥发组分或重组分）在液相中的浓度比在气相中的浓度要高。举例来说，在容器中将苯和甲苯的混合液加热使之部分气化，由于苯的挥发性比甲苯大（即苯的沸

210

点比甲苯低），气化出来的蒸气中苯的浓度高于其在原来溶液中的浓度。当气液两相达到平衡后，将蒸气抽出并冷凝之，则得到的冷凝液中苯的含量比原来溶液中的要高。而留下的残液中，甲苯的含量要比原来溶液中的高。这样，混合液就得到了初步的分离。如果经过多次的部分气化和部分冷凝，则最终可以在气相中得到较纯的易挥发组分，在液相中得到较纯的难挥发组分，这便是精馏。

一、气液平衡关系——拉乌尔定律

蒸馏是气液两相之间的传质过程。组分在两相中的浓度偏离平衡浓度的程度表示了传质推动力的大小。传质过程以两相达到平衡为极限。所以，溶液的气液平衡是蒸馏分离技术的基本原理和设备工艺设计与计算的理论依据。

根据溶液中分子间作用力的情况，溶液可分为理想溶液和非理想溶液。所谓理想溶液，是指溶液内各组分分子的大小及相互间的作用力彼此相似，当其中一种组分的分子被另一种组分的分子取代时，没有能量的变化或空间结构的改变。换言之，当各组分混合成溶液时，没有热效应及体积的变化。事实上，在实际的溶液体系中，多种液体组分相互混合时，常常会发生不同程度的吸热或放热现象，总体积也会有所变化。为了分析方便，人们引入了理想溶液的概念。对于从理想溶液中所得出的规律、公式做出一些修正，就可以用于实际溶液。

实验证明，理想溶液的气液平衡服从拉乌尔定律。拉乌尔定律是指在一定温度下，混合溶液中各组分的蒸气压之比等于与之平衡的液相中各组分的摩尔分数之比，即：

$$p_A = p_A^0 x_A \tag{9-1}$$
$$p_B = p_B^0 x_B = p_B^0 (1 - x_A) \tag{9-2}$$

式中　p——气液平衡时溶液上方组分的蒸气分压，Pa

　　　p^0——平衡温度下纯组分的饱和蒸气压，Pa

　　　x——气液平衡时溶液中组分的摩尔分数

下标 A 表示易挥发组分，B 表示难挥发组分。

习惯上，常常略去式中的下标，而以 x、y 分别表示易挥发组分在气相和液相中的摩尔分数，以 $(1-x)$ 表示难挥发组分的摩尔分数，以 $(1-y)$ 表示气相中难挥发组分的摩尔分数。

非理想溶液的气液平衡关系可用修正的拉乌尔定律得出，或由实验测定。

二、气液平衡相图

[课堂互动]

想一想　气化、沸腾和蒸发有什么异同？

双组分理想溶液的气液平衡关系可以用相图来直观、清晰地表示出来，而且还能反映蒸馏的影响因素。蒸馏过程中常用的相图为恒压下温度-组成

$(T-x-y)$图和气相 – 液相组成 $(y-x)$ 图。由于蒸馏一般都是在一定的外压下进行，溶液的沸点随组成比例的变化而改变，所以恒压下的温度 – 组成图是分析蒸馏原理的基础。

1. 温度 – 组成 $(T-x-y)$ 图

苯 – 甲苯混合液可视为理想溶液。图 9 – 1 是标准大气压下的苯 – 甲苯混合液的 $(T-x-y)$ 图。图中的上方曲线为 $T-y$ 线，表示混合液的平均温度 T 和平衡时气相组成 y 之间的关系，称为饱和蒸气线。图中下方的曲线为 $T-x$ 线，表示混合液的平均温度 T 和平衡时液相组成 x 之间的关系，称为饱和液体线。这两条线将整个 $T-x-y$ 图分成了三个区域：饱和液体线 $(T-x$ 线）以下区域代表未沸腾的液体，称为液相区；饱和

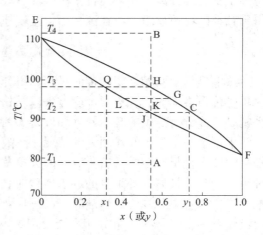

图 9 – 1　苯 – 甲苯混合液的 $T-x-y$ 图

蒸气线 $(T-y$ 线）上方区域代表过热蒸气，称为过热蒸气区；两条曲线之间的区域表示气液两相同时存在，称为气液共存区。

在恒定压力下，将温度为 T_1 组成为 x（图 9 – 1 中的 A 点）的苯 – 甲苯混合液加热，当温度达到 T_2（J 点）时，溶液开始沸腾，产生第一个气泡，此时的温度 T_2 称为泡点，因此饱和液体曲线也称为泡点线，对应的气相组成为 y_1（C点）；同样，若将温度为 T_4 组成为 y（B 点）的过热蒸气冷却，当温度达到 T_3（H 点）时，混合气体开始冷凝，产生第一个液滴，相应的温度 T_3 称为露点，因此饱和蒸气曲线又称为露点线，对应的液相组成为 x_1（Q 点）；当升温使混合液的总组成与温度位于气液共存区（如点 K）时，物系呈气液平衡状态，存在着互成平衡的气液两相，其液相和气相的组成可分别由 L、G 两点的横坐标得到。两相的量可由杠杆规则确定。由图中可见，当气液两相达到平衡时，两相的温度相同，但气相中苯的组分（易挥发组分）的组成大于液相组成。当气液两相组成相同时，气相露点总是大于液相的泡点。

$T-x-y$ 数据通常由实验测得。若溶液为理想溶液，则服从拉乌尔定律。当总压不太高时，可认为气相是理想气体，服从道尔顿分压定律。在以上条件下，可推导出 $T-x-y$ 数据计算式如下：

$$x_A = \frac{p - p_B^0}{p_A^0 - p_B^0} \tag{9-3}$$

$$y_A = \frac{p_A^0 x_A}{p} \tag{9-4}$$

若已知温度 T 和总压 p，由温度 T 查出 p_A^0、p_B^0，就可以求出 x_A、y_A。

2. 气－液相组成（$y-x$）图

图 9-2 表示在一定总压下，苯－甲苯混合液在气液平衡时的气相组成与液相组成之间的对应关系。图中的曲线也称为平衡线，对角线（方程式为 $x=y$）为参考线。对于理想溶液，当达到气液平衡时，气相中的易挥发组分浓度 y 总是大于液相的 x，故其平衡线位于对角线的上方。平衡线越是远离对角线，表示该混合溶液越容易分离。

总压对 $T-x-y$ 关系的影响较大，但对 $y-x$ 关系的影响就比较小，因此在总压

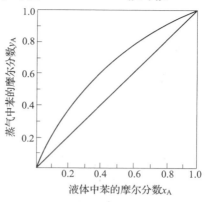

图 9-2 苯－甲苯混合液的 $y-x$ 图

变化不大时，外压对 $y-x$ 关系的影响可忽略。另外，在 $y-x$ 曲线上任何一点所对应的温度均不相同。

三、相对挥发度

除了相图之外，还可以用相对挥发度来表述气液平衡关系。

蒸馏分离混合液体的基本依据就是利用各组分挥发度的差异。通常，纯液体的挥发度是指该液体在一定温度下的饱和蒸气压。混合液体中各组分的挥发度可用其在蒸气中的分压和与之平衡的液相中的摩尔分数之比来表示，即：

$$\upsilon_A = \frac{p_A}{x_A} \tag{9-5}$$

$$\upsilon_B = \frac{p_B}{x_B} \tag{9-6}$$

对于理想溶液来说，由于符合拉乌尔定律，则：

$$\upsilon_A = \frac{p_A^0 x_A}{x_A} = p_A^0 \tag{9-7}$$

$$\upsilon_B = \frac{p_B^0 x_B}{x_B} = p_B^0 \tag{9-8}$$

由于 p_A^0、p_B^0 随着温度变化而改变，在使用时存在诸多不便。为此，人们引入了相对挥发度的概念。溶液中易挥发组分的挥发度与难挥发组分的挥发度之比，称为相对挥发度。

$$\alpha = \frac{\upsilon_A}{\upsilon_B} = \frac{p_A/x_A}{p_B/x_B} \tag{9-9}$$

当操作压力 p 不高时，气相遵循道尔顿分压定律，上式可改写为：

$$\alpha = \frac{p y_A/x_A}{p y_B/x_B} = \frac{y_A/x_A}{y_B/x_B} \tag{9-10}$$

或

$$\frac{y_A}{y_B} = \alpha \frac{x_A}{x_B} \tag{9-11}$$

对于理想溶液，则有

$$\alpha = \frac{p_A^0}{p_B^0} \tag{9-12}$$

式（9-12）表明，理想溶液中组分的相对挥发度等于同温度下两个纯组分的饱和蒸气压之比。由于 p_A^0、p_B^0 均随着温度沿相同方向而变化，两者的比值变化不大。当操作温度不是很大时，可认为 α 近似为一个常数，其值可在该温度范围内任取一个温度，通过式（9-12）求得，或由操作温度的上、下限来计算两个相对挥发度，再取其算术平均值即可。对于双组分溶液，$x_B = 1 - x_A$、$y_B = 1 - y_A$，代入式（9-11）中，整理后可以推导出下式：

$$y = \frac{\alpha x}{1 + (\alpha - 1)x} \tag{9-13}$$

当 α 已知时，式（9-13）中仅剩下了 x、y 两个未知数，即用相对挥发度表示气液平衡关系，所以式（9-13）又称为相平衡方程。

若 $\alpha = 1$，则由式（9-13）可得：$y = x$，即相平衡时，气相的组成与液相的组成相同，不能用普通的蒸馏方法分离。若 $\alpha > 1$，则 $y > x$，α 越大，y 比 x 大得越多，组分 A 和 B 就越容易分离。

[知识链接]

理想溶液中的任一组分在全部浓度范围内都符合拉乌尔定律。从分子模型上讲，各组分分子的大小及作用力彼此相似，当一种组分的分子被另一种组分的分子取代时，没有能量的变化或空间结构的变化。即当各组分混合成溶液时，没有热效应和体积的变化。除了光学异构体的混合物、同位素化合物的混合物、立体异构体的混合物以及紧邻同系物的混合物等可以（或近似地）算作理想溶液外，一般溶液大都不具有理想溶液的性质。

理想溶液在理论上占有重要位置，有关它的平衡性质与规律是多组分体系热力学的基础。实际上，许多溶液在一定的浓度区间的某些性质常表现得很像理想溶液，例如，对稀溶液可用理想溶液的性质与规律做各种近似计算。

理想溶液的热力学性质如下：

（1）理想溶液各组分的蒸气压和蒸气总压都与组成呈线性关系。

（2）理想溶液由于各组成的体积相差不大，而且混合时相互吸引力没有变化，因此混合前后体积不变。

（3）由于理想溶液各组成分子间的相互作用力不变，其混合热等于零。

（4）理想溶液的混合熵只决定于物质的量，与溶液各组成的本性无关。

项目二　蒸馏操作方式

按照不同的区分方法，蒸馏操作可分为多种形式。按照原料供给方式的不同，可分为间歇蒸馏（多用于小规模生产）和连续蒸馏（多用于大规模生产）；按照蒸馏方法的不同，可分为简单蒸馏、平衡蒸馏（闪蒸）、精馏和特殊精馏等；按照操作压强的不同，可分为常压蒸馏、减压（真空）蒸馏；按照原料中所含组分数目的不同，可分为双组分（二元）蒸馏、多组分（多元）蒸馏。

一、简　单　蒸　馏

简单蒸馏是使混合液在加热中逐渐气化、并不断将生成的蒸气移出并进行冷凝而使混合组分部分分离的一种蒸馏方法，又称为微分蒸馏，是间歇式非稳定操作。在简单蒸馏过程中，混合液中的组分只经历了一次部分气化和一次部分冷凝，只能实现混合组分的初步分离。在蒸馏过程中，系统内的温度、气化程度和气、液组成均随着时间而改变。

简单蒸馏为间歇操作过程，其装置流程如图9-3所示。

原料液一次性加到蒸馏釜中，在加热蒸汽的加热下沸腾气化，产生的蒸气由釜顶连续引入冷凝器，得到馏出液产品。此时的釜内处于沸腾气化状态，达到气液平衡状态，即进入溶液 $T-x-y$ 关系中的气液共存区（图9-4中的 C-S 点、N-M 点和 Q-L 点）。由 $T-x-y$ 关系可知，部分气化所形成的蒸气中易挥发组分的含量始终大于剩余在釜内的液相中的含量。若将产生的蒸气引出并完全冷凝，则冷凝液中易挥发组分的含量就等于蒸气中的含量，收集馏出产品（称为馏出液），就可以实现对混合液的初步分离。

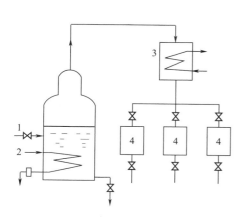

图9-3　简单蒸馏流程

1—原料液　2—加热蒸汽

3—冷凝器　4—接收器

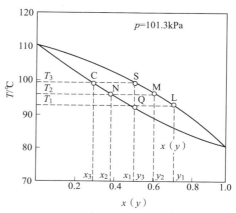

图9-4　简单蒸馏原理

随着蒸馏过程的进行，釜内易挥发组分的含量由初始的 x_1 沿泡点线不断下降，与之平衡的蒸气相组成也随之下降，釜内液体的沸点逐渐升高，相应的馏出液中易挥发组分的含量也随之逐渐下降，因此，通常设置多个收集器分段收集馏出液产品。

当蒸馏进行到馏出液的平均组成或釜液组成降低至某一规定值时（图 9—4 中的 x_3），即停止蒸馏操作，残液一次性排放。

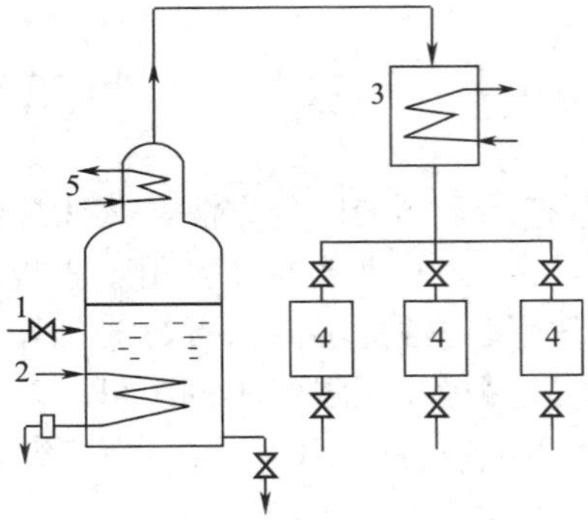

图 9—5　带分凝器的简单蒸馏

1—原料液　2—加热蒸汽　3—冷凝器
4—接收器　5—分凝器

若在上述简单蒸馏流程中的全凝器前增设一部分冷凝器（简称分凝器，图 9—5），让蒸气在进入完全冷凝器前预先经过一次部分冷凝。此处被部分冷凝的物质以难挥发组分居多，故残余蒸气及馏出液中易挥发组分的含量较无分凝器时可进一步提高。

二、平衡蒸馏（闪蒸）

平衡蒸馏，又称为闪蒸，是利用一次或多次部分气化及部分冷凝分离混合液的一种蒸馏操作，其流程如图 9—6 所示。

在加压条件下将混合液加热至沸点，再经节流阀降压后进入闪蒸罐。由于减压，使得闪蒸罐处于过热状态。过热状态为不稳定的状态，将部分气化而使体系温度降低到操作压强下的沸点，得到与液相平衡的蒸气。将产生的蒸气全部冷凝，即可得到易挥发组分含量较高的馏出液产品，而残液中难挥发组分含量相对较高。这样就实现了混合液的分离。由于部分气化过程是在瞬间完成的，故称为"闪蒸"。

若将产生的蒸气冷凝液及罐中残液分别通过不同的节流阀减压后，再送至其他闪蒸罐小部分气化、冷凝，如此反复，最终可获得接近纯态的易挥发组成及难挥发组成。

从上述讨论可看出。无论是简单蒸馏还是平衡蒸馏，若仅利用一次部分气化及部分冷凝，是不可能得到高纯度产品的。若要实现对混合液的高纯度分离，必须采用多次的部分气化及部分冷凝。

因此，可以设想，将上述多个含分凝器的简单蒸馏装置串联以实现高纯度分离的目的，如图 9—7 所示。由图可知，该流程存在设备占地面积大、设备投资高、热量及冷量的利用率低、操作费用高且不便于连续操作等缺陷。

能否在一个设备上实现多次部分气化和部分冷凝呢，回答是肯定的，这就是精馏操作。

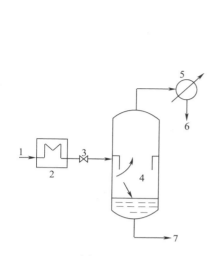

图9-6 平衡蒸馏

1—原料液 2—加热器 3—节流阀

4—闪蒸罐 5—冷凝器

6—顶部产物 7—底部产物

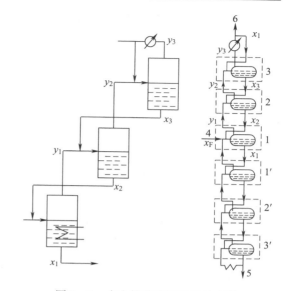

图9-7 多个简单蒸馏装置的串联

1, 2, 3—精馏塔段（得到的气相组成各为

y_1, y_2, y_3, 得到的液相组成各为 x_1, x_2, x_3）

1′, 2′, 3′—提馏塔段 4—原料（易挥发组分为 x_F）

5–塔底产品 6–塔顶产品（易挥发组成为 x_D）

三、精 馏

精馏是在同一设备中利用多次部分气化及部分冷凝，来实现对混合液近乎完全分离的操作。

精馏装置系统的主设备为精馏塔，有板式、填料式两类。板式塔具有便于连续操作、易调控等优点，填料塔较为简单，具有分离效率高、设备费用低、持液量小等优点，但连续调控较为困难，尤其是多组分蒸馏过程产品要求侧线出料时。大规模工业生产中常使用板式塔，称为板式精馏塔，也是本模块讨论的主要对象。

图9-8所示为典型的板式连续精馏装置流程。精馏装置的核心是精馏塔，塔内安装有塔板（塔盘），其作用是提供气液接触进行传热、传质的场所。液体至上而下沿塔板流动，通过设在釜底的加热装置（再沸器）将液体加热部分气化，形成的蒸气自下而上穿越塔板。显然，在精馏塔中，温度是自下而上逐渐下降的。故当蒸气上升至塔板时。由于塔板上的液体温度低于上升蒸气的温度，气、液两相必将通过塔板进行传热和传质：气相在对液相放热的同时携带的难挥发组分部分冷凝，因此继续上升的蒸气中易挥发组分浓度增大；而液相在吸收气相传递热量的同时携带的易挥发组分部分气化，从而离开塔板的液相难挥发组分

浓度增加。应此，气体每经过一层塔板后，其易挥发组分的浓度将增加一次。而液体每经过一块塔板后，其难挥发组分的浓度则增加一次。只要塔内设置的塔板数足够多，则可由塔顶及塔底获得接近纯态的易挥发组分和难挥发组分。

通常，原料液加入的那层塔板称为加料板。在加料板以上的塔段（不包括加料板），气、液两相中易挥发组分的含量均高于料液中的含量，且越往上越高，称为精馏段，起到使原料液中易挥发组分得到浓缩的作用，确保从塔顶可获得高纯度易挥发组分产品（塔顶产品或馏出液）；加料板以下的塔段（包括加料板在内），气、液两相中易挥发组分的含量均低于原料液中的含量，且越

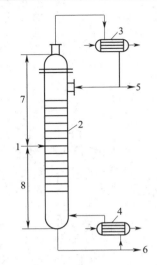

图 9-8　连续精馏示意图
1—原料液　2—精馏塔　3—冷凝器
4—再沸器　5—塔顶产品
6—塔底产品　7—精馏段　8—提馏段

往下越低，称为提馏段，起到使原料液中的易挥发组分得到抽提的作用，确保通过塔底可获得高纯度难挥发组分产品（塔底产品或釜液、残液）。

[课堂互动]

想一想　如果在塔顶用原料液来进行回流，对塔顶产品的纯度会带来什么样的影响？

应该指出，在精馏塔中塔顶产品的（部分）回流是精馏段内气、液两相间传热与传质的基本保障。根据双组分溶液的气液相平衡关系可知，要想获得高纯度塔顶产品就必须使用高纯度液体来与之平衡。所以，回流液不能用原料液替代。回流量的大小将直接关系到塔顶产品的纯度及操作成本的大小。

项目三　蒸馏塔的类型

气液传质设备是蒸馏和吸收的通用设备。此外，气体湿法除尘、气体直接接触冷却或加热等也常使用这类设备。气液传质设备的形式很多，其中用得最多的为塔设备。这类塔设备分为逐级接触式和连续微分接触式两大类。前者的代表是板式塔，后者为填料塔。

一、板　式　塔

板式塔是使用量大、应用范围广的重要气液传质设备。最早的板式塔有泡罩塔和筛板塔。到 20 世纪 50 年代出现了一些生产能力大和分离效果更好的浮阀

塔，具有塔板效率高、操作稳定等优点而得到广泛的应用。20 世纪 60 年代初，结构简单的筛板塔在克服了其自身的某些缺点之后，应用又日益增多。浮阀塔、筛板塔是工业上使用最多的气液传质设备。

塔板是板式塔的核心部件，它决定了一个塔的基本性能。由一块块塔板，按一定的间距安置在一个圆柱形的壳体塔内，构成板式塔，如图 9-9 所示。操作时，气体自下而上通过塔板上的开孔部分与从上一块塔板流下的液体在塔板上接触，进行气液传质。

一块好的塔板，既要能使气液接触良好，又要在气液充分接触后能够很好地分离，使气体向上，液体向下，实现两相间的逆流。在塔板上，气液两相的接触情况视塔板的结构而异。根据塔板上气液两相的相对流动状态，板式塔分为穿流式与溢流式（即错流式）两类（图 9-10）。

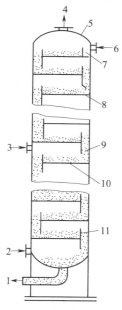

图 9-9　板式塔的结构

1—残液　2—蒸汽　3—原料液
4—蒸气　5—塔体　6—回流液
7—进口堰　8—受液盘　9—降液管
10—塔板　11—出口堰

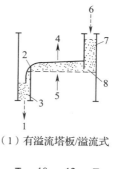

（1）有溢流塔板/溢流式

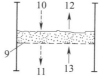

（2）无溢流塔板/穿流式

图 9-10　有溢流和无溢流的塔板

1，6，10，11—液体
2—溢流堰　4，5，12，13—气体
3，7—降液管　8，9—塔板

1. 泡罩塔

泡罩塔是气液传质设备中应用最早的塔型，也是 100 多年来板式塔中用得最广的一种，其典型结构如图 9-11 所示。泡罩塔板上的主要元件为泡罩，分圆形和条形两种，其中圆形泡罩使用较广。泡罩的底部开有齿缝，泡罩安装在升气管上，从下一块塔板上升的气体经升气管从齿缝中吹出与液体接触进行传质。这种塔板操作稳定，弹性大，板效率也比较高；缺点是结构复杂，板压降大，生产强度低，造价高，因此近二三十年来已逐渐被筛板、浮阀塔板等所取代。

2. 浮阀塔板

浮阀塔板是 20 世纪 50 年代起使用的一种新型塔板。它是在泡罩塔和筛板塔的基础上开发的一种新型塔板。它取消了泡罩塔上的升气管与泡罩，改在板上开孔，孔的上方安置了可以上下浮动的阀片。浮阀的形式有多种，有圆形的和长方形的，图 9 - 12 中描述了几种常用浮阀的结构。其中，F1 型浮阀是目前用得最普遍的一种，这种浮阀的结构尺寸已经定型，其阀片可随上升气量的变化而自动调节开度。气量小时，阀门下降，开度减小；气量大时，阀片上升，开度增大。这样可使塔板上开孔部分的气速不至于随气体负荷变化而大幅度地变化，同时气体从阀片下水平吹出，加强了气、液接触。浮阀塔的优点是结构比较简单，操作弹性大，板效率高。浮阀一般按正三角形排列，也可按等边三角形排列。浮阀塔板的开孔率为 5% ~ 15%。

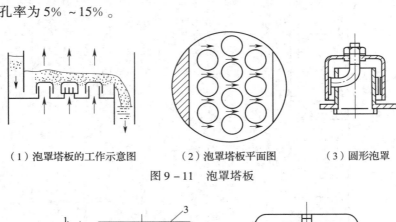

（1）泡罩塔板的工作示意图　　（2）泡罩塔板平面图　　（3）圆形泡罩

图 9 - 11　泡罩塔板

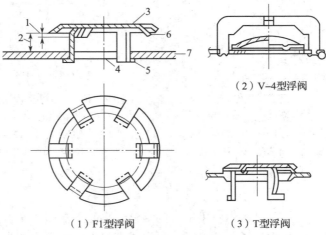

（1）F1型浮阀　　　　　　（3）T型浮阀

图 9 - 12　几种典型的浮阀

1—最小开度 2.5mm　2—最大开度 8.5mm　3—阀片

4—阀孔　5—底脚　6—定距片　7—塔板

3. 舌形塔板

这是 20 世纪 60 年代初提出的一种喷射型塔板，其结构如图 9 – 13 所示。舌形塔板的基本结构部件是板上冲制出的舌孔与舌片，舌片的向上张角多为 18°、20°、25°等，常用的为 20°。舌片尺寸有 50mm × 50mm 和 25mm × 25mm 两种。板上不设溢流堰。操作时，上升的气流沿舌片喷出，气流与塔板上液流方向一致。在液体出口侧，被喷射的流体冲至降液管上方的塔壁再流入降液管。舌形塔板上气液并流。塔板上的液面梯度较小、液层较低，塔板压力降小，处理能力大。舌形塔板的缺点是操作弹性小、板效率较低，因而在使用上受到限制。

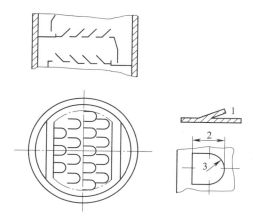

图 9 – 13　径流型舌形塔板
1—舌片张角　2—舌片长度　3—舌片前端半径

[能力拓展]

蒸馏塔的设计应依据原料量及组成、馏出液及组成、操作压力及操作方法等工艺条件，确定塔高、塔径、溢流装置的结构尺寸、塔板板面布置、塔板数校核、绘制负荷性能图等。这里以浮阀塔为例，简要介绍蒸馏塔的设计。

塔高包括有效段（气液接触段）、塔顶及塔釜三个部分。有效段高度由实际板数和板间距决定，板间距大多取经验值，并考虑安装检修的需要；塔顶高度应大于板间距以减少液沫夹带；塔釜高度可由釜液流量和塔径求得。

塔径计算的关键在于确定适宜的空塔速度。所谓空塔速度是指气相通过塔整个截面时的速度。设计时常依据产生严重液沫夹带时的气速来确定，该气速又称为极限空塔速度。

溢流装置包括溢流堰、降液管和受液盘。降液管有圆形和弓形之分，一般采用弓形，可采用单溢流（塔径 <2.2m）或双溢流（塔径 >2.2m）。

溢流堰可保证塔板上有一定高度的液体层，常见的有平直堰和齿形堰。

塔板板面通常分为溢流区、鼓泡区、安定区和无效区。其中鼓泡区为塔板上气液接触的有效区域；安定区在鼓泡和溢流两区域之间，不开孔，以避免气泡夹带并减少漏液量；无效区起支撑塔板的作用。

浮阀塔的操作性能以板上所有浮阀处于刚刚全开时的情况为最好，浮阀的开度取决于气相的速度与密度。阀孔一般采用等边三角形排列。

以上设计需经过流体力学验算后，绘制出塔板性能负荷图，以便明晰精馏塔的操作性能和正常操作所允许的气液负荷波动范围。

二、填 料 塔

填料塔是气液连续接触式塔型，其结构（图9-14）比板式塔简单。填料塔的塔身为直立式圆筒，底部装有支承板，填料乱堆或规则地放置在支承板上。液体从塔顶经分布器淋到填料上，从上向下沿填料表面流下，气体从塔底送入，自下向上连续流过填料的空隙，在填料层中气液两相互相接触进行传质，两相组成沿塔高连续变化。液体在填料层中向下流动时，有向塔壁流动的倾向，因此当填料层较高时常常分成数段，段与段之间加上液体再分布器，使流到塔壁的液体再次流到填料层内。

在填料塔中气液的通过能力、两相接触面的大小、传质速率的快慢等与填料的材质、几何形状有关。为了改善填料塔的操作性能，人们一直致力于发展性能优良的填料。近年来，新型填料的开发以及塔内分布器等附件的改进，使得填料塔的应用范围迅速扩大，甚至出现了塔径达到10m以上的填料精馏塔。

1. 填料的类型

根据堆放方式不同，填料可分为两大类：乱堆填料与整砌填料。乱堆填料由小块状填料如拉西环、鲍尔环、鞍形填料、阶梯环等（图9-15）无规则堆放而成；整砌填料则由规整的填料砌成，或制成规则填料块放置在塔内。填料也可以按材质区分为实体填料和网状填料两类，前者由陶瓷、金属或塑料制成，后者多用金属丝做成。

2. 填料的特性

填料的特性参数主要为尺寸、比表面积与空隙率。填料性能的优劣主要取决于以下几点：

（1）比表面积大 比表面积是指单位体积的填料层所具有的填料表面积，单位 m^2/m^3。在填料塔中，液体是在沿填料表面的流动中与气体接触，被液体润湿的填料表面就是气液两相的接触面，因此比表面积大对传质有利。

（2）空隙率大 指单位体积填料层所具有的空隙体积，单位 m^2/m^3。在填料塔中，气液两相均在填料空隙中流动，空隙率大则阻力降小，气液流通量大。

（3）堆积密度小 指单位体积填料的质量，其单位为 kg/m^3。在机械强度允许的条件下，填料壁尽可能薄，以减小堆积密度 ρ，既增大了空隙率，又降低了成本。

（4）机械强度大、稳定性好 填料要有足够的机械强度与良好的化学稳定性，以防止破碎、变形或腐蚀。

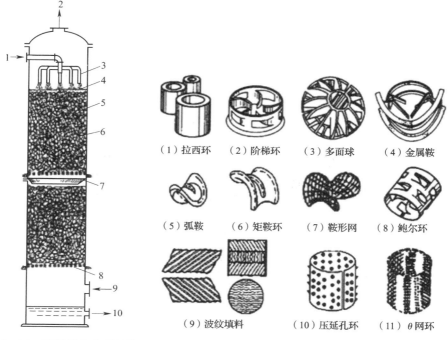

图 9－14　填料塔的典型结构

1—液体进口　2—气体出口

3—液体分布器　4—填料压板

5—塔体　6—乱堆填料

7—液体再分布器

8—填料支撑板

9—气体进口　10—液体出口

图 9－15　常用的填料

（1）拉西环　（2）阶梯环　（3）多面球　（4）金属鞍

（5）弧鞍　（6）矩鞍环　（7）鞍形网　（8）鲍尔环

（9）波纹填料　（10）压延孔环　（11）θ网环

（5）价格便宜。

3. 填料塔的主要附件

填料塔的主要附件包括填料支承装置、液体喷淋装置、液相再分布装置、气体进口装置、出口除沫装置等。这些附件的结构尺寸是否合理，对填料塔的操作有较大影响，设计不好将直接影响整个填料塔的操作和传质分离效果。

（1）支承板　填料支承板是用以支承填料的部件，多用栅板式结构（图9－16）。扁钢之间的距离（栅缝宽）通常取填料外径的 0.6～0.8 倍。也有的采用栅缝宽大于所选填料直径的支撑板，下部先放少量大尺寸的填料，起支承小填料的作用。当栅板结构的支撑板不能满足以上两个要求时，可采用升气管式支承板和条形升气管式支承板，以获得更大的自由截面。

（2）液体分布器　其作用是喷淋液体，使之均匀分布在填料层的整个截面上。分布器直接影响塔内填料表面的利用率。根据塔的大小和填料的类型不同，可以选用适当的液体分布装置。常见的液体分布器见图 9－17。

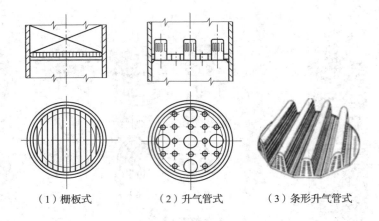

（1）栅板式　　　　（2）升气管式　　　　（3）条形升气管式

图 9 – 16　常用的填料支撑板

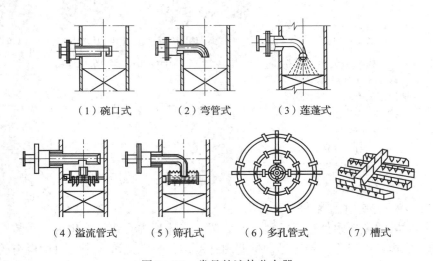

（1）碗口式　　　　（2）弯管式　　　　（3）莲蓬式

（4）溢流管式　　（5）筛孔式　　（6）多孔管式　　（7）槽式

图 9 – 17　常见的液体分布器

项目四　蒸馏过程的控制

　　如前所述，精馏是在同一设备中利用多次部分气化及部分冷凝，来实现对混合液近乎完全分离的操作，是目前工业生产中主要的蒸馏分离操作方式。精馏操作中涉及大量的工艺计算与参数核定，包括馏出液和釜残液的流量、塔板数、进料口位置、塔高、塔径、进料热状况等。这里，仅简单介绍一些精馏操作中的基本概念与现象。

一、理论板与恒摩尔流假定

由于影响精馏过程的因素很多，用数学分析法来进行精馏的计算很繁琐。为简化精馏计算，人们引入了"理论板"的概念和恒摩尔流假定。

1. 理论板的概念

理论板是指离开该塔板的蒸气和液体呈平衡时的塔板，即无论此时塔板上的气液两相组成如何，离开时两相温度相等，气液两相中的组成互成平衡。实际上，由于板上相互接触的气液两相的接触时间和接触面积都是有限的，气液两相难以达到平衡状态，这样的板实际上是不存在的，但可以作为实际板分离效率的依据和标准。在蒸馏塔的设计中，一般是先求得理论板数据后，再通过板效率校正，得到实际板数。

2. 恒摩尔流假定

恒摩尔流是指在精馏塔内，无中间加料或出料的情况下，每层塔板的上升蒸气的摩尔流量均相等（称为恒摩尔气流），下降液体的摩尔流量也相等（称为恒摩尔液流）。也就是说，在中间加料的情况下，精馏段和提馏段内，均存在各自的恒摩尔气流和恒摩尔液流，可表述如下：

精馏段
$$V_1 = V_2 = V_3 = \cdots = V = 常数$$
$$L_1 = L_2 = L_3 = \cdots = L = 常数$$

提馏段
$$V_1' = V_2' = V_3' = \cdots = V' = 常数$$
$$L_1' = L_2' = L_3' = \cdots = L' = 常数$$

式中　V——精馏段任一塔板上升蒸气的流量，kmol/h 或 kmol/s

　　　V'——提馏段任一塔板上升蒸气的流量，kmol/h 或 kmol/s

　　　L——精馏段任一塔板下降液体的流量，kmol/h 或 kmol/s

　　　L'——提馏段任一塔板下降液体的流量，kmol/h 或 kmol/s

注意，V 与 V' 不一定相等，L 与 L' 不一定相等。

二、物料衡算与操作线方程

1. 全塔物料衡算

通过全塔物料衡算，可以求出馏出液和釜残液的流量、组成及进料流量、组成之间的关系。在连续稳定的操作下，进料流量必然等于出料流量，则：

总物料
$$F = D + W \tag{9－14}$$
$$Fx_F = Dx_D + Wx_W \tag{9－15}$$

式中　F——原料液流量，kmol/h

　　　D——塔顶产品（馏出液），kmol/h

　　　W——塔底产品（釜残液），kmol/h

　　　x_F——原料中易挥发组分的摩尔分数

x_D——馏出液中易挥发组分的摩尔分数

x_W——釜残液中易挥发组分的摩尔分数

全塔物料衡算式关联了六个量之间的关系。若已知其中四个，联立式（9-14）和式（9-15），就可以求出另外两个未知数。使用时应注意单位一定要统一。

例如，塔顶易挥发收率：
$$\eta = \frac{Dx_D}{Fx_F} \times 100\% \tag{9-16}$$

塔底难挥发组分：
$$\eta = \frac{W(1-x_W)}{F(1-x_F)} \times 100\% \tag{9-17}$$

2. 操作线方程

如果对精馏塔内某一截面以上或以下做物料衡算，则表示任一塔板下降液相组成 x_n 及由其下一层上升气相组成 y_{n+1} 之间关系的方程，称为操作线方程。在精馏塔的精馏段和提馏段之间，因为有原料不断进入塔内，因此精馏段和提馏段的操作线方程是不一样的。

在精馏段，操作线方程可描述为

$$y_{n+1} = \frac{R}{R+1}x_n + \frac{x_D}{R+1} \tag{9-18}$$

其中，
$$R = \frac{L}{D} \tag{9-19}$$

式中 x_n——精馏段中第 n 层板下降液相中易挥发组分的摩尔分数

y_{n+1}——精馏段中第 $n+1$ 层板上升蒸气中易挥发组分的摩尔分数

D——塔顶产品（馏出液），kmol/h

L——精馏段任一塔板下降液体流量，kmol/h 或 kmol/s

操作线方程中，R 称为回流比，是精馏操作中的重要参数之一。R 值的确定和影响详见后面。

在提馏段，操作线方程可描述为

$$y'_{m+1} = \frac{L'}{L'-W}x'_m - \frac{W}{L'-W}x_W \tag{9-20}$$

式中 x'_m——提溜段中第 m 层板下降液相中易挥发组分的摩尔分数

y'_{m+1}——精馏段中第 $m+1$ 层板上升蒸气中易挥发组分的摩尔分数

W——塔底产品（釜残液），kmol/h

L'——提馏段任一塔板下降液体流量，kmol/h 或 kmol/s

三、进料热状况的影响

进料热状况不同，将影响提馏段下降的液体量 L'，这种影响可通过进料热状态参数 q 来表述。q 值即 1kmol 进料使得 L' 较 L 增大的摩尔数，其定义式为

$$q = \frac{L'-L}{F} \tag{9-21}$$

式中 F——原料液流量，kmol/h

L——精馏段任一塔板下降液体流量，kmol/h 或 kmol/s

L'——提馏段任一塔板下降液体流量，kmol/h 或 kmol/s

q 值也可以用热量衡算来表述：

$$q = \frac{将 1mol 进料变为饱和蒸气所需的热量}{1mol 原料液的气化潜热} \qquad (9-22)$$

则

$$L' = L + qF \qquad (9-23)$$

$$V = V' + (1-q)F \qquad (9-24)$$

式中 V——精馏段任一塔板上升蒸气的流量，kmol/h 或 kmol/s

V'——提馏段任一塔板上升蒸气的流量，kmol/h 或 kmol/s

根据 q 值的大小，精馏塔的进料可分为 5 种情况：

1. $q=1$，泡点液体进料

原料液加入后不会在加料板上产生气化或冷凝，进料全部作为提馏段的回流液，两段上升蒸气的流量相同，即 $L' = L + F$，$V' = V$。

2. $q=0$，饱和蒸气进料

进料中没有液体，整个进料与提馏段上升蒸气汇合后进入精馏段，两段的回流液数量相等，即 $L' = L$，$V = V' + F$。

3. $0 < q < 1$，气液混合进料

进料中液相部分成为 L' 的一部分，其中蒸气部分成为 V 的一部分，即 $L' = L + qF$，$V = V' + (1-q) F$。

4. $q > 1$，冷液进料

原料液温度低于加料板上沸腾液体的温度，原料液入塔后需要吸收一部分热量，来使全部进料加热到板上液体的泡点温度，这部分热量由提馏段上升的蒸气部分冷凝提供。此时，提馏段下降的液体流量 L' 由三部分组成：精馏段回流液的流量 L，原料液流量 F，提馏段蒸气冷凝液流量。由于部分上升蒸气冷凝，致使上升到精馏段的蒸气流量 V 比提馏段的 V' 要少，即 $L' > L + F$，$V' > V$（其差额为蒸气冷凝量）。

5. $q < 0$，过热蒸气进料

过热蒸气入塔后不仅全部与提馏段上升蒸气 V' 汇合进入精馏段，还要放出显热成为饱和蒸气，此显热使加料板上的液体部分气化。在这种情况下，进入精馏段的上升蒸气流量包括三部分：提馏段上升蒸气流量 V'，原料液流量 F，加料板上部分气化的蒸气流量。要比由于部分液体气化，下降到提馏段的液体流量比精馏段的 L 要少，即 $L' > L$（其差额为液体汽化量），$V > V' + F$。

各种加料情况对精馏操作的影响如图 9-18 所示。

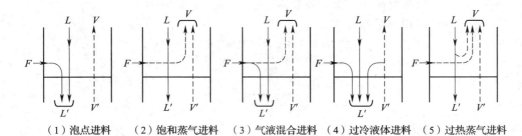

（1）泡点进料　　（2）饱和蒸气进料　　（3）气液混合进料　（4）过冷液体进料　（5）过热蒸气进料

图 9－18　各种加料情况对精馏操作的影响

四、塔板数与回流比的确定

1. 理论塔板数的求法

利用气液两相的平衡关系，可以求得塔板上的气液平衡组成；通过气液两相的操作关系，可求得相邻塔板上的液相和气相组成。由此，可求出所需要的理论板数。通常采用的方法有逐板计算法和图解法。

所谓逐板计算法，通常是从塔顶（或塔底）开始，交替使用气－液相平衡方程和操作线方程，去计算每一块塔板上的气－液相组成，直到满足分离要求为止。而图解法，则是将繁琐的数学运算简化为图解过程，也是利用气液平衡关系和操作关系，但却是把这两种关系描绘在 $x-y$ 相图上。这里只是简单介绍理论塔板数的求法，不做讨论和运算，有兴趣的同学可参阅相关的图书资料。

2. 塔板效率

在实际的塔板上，气液两相接触的时间和面积都有限，不可能分离完全，故离开同一塔板的气液两相，一般都未达到平衡。因此，实际的塔板数应多于理论塔板数。实际塔板偏离理论塔板的程度用塔板效率来表示。塔板效率有多种表示方法，常用的有单板效率和全塔效率。

单板效率是指用气相（或液相）经过一个实际塔板时的组成变化与经过一个理论板时组成变化的比值，可分别用气相（E_{mv}）或液相（E_{ml}）来表示，即：

$$E_{mv} = \frac{实际板的气相浓度增加值}{理论板的气相浓度增加值} = \frac{y_n - y_{n+1}}{y_n^* - y_{n+1}} \qquad (9-25)$$

$$E_{ml} = \frac{实际板的液相浓度降低值}{理论板的液相浓度降低值} = \frac{x_{n-1} - x_n}{x_{n-1} - x_n^*} \qquad (9-26)$$

式中　y_{n+1}、y_n——进入和离开第 n 板的气相组成

y_n^*——与板上液体组成 x_n 成平衡的气相组成

x_{n-1}、x_n——进入和离开第 n 板的液相组成

x_n^*——与 y_n 成平衡的液相组成

全塔效率指理论板数与实际板数之比，又称为总板效率，用 E_T 表示。

$$E_{\text{T}} = \frac{N_{\text{理}}}{N_{\text{实}}} \times 100\% \qquad (9-27)$$

式中　$N_{\text{理}}$——理论板数

　　　$N_{\text{实}}$——实际板数

全塔效率反映了全塔的平均传质效果，但并不等于所有单板效率的简单平均值，其原因在于影响塔板效率的因素很复杂，有系统的物性、塔板的结构、操作条件、液沫夹带、漏液、返混等，目前尚没有合适的关联式来计算，多依靠来自生产及中试的测定。

3. 回流比的影响及选择

精馏操作中，必须使塔顶部分冷凝液回流。回流比的大小，对精馏塔的操作影响很大。一般来说，按照工艺的要求，即 x_D 和 x_W 均为定值时，增大回流比，能减少达到分离要求所需要的理论板数，但同时也会增加操作费用。选择合适的回流比，既要考虑工艺上的问题，还应考虑设备费用和操作费用。

回流比有两个极限值，上限为全回流（即回流比为无穷大），下限为最小回流比，实际回流比为介于两极限之间的某个适宜值。应根据实际经验，取最小回流比的一定倍数作为操作回流比，通常取最小回流比的 1.1～2.0 倍，即：

$$R = (1.1～2.0)R_{\min}$$

在生产中，设备都已经安装好，即理论塔板数是固定的。当工艺稳定时，原料的组成、加料热状况均为固定值，此时如果加大回流比操作，则所需的理论板数会减少，产品纯度将有所提高；反之若减少回流比操作，产品纯度将有所下降。理论板数的增加或减少，也会对冷凝器的负荷量产生影响，从而影响操作成本。所以，在生产中，经常将回流比的调节当成控制产品质量的一种手段，往往需要依据实验来选择合适的回流比。

五、板式塔的不正常操作

1. 塔板上气液两相的流动

板式塔中，上升的气体通过塔板上筛孔时的速度称为孔速。不同的孔速可使得气液两相在塔板上呈现不同的接触状态（图 9-19）。

（1）鼓泡接触　　　　　（2）泡沫接触　　　　　（3）喷射接触

图 9-19　板式塔中的气液接触状态

（1）鼓泡接触状态 气体以很低的孔速通过筛板孔时，以鼓泡的形式穿过塔板上的液体层，气液两相呈鼓泡状态，这种情况下的气液传质仅限于气泡表面，且气泡数量较少，同时液体层的湍流程度不够，传质阻力较大，传质效果较差。

（2）泡沫接触状态 当空速提高时，塔板上气泡数量增大，气泡之间不断合并与破裂，塔板液面上形成一片的气泡表面，传质面积增大，塔板上液体主要以高度湍动的泡沫形式存在，形成良好的气液传质状态，传质效率较高。

（3）喷射接触状态 如果上升气体通过塔板的孔速继续增大，气体从筛孔中高速喷出，使得板上的液体呈大小不等的液滴，并将液滴吹抛至塔板上部空间，液滴再落回板上，由于气体的连续喷射，这种状态不断持续，气液两相的接触时间长，传质面积大，传质效率高，但如果条件控制不好，容易转变成非理想流动。

板式塔中，气体由下而上，液体由上而下，在塔板上充分传质的过程模式，称为理想的流动状态。显然，泡沫接触和喷射接触是理想的流动方式。

2. 塔板上非理想流动

在板式塔的实际操作中，塔板上的气液两相接触并非都是理想的流动状态，常常会有如下现象出现：

（1）返混 大部分气体由下而上、大部分液体由上而下流动的同时，有少部分气体由上而下、小部分液体由下而上地流动，这种现象称为返混。返混包括液相返混和气相返混。

液相返混也称液沫夹带。当塔板上气体的喷射速度大于小液滴的沉降速度时，部分液滴被上升的气流带入上层塔板，造成液沫夹带。也有较大液滴因弹溅达到上层塔板造成液沫夹带的情况。可以通过增大板间距、降低上升气流速度来减轻或消除液沫夹带。

气相返混又称气泡夹带。当液体流速过快时，液体在塔板上保留时间太短，所含气泡来不及解脱，就被卷入下层塔板中，形成气泡夹带现象。可以通过在靠近溢流堰的狭长区域上不开孔，或者减少降液管通道、延长液体在塔板上的停留时间来消除气相返混现象。

（2）乱流 正常情况下，塔板上的液相是横向流过塔板，气体由下而上穿过塔板。由于塔板进出口之间有液面落差，液体从塔板进口流向塔板出口的过程中所受到的阻力大小有所差异，使得塔板上液体厚度分布不均匀，液体的流动速度也不一致，部分区域的液相流速很低，形成塔板上的滞流区域，这些反而对传质不利。

3. 液泛与漏液

（1）液泛 在板式塔的操作中，受塔板结构、降液管高度、气体流速等因素的影响，使得降液管中液体的下降受阻，管内液体逐渐积累而增高，当液面增高到超越溢流堰时，上下两塔板上的液体连成一片，并依次向上，层层延伸直至全塔淹没，从而破坏了蒸馏塔的正常操作，这种现象称为液泛，又称淹塔。

引起液泛的原因可以分为两类：

一是降液管液泛，液体流量和气体流量都过大。液体流量过大时，降液管截面不足以使液体通过，管内液面升高；气体流量过大时，相邻塔板间的压强增大，使降液管内液体下降阻力增大，导致管内液体累积液位升高，最终导致液泛。

二是夹带液泛，当液体流量一定时，气速过大，气体穿过板上液体层时将形成液沫夹带。单位时间里，液沫夹带量越大，液层就越厚，最终有可能会导致液泛。

（2）漏液 一部分液体从筛孔直接流下，这种现象称为漏液。气速过小、塔板上气流分布不均匀是造成漏液的主要原因。漏液会使得气液两相在塔板上接触不充分，降低塔板效率。当漏液量达到液体总流量的 10% 以上时，称为严重漏液。生产中，必须将漏液量控制在 10% 以下。通常，在塔板入口处留出一条不开空孔的安定区，以避免塔内严重漏液。

[技能要点]

蒸馏操作就是利用不同液体在一定温度下的挥发能力不同，通过加热使液体变成气体，由于各物质挥发度不同，气液两相各物质组成不同，从而把各物质分类的一种操作技术。蒸馏操作必须由外部提供能量，通过气液转换实现。精馏是多次气化和液化串联在一起的蒸馏技术。

蒸馏操作是有三种方式：简单蒸馏、平衡蒸馏和精馏，精馏分离通过连续的部分气化和部分冷凝，较为彻底地分离混合组分，是常用的蒸馏分离方式。蒸馏设备包括加热釜、冷凝器、各种蒸馏塔及液体泵等。常见的蒸馏塔有板式塔和填料塔。

蒸馏操作是通过传热进行传质分离的较为成熟的单元操作，有着系统的物料与热量衡算体系，其设备设计和工艺操作都需要比较复杂的流体力学与热力学的验算。本模块仅简要介绍了部分概念和操作现象。

[思考与练习]

1. 名词解释

拉乌尔定律，相对挥发度，简单蒸馏，闪蒸，精馏，液泛

2. 填空题

（1）蒸馏是利用液体混合物各组分_____的差别实现组分分离与提纯的一种操作。

（2）简单蒸馏中，釜内易挥发组分浓度逐渐_____，其沸点则逐渐_____。

（3）精馏塔底部温度_____，塔顶温度_____。精馏结果，塔顶冷凝

收集的是_____组分，_____组分则留在塔底。

（4）精馏操作中的恒摩尔流假设，其主要依据是各组分的_____，但精馏段和提馏段的摩尔流量由于_____影响而不一定相等。

3．选择题

（1）某二元混合物，其中 A 为易挥发组分，液相组成 $x_A = 0.6$，相应的泡点为 T_1，与之相平衡的气相组成 $y_A = 0.7$，相应的露点为 T_2，则_____。

A　$T_1 = T_2$　　　B　$T_1 < T_2$　　　C　$T_1 > T_2$　　　D　不确定

（2）原料液从加料板处进入精馏塔后，以下提法中正确的是_____。

A　精馏段中自上而下逐步增浓气相中的易挥发组分

B　提馏段中自下而上逐步增浓液相中的难挥发组分

C　提馏段中自上而下逐步增浓气相中的难挥发组分

D　精馏段中自下而上逐步增浓气相中的易挥发组分

（3）精馏操作时，若 F、D、x_F、q、R、加料板位置都不变，而将塔顶泡点回流改为冷回流，则塔顶产品组成 x_D 的变化为_____。

A　变小　　　　　B　变大　　　　　C　不变　　　　　D　不确定

（4）某板式精馏塔在操作一段时间后，分离效率降低，且全塔压降增加，其原因及应采取的措施是_____。

A　塔板腐蚀，孔径增大，产生漏液，应增加塔釜加热负荷

B　筛孔堵塞，孔径减小，液沫夹带严重，应降低负荷操作

C　塔板脱落，板数减少，应停工检修

D　降液管折断，气体短路，需要更换降液管

4．简答题

（1）理想溶液的气液相平衡如何表示？

（2）简述精馏塔塔板分类及特性。

（3）精馏操作中回流比的变化对馏出液的组成有什么影响？

模块十 结晶与干燥

学习目标

[**学习要求**] 了解结晶的原理及过程，熟悉结晶操作中的控制要点，掌握冷却、蒸发和真空结晶设备的结构原理；掌握干燥技术原理及绝热干燥设备和非绝热干燥设备的结构及工作原理，熟悉冷冻干燥技术原理及设备结构。

[**能力要求**] 了解结晶和干燥技术的原理，掌握各种典型结晶方法和设备，熟悉各种干燥设备的工作流程与操作。

项目一 结 晶 技 术

固体物质分为结晶形和无定形两种状态，如食盐、蔗糖、氨基酸、柠檬酸等都是结晶形物质，而淀粉、蛋白质、酶制剂、木炭、橡胶等都是无定形物质。它们的区别就在于：物质构成的基本单位——原子、分子或离子的排列方式不同。结晶形物质是三维有序规则排列的固体，其形态规则、粒度均匀、具有固定的几何形状；而无定形物质则是无规则排列的物质，其形态不规则、粒度不均一、不具有特定集合形状。结晶形物质的化学成分均一，具有一定的熔化温度（熔点），具有各向异性的现象，无定形物质不具有这些特性。

结晶操作是将固体物质以晶体形态从气相或液相（溶液或熔融液）中析出的过程，是相态变化的过程，是利用溶质之间溶解度的差别进行分离纯化的一种分离操作。工业上的结晶操作主要以液体原料为对象，从杂质含量较高的溶液中得到纯净的晶体，同时可赋予固体产品以特定的晶体结构和形态。结晶产品外观优美，包装、运输、贮存和使用都很方便。许多化工产品、医药产品及中间体、生物制品均需要制备成具有一定形态的纯净晶体。

一、结 晶 原 理

结晶是一种物理现象，指从液相或气相生成的，具有一定形状、呈现分子（或原子、离子）有规则排列的晶体。结晶可以从液相中生成，也可以从气相中生成。可以这样说，结晶是新相生成的过程。所以，结晶的最终状态是相平衡状态。

1. 饱和溶液

结晶过程中的相平衡主要是指溶液中固相与液相浓度之间的关系，此平衡关系可用固体在溶液中的溶解度来表示。向恒温溶剂（如水）中加入溶解性固体溶质，溶质在溶剂中发生溶解现象，溶剂中溶质的浓度不断上升。同时，溶质分子也不断从液体中扩散到固体表面进行沉积。这是两个可逆的过程，即固体的溶解与溶质的沉积。

刚开始向溶剂中加入固体的时候，固体的溶解作用大于沉积作用，此时的溶液呈未饱和状态；若继续添加固体，固体会继续溶解，至一定时间后，溶剂中溶质的浓度不再升高，而溶剂中尚有固体溶质存在，此时溶质在固液之间达到溶解与沉积之间的平衡状态，此时的溶液称为饱和溶液，此时的溶质浓度称为该温度下的溶解度或饱和浓度，一般常用100g溶剂中能溶解溶质的质量（g）来表示。

当压力一定时，溶解度是温度的函数，用温度－浓度图来描述（图10－1中的曲线1）。大多数物质的溶解度随温度的升高显著增大，也有一些物质的溶解度对温度的变化不敏感，少数物质（如螺旋霉素）的溶解度随温度升高而显著下降。此外，溶剂的组成（例如，有机溶剂与水的比例、其他组分、pH 和离子强度等）对溶解度也有显著影响。因此，调节 pH、离子强度和有机溶剂或水的浓度是氨基酸、抗生素等生物产物结晶操作的重要手段。

2. 过饱和溶液

含有比饱和溶液更多溶质的溶液称为过饱和溶液。溶液在过饱和状态下是不稳定的，又称作"介稳状态"，一旦遇到振动、搅拌、摩擦、加入晶种甚至落入灰尘，都可能使过饱和状态被破坏而析出结晶。当溶液达到饱和状态后，结晶过程停止。如果没有其他外界条件的影响，则过饱和溶液必须达到一定浓度才会有结晶析出。有结晶析出时的过饱和浓度和温度的关系可以用过饱和曲线来描述（图10－1中的曲线3）。

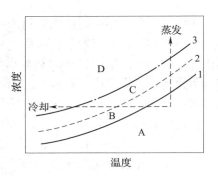

图 10－1　过饱和与超溶解度曲线
1—饱和曲线　2—超溶解度曲线　3—过饱和曲线

实验证明，当溶液处于溶质浓度低于溶解度的不饱和状态时，可通过蒸发或冷却（降温）使之浓度达到并超过相应温度下的溶解度，形成过饱和溶液。

过饱和曲线又称为无晶种、无搅拌时自发产生晶核的浓度曲线。该曲线和饱和曲线大致平行，两条曲线将浓度－温度图（图10－1）分为三个区域：

（1）稳定区　曲线1下方的区域（图10－1中的A），溶液尚未饱和，又称不饱和区，在此区域内即使有晶体存在也会自动溶解，不会结晶。

（2）不稳定区　曲线3上方的区域（图10－1中的D），溶液不稳定，可自发产生晶核，瞬时出现大量微小晶核，造成晶核泛滥。该区内的溶液都处于过饱和状态。

（3）介稳区　曲线1和曲线3之间的区域（图10－1中的B和C），在此区域内，如果不采取措施，溶液可以长时间保持稳定，如果遇到某种刺激，就会有结晶析出。此区内不会自发产生晶核，但如果已有晶核，则晶核长大而吸收溶质，直至浓度回落到饱和线上。

处于过饱和状态的溶质汇合的几率大大增加，当降低温度，或其他因素的刺激，且超过某一特定值时，过饱和溶液中就会自发形成大量晶核，这种现象称为成核。成核的浓度值与温度之间的关系可用超溶解度曲线（图10－1中的曲线2）表示，也称为产生晶核的极限浓度曲线或超溶解度曲线。这条曲线将介稳区又细分为两个区：图10－1中的B和C。其中，B称为第一介稳区（或第一过饱和区），区内不会自发成核，当加入结晶颗粒时、结晶会生长，但不会产生新的晶核，又称为养晶区，加入的结晶颗粒称为晶种；C称为第二介稳区（或第二过饱和区），区内也不会自发成核，但加入晶种后，在结晶生长的同时会有新晶核产生，又称为刺激起晶区。

上述三个区域中，稳定区内，溶液处于不饱和状态，没有结晶；不稳定区内，晶核形成的速度较大，产生的晶核量大，晶粒小，质量难以控制；介稳区内，晶核形成速率较慢，可采用加入晶种的办法，同时控制溶液浓度在介稳区的养晶区内，让晶体逐渐长大。因此，工业结晶操作均在介稳区内进行，并且主要是在第一介稳区内进行。

必须指出，过饱和曲线和超溶解度曲线并非严格的热力学平衡曲线。饱和曲线是恒定的，与溶质的溶解度和操作温度有关。过饱和曲线的位置则不是固定的，除热力学因素外，还受操作条件的影响，如搅拌强度、冷却或蒸发速度以及溶液纯度等。

3. 晶核的形成

溶质从溶液中结晶出来，要经过两个步骤：晶核的形成和晶体的生成。晶核形成的必要条件是溶液要达到过饱和状态，只有溶液达到一定的过饱和度之后，才使过量的溶质相互吸引自然聚合形成一种微细的颗粒晶核。根据成核的机理不同，可分为初级成核和二次成核。其中，初级成核是过饱和溶液中的自发成核现象，这种成核方式在实际操作中不容易控制，工业生产中很少采用。二次成核是指向介稳区过饱和度较小的溶液中加入晶种，使之产生新的晶核。工业上的结晶操作均是在有晶种存在下进行的，即工业上的结晶都是二次成核。通常认为，在二次成核机理中，最主要的影响因素是已有的晶体颗粒与其他固体的接触碰撞，这种碰撞包括有：晶体与搅拌器螺旋桨或叶轮之间的碰撞；晶体与晶体之间的碰撞；以及晶体与结晶器壁间的碰撞。

晶核的形成也叫起晶。工业生产上起晶有三种方法：

（1）自然起晶法　在一定温度下，使溶液蒸发进入不稳定区析出晶核。当晶核的数量符合要求时，加入稀溶液使溶液浓度降至介稳区不再生成新晶核，过量的溶质在晶核表面长大（也称养晶、育晶）。这是一种传统起晶法，现在很少用。

（2）刺激起晶法　将溶液蒸发至介稳区，通过冷却降温进入不稳定区，从而生成一定数量的晶核。例如粉状味精、柠檬酸结晶就采用此法。

（3）晶种起晶法　将溶液蒸发到介稳区的较低浓度，投入一定数量大小的晶种，使溶液中的过饱和溶质在晶种表面上长大，是一种普通的起晶法。

4．晶体生长

按照扩散理论，晶体的生长大致分为三个阶段：首先是溶质分子从溶液主体向晶体表面的静置液层扩散；接着是溶质穿过静置液层后到晶体表面，晶体按晶格排列增长并产生结晶热；释放出的结晶热穿过晶体表面静置液层向溶液主体扩散。

实际上晶体的成长与晶核的形成在速度上存在着相互的竞争，当推动力（即过饱和程度）较大时，晶核生成速度会急剧增加，尽管晶体成长速度也在增大，但是竞争不过晶核的生成，因此会产生数量很多而粒度很细的晶体。

当结晶逐渐析出、过饱和度最终下降为零时，随着时间的推延，晶核的数量会逐渐减少而晶体会逐渐增大。结晶时间的延长有利于晶体的成长。

5．晶习与晶体分离、洗涤

晶习是指在一定环境中的晶体的外部形态。如谷氨酸晶体存在两种晶习：α结晶和β结晶。前者呈颗粒状，晶体产品质量好；后者呈片状或针状，比表面积大，易含杂质和母液，质量较差。

同种物质的晶体，用不同的结晶方法产生，虽然仍居于同一晶系，但其晶体的外部形态（晶习）可以完全不同。这种外形的变化是因为晶体在一个方向的生长受阻，或在另一方向的生长加速所导致的。以下一些方法可以改变晶体外形，例如，控制晶体生长速度、过饱和度、结晶温度、选择不同的溶剂、溶液pH 的调节和有目的地加入某种能改变晶形的晶习修改剂等。

分离的目的是将结晶与粘附的母液或水分最有效地分离开来，同时要保证晶粒的完整和晶体表面的光洁度。味精厂一般使用三足式离心机或吊篮下卸式离心机。为了达到上述分离效果，工艺和操作时应注意：

（1）在放罐时，应控制母液浓度不要超过饱和浓度（即采用"稀放"工艺），否则母液浓度过高、黏度过大，影响分离效果。

（2）添加适量温水洗涤晶体。

（3）采用较高分离速度。

二、结 晶 操 作

1．结晶操作类型

按改变溶液浓度的方法，结晶操作分为浓缩结晶、冷却结晶、盐析结晶和等电点结晶等。

（1）浓缩结晶　依靠蒸发除去一部分溶剂的结晶过程。通过换热的方式，使得溶剂蒸发，溶液被浓缩进入过饱和区而起晶，并通过不断蒸发来维持溶液在一定的过饱和度下进行育晶。按照蒸发的方式不同又分为两种：一是采用真空蒸发来获得过饱和溶液；二是绝热蒸发（或称闪急蒸发），即利用高温溶液进入真空状态，再使压力突然降低，引起溶剂大量蒸发，带走大量热量而使溶液温度下降，从而获得过饱和溶液。目前工业上多使用真空蒸发的结晶工艺。较大规模生产中多采用浓缩与结晶分开的工艺，即，先用多效蒸发将物料浓缩至一定浓度，再转入带有冷却和搅拌装置的结晶设备中进行结晶；较小规模的生产则采用浓缩与结晶在同一设备中进行的方法。

（2）冷却结晶　这是采用降温来使溶液进入过饱和区结晶，并不断降温，来维持溶液一定的过饱和浓度进行育晶，常用于温度对溶解度影响比较大的物质的结晶。结晶前先将溶液升温浓缩。按照冷却的方式又分为自然冷却、间接换热冷却和直接接触冷却。工业上从换热效率、控制结晶过程的角度考虑，多采用间接换热冷却结晶法。

（3）盐析结晶　通过向体系内加入添加剂（媒晶剂），来降低溶质在溶剂中的溶解度，使溶液进入过饱和区，促进溶质的析出。加入的添加剂可以是气体、液体或固体。例如，向盐溶液中加入甲醇，则盐的溶解度会大幅度降低，引起盐的沉淀。盐析结晶主要用于热敏性物质的提存。

（4）等电点结晶　利用两性电解质溶液（如氨基酸）溶液在等电点下溶质的溶解度最小的特点，通过调节溶液的 pH 至等电点，从而使溶液达到过饱和，溶质结晶析出。等电点结晶时溶液比较稀薄，要使晶种悬浮，搅拌要求比较激烈，而这种搅拌对生物大分子来说往往是非常不利的因素，所以这种方法多用于氨基酸等小分子的分离提纯。

[能力拓展]

冷冻结晶是将待分离物系降温冷却，按照溶质溶解度的不同而形成梯度结晶顺序，来分离提存产品。所采用的设备为类似降膜蒸发器的冷冻结晶器，可以实现较精确的控制下的结晶操作。

升华结晶则是利用固体受热后直接变成蒸气后再遇冷直接冷凝成固体的方式分离混合物组分。但这种工艺的装置比较复杂，生产能力较低。

萃取结晶结合了萃取和结晶两种分离技术的特点，可作为分离沸点、挥发度等物性相近组分的有效方法，兼有萃取去除杂质和结晶分离因子高的优点，分离效果好，工艺过程简化，应用前景十分广阔。

2. 结晶操作控制因素

结晶是在过饱和溶液中生成新相的过程，涉及固液相平衡，影响结晶操作和产品质量的因素很多。目前的结晶过程理论还不能完全考虑各种因素的影响，在满足结晶产品质量要求的前提下，最大限度地提高结晶生产速度，降低过程成本。一般在设计结晶操作前，必须首先解决如下问题。

（1）过饱和度　单纯从结晶生产速度的角度考虑，增大溶液过饱和度可提高成核速率和生长速率，是有利的。但过饱和度过大又会出现如下问题：成核速率过快，产生大量微小晶体，结晶难以长大；结晶生长速率过快，容易在晶体表面产生液泡，影响结晶质量；结晶器壁容易产生晶垢，给结晶操作带来困难。

因此，只有在适当的过饱和度下，才可在较高成核和生长速率的同时，获得高品质结晶。所以应以适宜的饱和度为限度，在不易产生晶垢的过饱和度下进行结晶操作。

（2）温度　许多物质根据操作温度的不同，生成的晶形和结晶水会发生改变。结晶操作温度一般控制在较小的温度范围内。冷却结晶时，如果降温速度过快，溶液很快达到较高的过饱和度。生成大量微小晶体，影响结晶产品的质量，所以操作温度的降低不宜过快；蒸发结晶时，如果蒸发速度过快，则溶液的过饱和度较大，生成的微小晶体，附着在结晶表面，影响结晶产品的质量，所以蒸发速度应与结晶生长速率相适应，保持溶液的过饱和度为一适合的定值。

为消除蒸发室沸点上升造成的过饱和度过大，工业结晶操作常采用真空绝热蒸发，不设外部循环加热装置，蒸发室内温度较低，可防止过饱和度的剧烈变化。

（3）搅拌与混合　增大搅拌速度可提高成核和生长速率，但搅拌速度过快会造成晶体的剪切破碎，影响结晶产品质量。为获得较好的混合状态，同时避免结晶的破碎，可采用气提式混合方式，或利用直径或叶片较大的搅拌桨，降低搅拌桨的转速。

（4）溶剂与pH　结晶操作的溶剂和pH应使目标溶质的溶解度较低，以提高结晶的收率，但所用溶剂和pH对晶形有影响。例如，普鲁卡因青霉素在水溶液中的结晶为方形晶体，而在醋酸丁酯中的结晶为长棒状。因此，在设计结晶操作前需实验确定使结晶晶形较好的溶剂和pH。

（5）晶种　工业结晶的晶种分为两种情况：

① 通过蒸发或降温使溶液的过饱和度进入不稳定区，自发成核一定数量后，稀释溶液使过饱和度降至介稳区。这部分晶核即成为结晶的晶种。

② 向处于介稳区的过饱和溶液中添加事先准备好的颗粒均匀的晶种。

[课堂互动]

想一想　冬天里雪花是怎么形成的？为什么很难找到相同形状的雪花？

生物产物的结晶操作主要采用第二种方法，特别是对于溶液黏度较高的物系，晶核很难产生，而在高过饱度下产生晶核的同时，也会出现大量晶核，容易发生聚晶现象，产品质量不易控制。因此，高黏度物系必须采用在介稳区内添加晶种的操作方法。

三、结晶设备

工业结晶器按照生产操作方式可分为间歇和连续两大类，连续结晶器又可分为线性的和搅拌的两种。按照形成过饱和溶液的途径不同，可分为冷却结晶器、蒸发结晶器、真空结晶器以及其他结晶器等，其中，冷却、蒸发和真空结晶器的应用较广。

1．冷却结晶器

冷却结晶常用于对溶解度影响比较大的物质的结晶。结晶前先将溶液升温浓缩，使料液达到一定浓度。一般来说，这类结晶器的冷却比表面积较小，结晶速度较低。对于产量较小，结晶周期较短的，多采用立式搅拌结晶箱。对于产量大、周期长的多采用卧式搅拌结晶箱。

（1）卧式搅拌结晶箱　见图 10－2，为半圆底的卧式长槽或敞口的卧放圆筒长槽，用于谷氨酸钠和葡萄糖的结晶。圆筒上开弦孔，槽身外装有夹套，可通水冷却，槽内装有二组旋转方向相反的螺条形搅拌桨叶，一组桨叶为左旋向，另一组为右旋向，搅拌时可使两边物料都产生一个向圆筒中心和槽的两侧移动的运动趋势。槽身两侧的端板装有搅拌轴轴承，并装有填料密封装置，可防止溶液渗漏。该设备的特点是容积大，动力消耗较小，可以串联起来，进行连续的结晶操作。

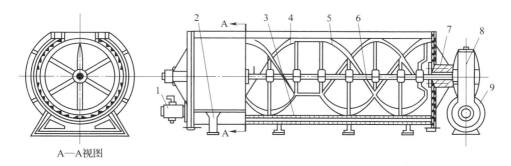

A—A视图

图 10－2　卧式搅拌结晶箱

1—排料阀　2—支脚　3—夹套　4—右旋搅拌器　5—左旋搅拌器　6—轴　7—轴封　8—减速箱　9—电机

（2）立式搅拌结晶箱　如图 10－3 所示，常用于生产少量的柠檬酸结晶，其冷却装置为沉浸式蛇管（也有的使用夹套），蛇管中通入冷却水或冷冻盐水。浓缩后的柠檬酸精制液从上部流入，同时启动两组框式搅拌器搅拌，使溶液冷却均匀。初期可采用快速冷却，1～2h 内降至 40℃，然后减慢速度，起晶后再次减慢，直至冷却到 20℃。96h 后，得到柠檬酸结晶颗粒。结晶成熟后，晶体连同母液一起从设备底部排出。

2．蒸发结晶器

这种结晶器又称为 Krystal－Oslo 蒸发结晶器，由结晶器主体、蒸发室和外部加热器构成。图 10－4 所示为一种常用的 Krystal－Oslo 型常压蒸发结晶器。料液经循环泵送入加热器加热，加热器采用单程管壳换热器。料液被加热后，在蒸发室内部分溶剂被蒸发，二次蒸汽经捕沫器排出；浓缩的料液达到饱和状态，经中央管下行至结晶成长段（悬浮室），析出的晶粒在液体中悬浮做流态化运动，大晶粒集中在下部，发生沉降，从底部排出产品晶浆；细微晶粒随液体从成长段上部排出，经管道吸入循环泵，再次进入加热器。通过对加热器传热速率的控制，可以调节溶液过饱和程度。浓缩的料液从结晶成长段的下部上升，不断接触流化的晶粒，过饱和度逐渐消失而晶体则逐渐长大。

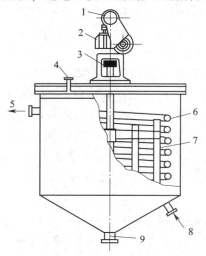

图 10-3　立式搅拌结晶箱

1—电机　2—减速器　3—搅拌轴　4—进料
5—出冷却水　6—冷却盘管　7—框式搅拌器
8—入冷却水　9—出料

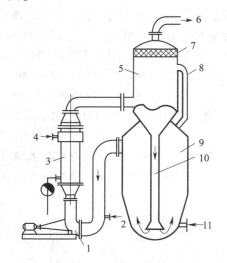

图 10-4　蒸发式结晶器

1—循环泵　2—原料液　3—加热管　4—加热蒸汽
5—蒸发室　6—二次蒸汽　7—捕沫器　8—通气管
9—结晶成长段　10—中央管　11—产品

3. 真空结晶器

对于结晶速度快，容易自然起晶，且要求结晶晶体较大的产品，多采用真空结晶器进行结晶，如图 10-5 所示。这种设备由加热蒸发室、加热夹套、气液分离器、搅拌器等组成，其优点是可以控制溶液的蒸发速度和进料速度，维持溶液一定的过饱和度进行育晶，采用连续加入未饱和的溶液来补充溶质的量，使晶体长大。

结晶器的上部顶盖多采用锥形，上接气液分离器，以分离二次蒸汽所带走的雾沫。搅拌器多采用锚式搅拌。浆叶与罐的底部形状相似，采用下轴安装。罐体上下都装有视镜，可观察溶液的沸腾状况、雾沫夹带的高度、溶液的浓度、溶液中结晶的大小、晶体的分布情况等。罐体装有人孔，方便清洗和检修。另外还装有进料的吸料管、晶种吸入管、取样装置、温度计插管等。罐底装有卸料管和流线型卸料阀。罐底部分设置有加热夹套。

4. 无加热设备的真空结晶器

该类真空式结晶器一般没有加热器或冷却器，料液在结晶器内因闪蒸而浓缩，并同时降低了温度，因此在产生过饱和度的机制上兼有除去溶剂和降低温度两种作用。由于不存在传热面积，从根本上避免了在复杂的传热表面上析出并沉积晶体。由于省去了换热器，其结构简单、投资较低的优势使它在大多数情况下成为首选的结晶器。

图 10 - 6 所示为一台间歇式的无加热真空结晶器。原料液在结晶室被闪蒸，蒸除部分溶剂并降低温度，以浓度的增加和温度的下降程度来调节过饱和度。二次蒸汽先经过一个直接水冷凝器，然后再接到一台二级蒸汽喷射泵，以造成较高的真空度。

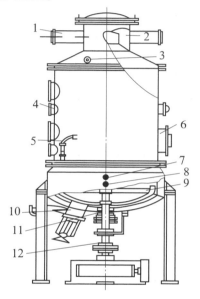

图 10 - 5 真空结晶器

1—二次蒸汽排出 2—气液分离器

3—清洗孔 4—视镜 5—吸液孔

6—人孔 7—压力表孔 8—蒸汽进口

9—锚式搅拌器 10—排料阀

11—轴封填料箱 12—搅拌轴

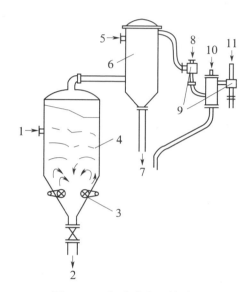

图 10 - 6 间歇式真空结晶器

1—原料液 2—结晶 3—搅拌器 4—结晶室

5—冷却水 6—直接水冷凝器 7—冷凝水

8，11—蒸汽 9—二级蒸汽喷射泵 10—水

项目二 干 燥 技 术

干燥是利用热能除去固体物料中湿（水分或其他溶剂）分的单元操作，往往是整个生物加工过程中在包装之前的最后一道工序，与最终产品的质量密切相关，干燥方法的选择对于保证产品的质量至关重要，生物工程中常用的干燥方法有对流干燥（气流干燥、喷雾干燥、流化床干燥）、冷冻干燥、真空干燥、微波干燥、红外干燥等。

一、干燥技术原理

1．湿物料中的水分

湿物料中的水分是以四种方式与物料结合的：

（1）化学结合水分　指以分子或者离子方式与固体物料分子结合并形成结晶体的水分。这种水分不能用干燥方法去除。化学结合水的解离不属于干燥范畴。

（2）物化结合水分　指通过物理性作用结合在物料表面的水分，如吸附水分、渗透水分，其性质和纯态水相同，非常容易用干燥方法除去。

（3）机械结合水分　指多孔性物料细小孔隙中所含有的水分，包括毛细管水分、孔隙中水分和表面润湿水分，这类水分除去的难度取决于水分所在的孔隙的大小，大孔隙的水分容易除去，小孔隙的水分由于毛细作用较强，较难除去。

（4）溶胀结合水分　指渗透到生物细胞壁内的水分，这类水分也比较难以除去。

湿物料每单位质量中所含水分的总量称为总水分，或者湿含量。

根据水分除去的难易程度，可将物料中的水分成非结合水与结合水。非结合水分是指存在于物料表面或物料间隙的水分，如前述机械结合水中的表面润湿水分和孔隙中水分，与物料间的结合力较弱，是容易用一般方法除去的水分；结合水分是指存在于物料内部，与物料之间存在一定的结合力，较难除去。

当湿物料与湿空气接触时，如空气中的水蒸气分压低于湿物料的平衡水蒸气压，则湿物料中的水分将汽化，物料被干燥。这一过程会进行到湿物料含水量降低到其水蒸气压等于空气中的水蒸气分压为止，这是干燥的极限，也就是说，在一定的干燥条件下，水分无法被全部除去，总有一部分存在于物料中，这部分不能除去的水分称为平衡水分。平衡水分的大小与干燥条件有关。湿物料中高于平衡水含量的水分，即总水分和平衡水分之差的水分，称为自由水分，自由水分可在一定干燥条件下除去。

湿物料中的水分性质见图 10-7。

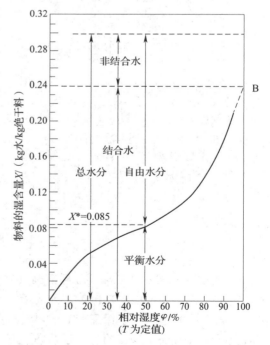

图 10-7　固体物料中所含水分的性质

2．干燥机理

在湿物料的干燥操作中，有两个基本过程同时进行，一是热量由气体传递给湿物料，使其温度升高；二是物料内部的水分向表面扩散，并在表面汽化被气流带走。干燥操作属于传热传质同时进行的过程，因此，干燥速率既与传质速率有关，也与传热速率有关。

干燥速率是指单位时间内在单位干燥面积上所能汽化的水分量，而通常所说的干燥速度则是指单位时间内被干燥物料所能汽化的水分量。在干燥工艺的讨论中，一般使用干燥速率的概念。干燥速率可由实验测定，其微分式表示如下：

$$U = \frac{\mathrm{d}W}{A \cdot \mathrm{d}\tau} \tag{10-1}$$

式中　U——干燥速率，又称干燥通量，$kg/(m^2 \cdot s)$

　　　　A——干燥面积，m^2

　　　　W——批操作中汽化的水分量，kg

　　　　τ——干燥时间，s

因为 $\mathrm{d}W = -G\mathrm{d}x$

$$U = \frac{\mathrm{d}W}{A \cdot \mathrm{d}\tau} = \frac{-G\mathrm{d}X}{A \cdot \mathrm{d}\tau} \tag{10-2}$$

式中　G——绝干物料质量，kg

干燥过程中的质量传递过程由两步构成，即水分由物料内部向表面扩散和水分在物料表面汽化并被气流带走。在干燥过程中，速率受其最慢的一步所控制。水分在表面的汽化速率小于内部的扩散速率的称为汽化控制，水分表面汽化速率大于内部扩散速率的称为内部扩散控制。

干燥速率为表面汽化控制时，要提高干燥速率就必须改善外部传递因素，常压操作下提高空气温度，降低空气湿度，改善空气与物料之间的流动和接触状况，均有利于提高干燥速率；真空条件下，提高干燥室的真空度，可降低水的汽化温度，有利于提高干燥速率。干燥为内部扩散控制时，过程较为复杂，减小物料颗粒直径，缩短水分在内部的扩散路程，以减小内部扩散阻力；提高干燥温度，增加水分扩散的自由能，有利于提高干燥速率。

3．干燥过程

干燥过程包括水分从湿物料内部借扩散作用到达表面，并从物料表面受热汽化的过程。带走汽化水分的气体称为干燥介质，通常为空气。大多数情况下，干燥介质除带走水蒸气外，还供给水分汽化所需要的能量。此时，在干燥介质和物料水分之间，同时发生着方向相反、相互影响的传质和传热现象。

由于不同湿物料中水分与物料的结合情况不同，干燥速率也是不同的，同时也受干燥条件的影响。图 10-8 所示仅为恒定干燥条件下物料干燥速率曲线的一种类型。在这种情况下，干燥过程分为四个阶段：

（1）预热阶段 图 10−8 中的 AB 段。当湿物料与干燥介质接触时，干燥介质首先将热量传至湿物料表面，物料表面的非结合水受热汽化，干燥速率由零迅速增加，湿物料中的水分开始减少，同时热量也开始向物料内部传递。此阶段的热量主要消耗在湿物料加温和表面少量水分的汽化上，水分降低较少。此阶段较短，仅占全过程的 5% 左右。

（2）恒速干燥阶段 图 10−8 中的 BC 段。随着热量不断向湿物料内部传递，以及湿物料表面水分的汽化，湿物料中的非结合水不断向物料表面扩散，而表面的水分不断汽化进入热空气中。这一阶段的特点是干燥条件恒定，物料表面非常湿润，干燥过程为表面汽化控制，干燥速率达到最大值并保持不变，湿物料的含水量迅速下降。该阶段时间较长，通常占整个干燥过程的 80% 左右，是主要的干燥阶段。

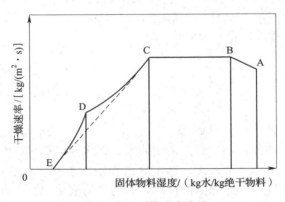

图 10−8 干燥速率曲线

预热阶段和恒速阶段脱除的都是非结合水分，即自由水和部分毛细管水恒速阶段结束时的物料含水量 ω 称为第一临界含水量，简称为临界含水率，以 ω_0 表示。

（3）降速阶段 图 10−8 中的 CDE 段。达到临界含水量之后，随着干燥的进行，物体的含湿量逐渐降低，水分由物料内部向表面扩散的速度也降低，并且低于表面水分的汽化速度，干燥速率也随之下降。根据水分汽化方式的不同，这一阶段又分为如下两个阶段：

① 第一降速阶段：又称为部分表面汽化阶段，图 10−8 中的 CD 段。由于内部水分向表面扩散的速度小于表面水分汽化速度，物料表面出现部分干燥，但水分仍然从湿物料的表面汽化。这一阶段的特点是干燥速率均匀下降，潮湿表面逐渐减少，干燥部分越来越多，且由于汽化水量降低，需要的汽化热减少，物料温度开始升高。

② 第二降速阶段：又称为内部汽化阶段，图 10−8 中的 DE 段。当湿含量降低到某一点时，物料表面水分已经很少，表面温度越来越高，蒸发面逐渐向物料

内部移动，水分开始在物料内部汽化，产生的水蒸气再向物料表面扩散流动，直到物料中所含水分与热空气的湿度平衡时为止。这一阶段除去的主要是结合水，物料含水量越来越少，水分流动阻力增加，干燥速率越来越低，物料温度持续升高。

（4）平衡阶段　图 10 - 8 中的 E 之后。此时，物料中水分为平衡水分，不再汽化。

生物产品一般为热敏性物质，干燥过程中的高温和长时间加热，都将影响产品的稳定性或使产品受到不同程度的破坏，因此生物制品的干燥方法必须满足以下条件：

① 快速高效，加热温度不宜过高。

② 产品与干燥介质的接触时间不能太长。

③ 干燥产品应保持一定的纯度，在干燥过程中不得有杂质混入。

生物产品或药品常采用喷雾干燥、气流干燥、沸腾干燥和冷冻干燥的方法。

二、干 燥 工 艺

按照供热方式的不同，干燥可分为接触式、对流式、辐射式与介电加热等方法。

（1）接触式干燥　在这种方法中，物料与加热介质（金属方板、圆辊等）表面直接接触，使其中的水分汽化，所产生的蒸汽被干燥介质带走，或用真空泵抽走。由于热量是由加热介质通过热传导的方式传递给需干燥的物料，因此又称为热传导干燥。这种方法的热能利用率较高，但容易因接触面温度较高而产生局部过热、导致产品变质的现象。常用的这类干燥设备主要有：厢式干燥器、耙式干燥器、转筒干燥器、真空冷冻干燥器等。

（2）对流式干燥　热能以对流传热的方式由干燥介质（通常是热空气）传递给湿物料，使物料中的水分汽化，物料内的水分汽化后由干燥介质带走。干燥过程所需的热量由干燥介质传送，干燥介质起到传热和传质的双重作用。这种方法广泛用于微生物反应、生物提取等产物制备上，主要使用的设备类型有：转筒干燥器、洞道式干燥器、气流干燥器、空气喷射干燥器、喷雾干燥器和沸腾床干燥器等。

（3）辐射式干燥　这是指热能以电磁波的形式传递到湿物料的表面，被物料所吸收转化为热能而将水加热汽化的干燥方法。红外辐射干燥比热传导干燥和对流干燥的生产强度大很多，且设备紧凑、干燥时间短，产品干燥均匀而洁净，但能耗大，适用于表面积大而薄的物料干燥。

（4）介电加热干燥　目前，这种方法主要指的是高频干燥和微波干燥。两者的原理相同，都是将物料置于高频电场内，利用高频电场的作用使物料中的极性分子（如水分子）发生频繁转动而产生热量，使水分汽化，从而达到干燥的目的。不同的是，两者所使用的电磁波频率不同。

一般物质按其导电性质大致可分为两类：一类是如银、铜、铝等可以导电的金属（良导体），微波在良导体的表面会产生全反射（与镜面反射光类似）而极少被吸收，所以良导体不能用微波直接加热；另一类是如玻璃、陶瓷、石英、云母以及某些塑料等不良导体，微波在其表面发生部分反射，其余部分则渗入介质内部继续传播，微波在传播中很少被吸收，热效应极微，故不良导体也不适用于微波直接加热。然而，水等极性分子的液体能强烈地吸收微波，会产生明显的热效应，这类物质称为微波吸收性介质。含水的物质一般都是吸收性介质，可以用微波来加热。分子的极性与其介电常数有关，所以这类加热方法称为介电加热。

介电加热干燥的特点是物料中的水分含量越高，所产生的热量就越大。一般来说，湿物料内部的含水量比表面高，所以在加热时，物料内部的温度比表面要高。也就是说，在介电加热过程中，热量的传递方向与水分的扩散方向相同，物料内外的水分同时被加热，物料内的水分汽化后迅速扩散至表面，大大缩短了干燥时间，产品质量较均匀。缺点是电能消耗大，设备和操作费用都比较高，多用于食品、医药、生物制品等贵重物品的干燥。

三、干 燥 设 备

1. 厢式干燥器

厢式干燥器是间歇式干燥器的一种，通常小型的称为烘箱，大型的称为烘房。按气体的流动方式，又分为平流式、穿流式等。

（1）烘箱　这是验室常见的小型厢式干燥器（图10－9），其四壁的夹层中填充有保温材料，内壳围绕的空间作为干燥室，采用热对流的方式对放置于搁物架上的物料进行加热。加热室内的温度由设置于其中的温度电极感知，通过面板上的控制装置进行参数调节，由干燥室底部的加热器加热。一般的烘箱多使用电加热方式。

 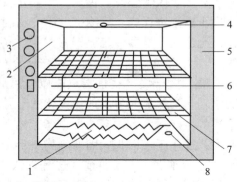

图 10－9　厢式干燥器（烘箱）

1—加热器　2—内胆　3—控制按钮　4—排气孔　5—保温层　6—温度电极　7—搁物架　8—进气孔

（2）穿流厢式干燥器　如图 10 - 10 所示，物料盛装于具有微小气孔的浅盘（或丝网），热空气从小孔中穿过待干燥的物料层，与湿物料直接接触，快速带走物料中的水分。为防止下层物料中吹出的湿空气对上一层物料的干燥产生影响，在两层物料之间设计有倾斜的挡板。这种干燥器的干燥速度较快，热利用率高。

（3）平流厢式干燥器　如图 10 - 11 所示，物料放置在若干层搁物架上的浅盘里，浅盘无气孔，每层搁物架上均有气流导向板，可使热风均匀进入各层搁物架之间，从浅盘中的物料上方流过，对物料加热并带走蒸发的水蒸气。加热空气可以部分回流循环使用，以提高热利用率。如果干燥器内部空间大，可将浅盘放置于移动小车上，便于物料的装卸操作。

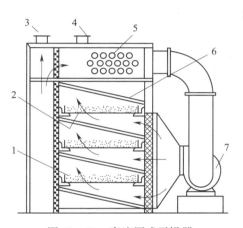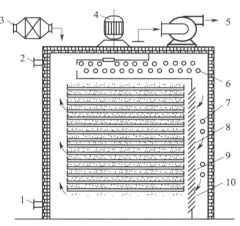

图 10 - 10　穿流厢式干燥器

1—干燥物料　2—网状料盘　3—尾气放空
4—进空气　5—加热器　6—气流挡板
7—循环风机

图 10 - 11　平流厢式干燥器

1—出冷凝水　2—进加热蒸汽　3—进空气
4—循环风机　5—放空　6，7—蒸汽加热管
8—气流导向板　9—物料　10—载料小车

2. 带式干燥器

这是连续常压干燥器的一种，如图 10 - 12 所示，干燥室的截面为长方形，内部安装有网状传送带，物料置于传送带上，气流与物料错流流动，带子在前移过程中，物料不断地与热空气接触而被干燥。传送带可以是单层的（单带式），也可以是多层的（多带式）。通常在物料的运动方向上分成许多区段，每个区段都可装设风机和加热器。在不同区段内，气流的方向、温度、湿度及速度都可以不同，如在湿料区段，操作气速可大些。根据被干燥物料性质的不同，传送带可用帆布、橡胶、涂胶布或金属丝网制成。物料在带式干燥器内基本可保持原状，也可同时连续干燥多种固体物料，但要求带上物料的堆积厚度、装载密度均匀一致，否则通风不均匀，会使产品质量下降。这种干燥器的生产能力及热效率均较低，热效率约在 40% 以下，适用于干燥颗粒状、块状和纤维状的物料。

247

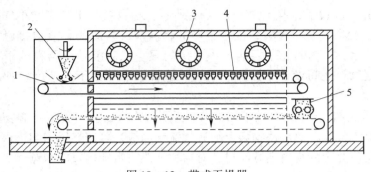

图 10－12　带式干燥器

1—传送带　2—加料器　3—风机　4—热空气喷嘴　5—压碎机

3. 转筒式干燥器

图 10－13 为用热空气直接加热的逆流操作转筒干燥器，其主体为略微倾斜的旋转圆筒。湿物料从转筒较高的一端送入，热空气由另一端进入，两者在旋转的干燥筒内逆流接触。随着转筒的旋转，物料在重力作用下流向较低的一端。通常转筒内壁上装有若干块抄板，可将物料抄起后再撒下，以增大干燥表面积，提高干燥速率，同时还促使物料向前运行。抄板有多种结构形式，同一转筒内可采用不同型式的抄板。

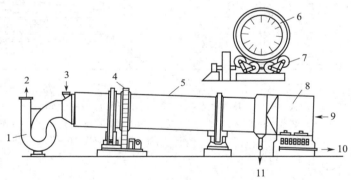

图 10－13　热空气直接加热的逆流转筒干燥器

1—风机　2—排废气　3—进料　4—驱动齿轮　5—转筒　6—抄板
7—支架　8—蒸汽加热　9—进空气　10—蒸汽冷凝　11—出料

转筒干燥器的优点是对物料的适应性较强，可以连续操作，机械化程度高，生产能力大，流体阻力小，容易控制，产品质量均匀；缺点是设备笨重，金属材料耗量多，热效率低，结构复杂，占地面积大，传动部件需经常维修等。

4. 洞道式干燥器

洞道式干燥器（图 10－14）呈狭长的洞道状，内设铁轨，由若干小车载着盛于浅盘中或悬挂在架上的湿物料通过洞道。干燥介质为热空气或烟道气，再由位于干燥器下方或顶板上的气道抽出。湿物料在洞道中与热空气接触而被干燥。

小车可以连续地或间歇地进出洞道。洞道中也可采用中间加热或废气循环操作。这种干燥器的结构简单，容积大，物料处理量大，可分批次连续操作；缺点是干燥时间长，干燥不够均匀。

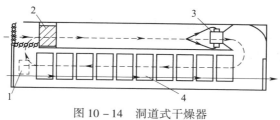

图 10 - 14　洞道式干燥器

1—排气　2—加热器　3—风机　4—装料车

5. 真空干燥设备

从结构形式上区分，真空干燥设备同前述的厢式、带式、转筒等类型的干燥器相似，只是多了真空和冷凝系统。即由密闭干燥室、冷凝器和真空泵三部分组成，通过真空系统，获得呈负压状态的干燥空间，促进湿物料中水分的汽化，缩短干燥时间，特别有利于生物工程中的热敏性物料和空气中易氧化等产品的生产。常用的真空干燥设备有厢式真空干燥器、耙式真空干燥器等。

（1）厢式真空干燥器　这种干燥器的结构与穿流式和平流式的厢式干燥器相似，不同的是配置有真空系统（图 10 - 15）。真空的形成可直接用水力喷射或蒸汽喷射获得，若采用泵时应在干燥箱或真空泵之间安装冷凝器，以冷凝干燥中产生的水蒸气，避免水汽抽入泵内。

（2）耙式真空干燥器　如图 10 - 16 所示，在一个带有蒸汽夹套的圆筒中装有水平搅拌轴，轴上有许多叶片，不断翻动物料；被干燥物料从壳体上方正中间加入，在不断正反转动的耙齿的搅拌下，物料沿轴向来回流动，与壳体内壁接触的表面不断更新；蒸发的水蒸气和不凝性气体由真空系统排出，干燥结束后，物料由底部卸出。这种干燥器是通过间壁传导供热，具有结构简单，操作方便，使用周期长，性能稳定可靠，蒸汽耗量小，适用性能强，产品质量好，适用于糊状物料的干燥，物料的原始含水量可在很宽的范围内波动，但生产能力较低。

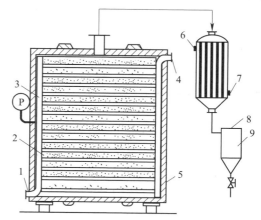

图 10 - 15　厢式真空干燥器

1—出冷凝水　2—空心隔板　3—冷凝支管
4—进加热蒸汽　5—进气支管　6—出冷却水
7—进冷却水　8—抽真空　9—汽水分离器

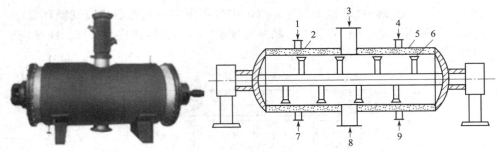

图 10 - 16　耙式真空干燥器

1，4—进加热蒸汽　2—外壳　3—进料　5—夹套　6—耙齿　7，9—出热水　8—出料

6. 气流干燥设备

气流干燥是利用热气流将物料在流态下进行干燥，干燥操作中，湿物料在热气流中呈悬浮状态，每个物料颗粒都被热空气包围，使热空气与粉状或颗粒状湿物料在流动过程中充分接触，气体与固体物料之间进行传热与传质，从而使湿物料快速达到干燥的目的。其特点是：干燥强度大，干燥时间短（1～5s）；设备结构简单（干燥、粉碎、输送、包装等可组成一道工序），占地面积小，机械转动部件少，便于维护；可连续操作，适用性广，能使用于各种粉粒状、碎块状物料。缺点是必须有高效的粉尘收集装置和性能良好的加料装置，有时还需要附加粉碎过程，动力消耗较大。

常用的气流干燥器有长管式、脉冲管式和旋风式等，可应用于生物工业中味精、柠檬酸、四环类抗生素等的干燥。

长管式气流干燥器　如图 10 - 17 所示，其主体是一根几米至几十米的垂直管，物料及热空气在管的下端进入，干燥后的物料在管的顶端进入分离器，使物料和空气分离。在气流干燥过程中，热空气的上升流速应大于物料颗粒的自由沉降速度，空气在气流干燥中既是干燥介质，又是固体物料的输送介质。在气流干燥中，空气是靠鼓风机来输送，鼓风机可以安装在整个流程的头部，也可装在尾部或中部，这样可使干燥过程分别在正压、负压或先负后正的情况下进行。

脉冲管式气流干燥器的干燥管一般为圆形长管。为了充分利用气流干燥中颗粒加速段较强的传热传质作用，可设计成不同直径交替的脉冲管（图 10 - 18），在脉冲管中颗粒进入小管径的干燥段时，流速加快，进入大管径的干燥段时流速降低，这样不断地加速减速，强化了传热传质速率。

旋风式气流干燥器的主体结构与旋风分离器类似（图 10 - 19），具有一个圆筒形的筒身，圆筒的中央设有轴向的排气管，带有物料的气流在圆筒的顶部以切线方向进入圆筒，在圆筒内呈螺旋状向下流动至底部后，再折向中央排气管向上排出。圆筒附有蒸汽夹套。圆筒横截面自上而下逐渐收缩，可使含物料的气流在圆筒的下部加速运动。

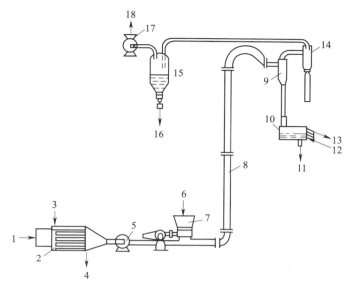

图 10 - 17　长管式气流干燥器

1—进风　2—加热器　3—蒸汽　4—冷凝水　5—鼓风机

6—进料　7—加料器　8—干燥管　9—旋风分离器

10—振动筛　11—粉末　12—细粒产品　13—粗粒产品

14—布袋收集器　15—湿式收集器　16—废液　17—排风机　18—废气

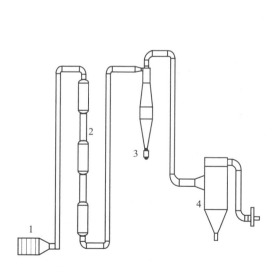

图 10 - 18　脉冲管式气流干燥器

1—加热器　2—脉冲干燥管

3—旋风分离器　4—袋式收集器

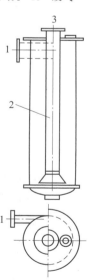

图 10 - 19　旋风式气流干燥器

1—进料　2—中央排气管　3—出料

长管式气流干燥器的干燥管很高，对房屋建筑、操作运行和设备检修等带来不便。在生产中常以旋风式代替长管式。

7. 流化床干燥设备

流化床干燥器又称为沸腾床干燥器，其原理与气流干燥器相似，都是使湿物料在热气流中呈悬浮态来达到干燥目的。不同的是流化床干燥中，湿物料并不会被热气流所带走。换句话说，流化床干燥是利用流态化技术，用热空气流使置于筛板上的颗粒状湿物料呈沸腾状态的干燥过程。干燥中，热空气的流速与颗粒的自由沉降速度相等，当压力降近似等于流动层单位面积的质量时，床层便由固定态变为流化态，床层开始膨胀，颗粒悬浮于气流中呈沸腾状翻动，彼此碰撞和混合，气、固进行传热传质而固体颗粒不会被气流带走。特点是传热传质速率高；干燥温度均匀，控制容易；结构简单，可实现连续、自动化生产，适用于颗粒直径为 $30\mu m \sim 6mm$ 间物料的干燥，颗粒过小时易于产生局部沟流，颗粒过大则要求有更高的气流速度，动力消耗加大。图 10 – 20 是典型的流化床干燥流程。

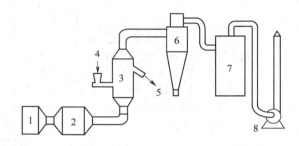

图 10 – 20　流化床干燥流程

1—过滤器　2—加热器　3—沸腾干燥器　4—进料
5—出料　6—旋风分离器　7—袋滤器　8—风机

流化床干燥器可分为单层和多层。由于流化床中存在返混或短路，可能有一部分物料未经充分干燥就离开干燥器，而另一部分物料又会因停留时间过长而产生过度干燥现象。因此单层沸腾床干燥器仅适用于易干燥、处理量较大而对干燥产品的要求又不太高的场合。对于干燥要求较高或所需干燥时间较长的物料，一般采用多层（或多室）流化床干燥器。

（1）单层卧式多室流化床干燥器　这种干燥器（图 10 – 21）具有长方形的横截面，底部为多孔金属筛板，筛板上方有若干块竖立的挡板把沸腾床隔成若干个沸腾室，挡板可上下移动以调节其与筛板间的距离，每个沸腾室的下方都有热空气进口支管，各支管热空气的流量可根据要求分别调节。送入的热空气通过网板上的小孔使物料颗粒悬浮起来，产生剧烈的上下翻腾，犹如沸腾一样。热空气与固体颗粒均匀地接触，进行传热，湿物料内所含的水分得到蒸发，吸湿后的废气从干燥箱上部经旋风分离器排出，废气中所夹带的微小颗粒在旋风分离器底部收集。湿物料在箱内沿水平方向移动。湿物料由第一室开始逐步向下一室移动，已干燥的物料在最后一室经出料口排出。由于隔板的作用，使物料在箱内平均停留时间延长，借助物料与隔板的撞击作用，使物料获得垂直方向的运动，从而改善了物料与热空气的混合效果。为了便于产品收集，最后一室可以使用较低温度的空气。这种干燥器适用于颗粒状物料（如柠檬酸晶体、活性干酵母等）的干燥。

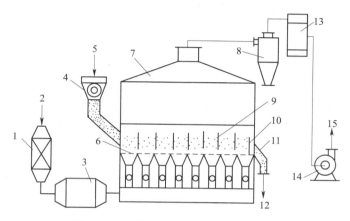

图 10 – 21　单层卧式多室流化床干燥器

1—空气过滤器　2—空气　3—加热器　4—进料斗　5—湿物料
6—多孔板　7—干燥器　8—旋风分离器　9—隔板　10—堰板
11—卸料管　12—出料　13—袋滤器　14—风机　15—废气

（2）多层圆筒沸腾床干燥器　如图 10 – 22 所示。圆筒状的干燥室内部被多孔分布板分为上下两层，物料加入干燥室的上层，而热风则从干燥室的下层吹入。两层之间用溢流管相连，上层脱湿的物料颗粒可通过溢流管进入下层，下层的热风在与下层物料接触后经分布板的小孔进入上层，最后由干燥器的顶部排出。在上、下两层的沸腾床中，物料颗粒与热气流逆流接触，在每层中相互混合，但层与层间不发生混合。这种干燥器由于物料与热空气多次接触，所以尾气湿度大，温度低，热效率较高；缺点是设备结构复杂，流体阻力较大，需要高压风机。另外，特别需要解决好物料由上层定量地转入下一层，以及防止热气流沿溢流管短路流动等问题。若操作不当，则容易破

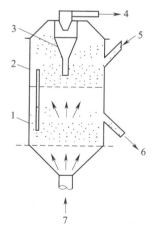

图 10 – 22　多层圆筒沸腾床干燥器

1—上层　2—下层　3—床内分离器
4—出气体　5—进料　6—出料
7—热空气

坏物料的正常流化。

[能力拓展]

沸腾制粒是制药过程中常用的一项操作技术，药剂压片、填充胶囊、制丸剂等都需要先将粉末状药物制成颗粒，再进行下一道工序。其工作原理与流化床干燥相似，即用气流将颗粒物悬浮，使其呈流态化，再喷入黏合剂，使粉末在气流中沸腾时相互黏结成颗粒。通过调节气流的温度可以将混合、制粒、干燥等操作在一台设备中完成，故流化制粒机又称为一步制粒机，广泛应用于制药工业中。

流化制粒机一般由空气预热器、压缩机、鼓风机、流化室、袋滤器等组成，如图 10-23 所示。流化室多采用倒锥形，以消除流动"死区"。气体分布器通常为多孔倒锥体，上面覆盖有 60~100 目的不锈钢筛网。流化室上部设有袋滤器以及反冲/振动装置，以防袋滤器堵塞。工作时，经过滤净化后的空气由鼓风机送至空气预热器，预热至规定温度（60℃ 左右）后，从下部经气体分布器和二次喷射气流入口进入流化室，使物料流化。随后，将黏合剂喷入流化室，继续流化、混合一定时间（多为数

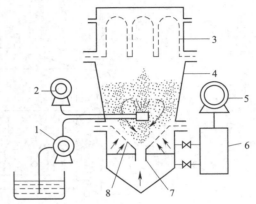

图 10-23　沸腾制粒机
1—黏合剂泵　2—空压机　3—袋滤器
4—沸腾室　5—鼓风机　6—加热器
7—二次喷射气流入口　8—气体分布器

分钟）后，即可出料。湿热空气经袋滤器除去未黏合的粉末后排出。流化制粒机制得的颗粒粒度多为 30~80 目，颗粒外形比较圆整，压片时的流动性也较好，有利于提高片剂质量，适用于含湿或热敏性物料的制粒。缺点是动力消耗较大。此外，物料密度不能相差太大，否则将难以流化制粒。

8. 喷雾干燥设备

喷雾干燥是利用喷雾器，将悬浮液和黏滞的液体喷成雾状的分散微粒，在热风中完成干燥的过程。一般由热风系统、喷雾塔主体（包括雾化器、干燥室）、产品回收系统组成。按照雾化方式的不同，系统组成也有所差别。图 10-24 所示为压力式喷雾干燥器的工艺流程。工作时，空气经过滤、加热后送入干燥室，而原料液则在高压泵驱动下经雾化器向干燥室内喷成雾滴；在干燥室中，热空气和雾滴充分接触混合，由于雾滴具有较大的表面积，可以同热空气发生强烈的热交换，迅速排除本身的水分，在几秒至几十秒内获得干燥；干燥后的物料大部分以粉末状态沉降于干燥室底部的集料筒内，少部分被热风携带至旋风分离器中，被分离至回收筒中；尾气用引风机排空。干燥过程中，可从集料筒或回收筒中卸料排出干燥产品。

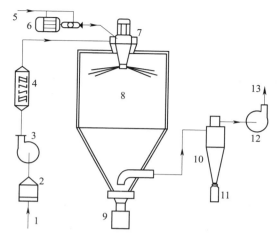

图 10-24　压力式喷雾干燥器的工艺流程

1—进空气　2—空气过滤器　3—鼓风机　4—加热器　5—料液　6—高压泵　7—雾化器
8—干燥室　9—集料筒　10—旋风分离器　11—回收筒　12—引风机　13—尾气

喷雾干燥具有干燥速率快、时间短、操作温度低的特点，产品纯度高，有良好的分散性和溶解性。这种方法能直接将溶液、乳浊液干燥成粉状或颗粒状制品，省去蒸发、粉碎等工序，特别适用于热敏性较强的生物活性产品的制备，如酵母、核苷酸和某些抗生素药物的干燥。缺点是热效率较低，设备占地面积大，运行成本较高，需要解决粉尘回收的问题，干燥过程中固体颗粒容易粘壁等。

喷雾干燥器的操作中，雾滴大小与雾化均匀程度对产品质量影响很大。如果雾化不均匀，就会出现大雾滴还未达到干燥标准，而小雾滴已经干燥过度变质的现象。雾化器是喷雾干燥的关键部件。理想的雾化器要求喷雾粒子均匀、结构简单、产量大、能耗小。雾化器有压力式、气流式和离心式三种。

（1）压力式雾化器　由高压泵、喷嘴和旋转室组成（图 10-25），其喷嘴安装在雾化室的上部，与旋转室内壁呈切线角度，料液在高压泵的作用下经喷嘴从切线方向进入旋转室，沿内壁进行高速旋转运动，从出口小孔处呈雾状喷出。这种雾化器的结构简单、操作简便、耗能低、生产能力大，但需使用高压系统。压力式喷雾器适用于低黏度液体的雾化，目前是应用最广的喷雾器。

（2）气流式雾化器　这种雾化器采用了文氏管原理，使压缩气体从环形喷嘴高速喷出，高速气流所产生的负压，将中心喷嘴处的料液以膜状吸出，液膜与高速气流混合并分散成雾滴。常用的喷嘴结构如图 10-26 所示。也有采用二次气流混合的方式，即气流与液体在喷嘴内、外两次混合后，再以雾滴的形式喷出。由于是通过高速气流对料液产生摩擦分裂作用而把液滴拉成细雾，所以对于高黏度溶液的干燥产品往往呈絮状。这种雾化器结构简单、维修方便、运行费用低，产品颗粒基本为球形，流动性好，适用于一般黏度溶液的高、低温干燥。

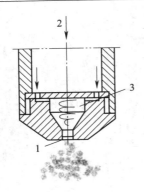

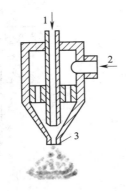

图 10-25　压力式雾化器　　　　　　图 10-26　气流式雾化器
1—喷嘴口　2—原料液　3—旋转室　　1—原料液　2—压缩空气　3—喷雾锥

（3）离心式雾化器　这种雾化器是雾化室内设置有可旋转的圆盘（称为雾化轮），圆盘上有放射形的叶片，在电机带动下高速旋转，转速可达 4000 ~ 20000r/min，圆周线速度为 100 ~ 160m/s。料液从圆盘中部进入，在离心力的作用下由水平方向的喷嘴径向甩出，呈雾滴状喷洒于干燥室内。这种雾化器操作简便，适用范围广，料液通道大，不宜堵塞，动力消耗少；但需要有电传动装置，雾化轮的加工精度要求高，不便于检修。酶制剂的干燥大多采用这种方法。

喷雾干燥操作时，干燥室内雾滴和热空气接触的方式，可分为并流、逆流和混流三种。图 10-27 所示为并流接触方式，即雾化器安装在干燥室的顶部，雾滴和热气流都是向下做并流流动。若空气改从干燥器的底部送入，雾化器仍然安装在顶部，则雾滴和热气流呈逆向接触流动。若雾

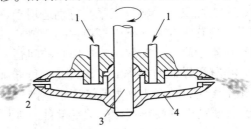

图 10-27　离心式雾化器
1—原料液　2—喷嘴　3—旋转轴　4—旋转雾化轮

化器安装于干燥室底部，向上喷雾，则雾滴和热气流先做逆向流动，后转为并流，属于混流接触。在并流接触方式中，温度最高的干燥介质与湿度最大的雾滴接触，蒸发速度快，干燥介质的温度降低也快，整个干燥过程中物料的受热温度不会很高，对热敏性物料的干燥有利。但另一方面，由于蒸发速度快，液滴容易破碎，获得的干燥产品常为非球形多孔颗粒。逆流接触方式则刚好相反，但要求产品能经受较高的温度，并需要较高的疏松密度。另外，逆流接触方式下平均温差和平均分压较大，有利于传质和传热，热利用率较高。

四、冷冻干燥

冷冻干燥，又称真空冷冻干燥或简称冻干，是将湿物料（或溶液）在较低

温度下（−50～−10℃）冻结成固态，然后在真空下，将其中固态水分直接升华为气态，最终使物料脱水的干燥技术。

　　冻干的固体物由于微小冰晶体的升华而呈现多孔结构，并保持原先冻结时的体积，加水后极易溶解而复原，制品在升华过程中能最大限度地防止物料理化和生物学性质的改变，且真空环境下产品不易氧化，干燥后能除去95%～99%以上的水分，有利于制品的长期保存，非常适用于生物制品、生化制品和热敏性药品的生产。冷冻干燥的主要缺点是成本高，需要较高的真空和低温条件，需要配置真空系统和低温系统，投资费用和运转费用都比较高。

　　1. 冷冻干燥的原理

　　真空冷冻干燥属于物理脱水的过程，而水的固−液−气三相变化温度是与压力直接有关的。图10−28所示为水的三相平衡图，图中OA、OB、OC三条曲线分别表示冰和水、水和水蒸气、冰和水蒸气两相共存时压力和温度的关系，分别称为固液平衡线（熔化线）、气液平衡线（汽化线）、固气平衡线（升华线）。三条线将图分成三个区域，分别称为固相区、液相区和气相区。三条线的交点为固、液、气三相共存的平衡状态，称为三相点。在三相点以下，只有固相和气相，不存在液相，相变只在这两相间发生。

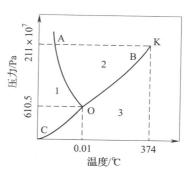

图10−28　水的三相平衡图
1—固相　2—液相　3—气相

　　热干燥是在三相点以上的温度和压力条件下，基于汽化线进行的干燥操作。冷冻干燥则是在三相点以下的温度和压力条件下进行的。冷冻操作时，首先将物料温度降低到三相点以下，使物料全部冻结，然后在较高真空度下使冰直接升华为水蒸气，从物料中逸出，从而获得干燥制品。因此，真空冷冻干燥又称为升华干燥。

　　2. 冷冻干燥工艺

　　冷冻干燥系统由干燥箱、水汽冷凝器、制冷系统、真空系统、加热系统等部分组成，其流程如图10−29所示。干燥箱是能抽成真空的密闭容器，箱内设有若干隔板，隔板内置冷冻管和加热管，用来放置被干燥的物料，又称为冻干箱。冷凝器内装有数组冷冻管，其操作温度应低于冻干箱内的温度（可达−60～−45℃），目的是将来自干燥箱中升华的水分冷凝，以保证冻干过程的进行。制冷系统可为干燥箱降温，使干燥箱和冷凝器达到所需要的工作温度。真空系统的作用是将干燥箱内降压，达到一定的真空度。加热系统的作用是给干燥箱提供水蒸气升华所需要的热量及冷凝器除霜所需要的热量。整个冻干操作过程包括三个阶段：冻结干燥、升华干燥和解吸干燥。

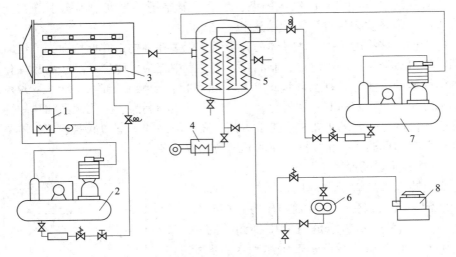

图 10 - 29 冷冻干燥系统简图

1—加热系统 2—制冷系统 3—干燥箱 4—加热器 5—冷凝器
6—罗茨泵 7—制冷机组 8—旋片式真空泵

（1）冻结 先将湿物料用适宜冷却的设备冷却至 2℃ 左右，然后置于约 $-40℃$（13.33Pa）的干燥箱内，关闭干燥箱，迅速通入制冷剂，使物料冷冻，并保持 2~3h 或更长时间，以克服溶液的过冷现象，使制品完全冻结，以便进行升华。

（2）升华 这一阶段是在高真空度下进行的，冻结结束后即可启动真空系统，缓慢降低干燥箱中的压力。在压力降低过程中，必须注意保持箱内物品的冻结状态，以防溢出。待箱内压力降低至一定程度后，再打开罗茨（真空）泵，继续降低箱内压力至 1.33Pa、$-60℃$ 以下时，升华开始，产生的水蒸气在冷凝器内冷凝成冰晶。为保证冰的升华，应同时开启加热系统，将隔板加热，供给冰升华所需的热量。注意：此加热过程应严格控制，过多的热量会使已冻结的产品因升温而可能出现局部熔化，导致产品干缩起泡，使干燥失败。在整个升华阶段内，冰大量升华，而制品的温度不能超过最低共熔点（即三相点），通常隔板温度控制在 ±10℃ 之间。升华阶段完成后，大约可除去全部水分的 90% 。

（3）解吸 升华完成后，产品内还有 10% 左右的结合水。这部分水属于结合水，除去之需要更多的热量。此时，固体表面的水蒸气压力呈不同程度地降低，干燥速度明显下降。在保证产品质量的前提下，此阶段应适当提高隔板温度，以利于水分的蒸发。通常是将搁板加热至 30~35℃，实际操作中应按冷冻干燥产品的冻干曲线（事先经过试验绘制的温度、时间、真空度曲线）进行，直至产品温度达到搁板温度为止。

一般来说，在升华阶段，温度常选择能允许的最高温度，保持尽可能高的真空度，这样有利于残留水的逸出；持续时间 4～6h。自动化程度较高的冻干机可以采用压力升高试验对残留水分进行控制，保证冻干产品的水分含量少于 3%。

3. 冷冻干燥设备

冻干技术的应用和设备是分不开的。图 10－30 所示的冷冻干燥系统就是由多个设备组成的，俗称冷冻干燥机（冻干机）。到目前为止，冻干机的设备规模从不足 1m² 到几十平方米的都有，操作形式上可分为间歇式和连续式两大类。

按照设备规格的大小不同，冻干机可分为：台式冻干机、小型冻干机、中型冻干机和大型冻干机。其中，隔板有效面积已基本形成系列，习惯上将 1～10m² 的冻干机称为中型（生产型）冻干机；10～50m² 的冻干机称为大型（生产型）冻干机；而 1m² 以下（如 0.4m² 或 0.6m²）的冻干机称为实验型冻干机。

按照设备结构的不同可分为钟罩型、原位型、压盖型和多歧管型等。大部分实验型冻干机都属于钟罩型，其结构简单，成本低；原位型的干燥箱隔板带有制冷功能，主要应用于一般的冻干过程，是冻干机的主流发展方向，特别适用于医药、生物制品及其他特殊产品的冻干；压盖型可以在干燥结束后通过压盖机构压紧瓶盖，特别适合于西林瓶等冻干药剂的生产；多歧管型则是在干燥室外部挂接烧瓶，依靠室温加热，多为小型和实验型设备，具有冷冻速度快，使用方便的特点。

按照设备操作形式的不同可分为间歇式和连续式。间歇式冻干设备采用单机操作，便于控制物料干燥时不同阶段的加热温度和真空度的要求，设备的加工制造和维修保养易于进行，适合于多品种小批量的产品生产，特别适用于季节性强的食品、药品生产；但由于装料、卸料、启动等操作占用时间较多，因此设备利用率低，生产效率也不高。连续式冻干设备生产量大，容易实现自动化控制，方便操作和管理，适于品种单一而产量庞大、原料充足的产品生产，特别适合浆状和颗粒状制品的生产；缺点是设备成本高。

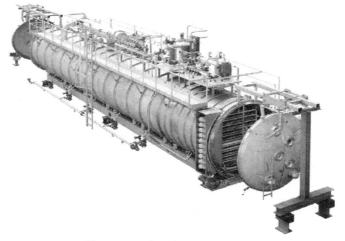

图 10－30 真空低温连续干燥机

[能力拓展]

微波真空冷冻干燥机在对物料进行真空冷冻干燥时，采用微波方式来提供升华热。由于真空状态下几乎不存在对流现象，只能靠传导方式对物料补充升华热，所以传统的加热方式存在加热时间偏长、能耗过大的缺点。微波具有穿透性，在对物体加热时，不需要任何传媒，且可对物料内外同时加热。根据国内外资料显示，采用微波设备对物料加热，其速度和效能是常规加热方法的 4～20 倍。微波真空冷冻干燥技术具有优良的应用性能，但在我国目前的食品、药品领域中的应用规模还不是很大。

[技能要点]

结晶是使溶液处于过饱和状态的不稳定区时，溶液中不稳定的高能质点很多，并很快互相碰撞，放出能量，吸引、聚集、排列成结晶。但在工业生产中，为了控制结晶质量，结晶操作是在介稳区进行，常使用的方法是通过改变溶液的浓度，使溶液进入过饱和区，并使溶液维持一定的过饱和浓度进行结晶操作，有浓缩结晶、冷却结晶和等电点结晶等方法。典型的结晶设备有冷却结晶设备、蒸发结晶设备和真空结晶设备，其中真空结晶设备是使溶液处于真空状态下低温浓缩，而达到过饱和浓度进行结晶，适合于热敏性物料的处理。

干燥是利用热能除去固体物料中湿分的单元操作，生物工程中常用的干燥方法有对流干燥、冷冻干燥、真空干燥等。对流干燥主要是利用热空气流将热量传递给湿物料，使物料中的水分受热蒸发，同时进入到空气中，被空气带走，物料得到干燥。常用的设备有气流干燥、喷雾干燥、流化床干燥等设备。真空干燥是使物料处于一定真空度下，物料中的水分在较低的加热温度下蒸发而被除去的一种操作。冷冻干燥是使物料中的水分处于固体状态下直接升华而除去，该设备主要包括冷冻装置、真空装置、水汽去除装置和加热部分。

[思考与练习]

1. 名词解释

结晶，饱和溶液，浓缩结晶，冷却结晶，等电点结晶，恒速干燥，三相点，真空冷冻干燥

2. 填空题

（1）在气流干燥过程中，热空气的_____应大于物料颗粒的_____，空气在气流干燥中既是_____，又是固体物料的_____。

（2）塔内装有气流喷雾器，喷雾器形式有_____和_____两种。

（3）起晶的方法有_____、_____、_____。

（4）喷雾干燥器的雾化有_____、_____和_____三种方式。

（5）冷冻干燥系统由_____、_____、_____和_____四部分组成。

3. 选择题

（1）结晶必须在"介稳状态"下进行，这是指_____。

A　溶液未饱和　　　B　溶液已饱和　　　C　溶液过饱和　　　D　都不是

（2）生物产物的结晶操作中，获得晶种来完成结晶的方法是_____。

A　使溶液蒸发至不饱和状态　　　　　　B　向过饱和溶液中添加晶种

C　稀释过饱和溶液至不饱和状态　　　　D　使溶液降温至不饱和状态

（3）在干燥一段时间后水分无法被全部除去，此时物料中的水分有_____。

A　机械结合水　　　B　物化结合水　　　C　自由结合水　　　D　溶胀结合水

4．简答题

（1）结晶过程中溶液的过饱和度过大会出现哪些问题？

（2）气流干燥原理是什么？

（3）简述喷雾干燥的原理。

（4）流化床干燥原理是什么？

模块十一　制　　水

学习目标

[**学习要求**] 了解制水的工艺原理，理解常用的制水单元工艺操作及流程；熟悉食品、药品生产用水的标准和典型设备的结构特征。

[**能力要求**] 了解常用过滤器和典型制水设备的工作原理，熟悉二级反渗透制水工艺规程和操作。

项目一　概　　述

在生物工程产品和药品的生产过程中，水是必备的原、辅料，其产品及使用过程中，水也是必不可少的重要成分。不同的生产过程往往需要不同品质的水，例如洗涤包装容器所需要的粗洗和精洗用水、配制物料和溶解产品活性成分的溶剂用水、换热过程中的加热或冷却用水等。在工业上，这些水统称为工业用水。根据《中国药典》（2010 版）的规定，制药工艺用水包括饮用水、纯化水、注射用水。为确保产品的生产质量和使用安全，食品及其他生物工程产品的加工生产也参照执行类似的标准。

按照《中国药典》（2010 版）的要求，注射用水中必须无杂质、无微生物、不含热原，是各种用水规格中等级最高、要求最严格的。为达到这一要求，在实际的生产过程中，其生产工艺流程由原水预处理、纯化水制备及除热原三个环节组成。

项目二　原水预处理

所谓原水，是指未经处理的水，如取自天然水体或蓄水水体，如河流、湖泊、池塘或地下蓄水层等，用作供水水源的水称为原水。原水中一般含有悬浮物、微生物、胶体、溶解气体、多种有机化合物、无机化合物及其他杂质。通常把原水的除菌除杂过程称为原水的预处理。原水的预处理是保证食品、药品生产用水质量的重要前提，原水预处理的工序如图 11 - 1 所示。

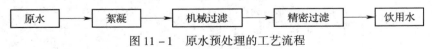

图 11 - 1　原水预处理的工艺流程

经过原水预处理的水称为饮用水，饮用水是供人类日常饮用和生活的用水，是制备纯化水的原料水，如表 11 - 1 所示为工艺用水的用途和要求。

表 11 - 1　　　　　　　　　工艺用水的用途和要求

水质类别		用途	水质要求
饮用水		1. 非无菌药品设备、器具和包装材料的初洗 2. 制备纯化水的水源 3. 中药材、饮片的清洗、浸润、提取用水	《生活饮用水卫生标准》（GB 5749—2006）
纯化水	去离子水	1. 口服剂配料、洗瓶 2. 注射剂、无菌冲洗剂瓶子的初洗 3. 非无菌原料药精制 4. 制备注射用水的水源	参照中国药典蒸馏水质量标准 电阻率 > 0.5MΩ·cm （电导率 ≤ 2μS/cm）
	蒸馏水	1. 溶媒 2. 口服剂、外用药配料 3. 非无菌原料药精制 4. 制备注射用水的水源	符合《中国药典》（2010 年版）标准
注射用水		1. 注射剂、无菌冲洗剂配料 2. 注射剂、无菌冲洗剂洗瓶 （经 0.45μm 滤膜过滤后使用） 3. 无菌原料药精制	符合《中国药典》（2010 年版）标准

一、絮　　凝

絮凝是指悬浮于水中的细颗粒物质因分子力作用而凝聚成絮团状集合体的现象。絮凝沉降是水处理工程中广泛应用的方法之一，其工作原理是：由于原水中的悬浮物和胶体物质表面常带有负电荷，中和这些负电荷可破坏胶体分散系的稳定，使其聚集为絮粒而沉降，所以在原水中加入大量阳离子或具有正电荷的高分子聚合物，使其中和悬浮物或胶体物质表面所带的负电荷，达到凝聚沉降的目的。工业上广泛应用的絮凝剂通常为铵盐类电解质或有吸附作用的胶质化学品，常用的有无机絮凝剂和高分子絮凝剂。聚合氯化铝和 ST 高效絮凝剂是典型的代表。

1. 无机絮凝剂

无机絮凝剂由无机化合物组成，能够使水体中的带电颗粒产生静电引力，相互架桥、凝聚，絮凝成可沉降或可过滤的絮凝物。常见的有铝盐、铁盐、氯化钙、聚合氯化铝、聚合硫酸铁、活性硅藻土等。其中聚合氯化铝是一种介于三氯化铝和氢氧化铝之间的水解物，为白色固体粉末或无色至淡黄色透明液体，其净水效果超过硫酸铝和三氯化铁，能快速形成大块絮凝体，沉降速度快，同时具有除臭、脱色、灭菌的作用。其缺点是使用量大。

2. 高分子絮凝剂

高分子絮凝剂是一类含有大量活性基团的高分子有机化合物，ST 高效絮凝剂是最常用的代表，这是一种季铵盐类水溶性高分子电解质，具有离子度高、易溶于水（在整个 pH 范围内完全溶于水，且不受低水温的影响）、不成凝胶、水解稳定性好等特点，其大分子链上所带的正电荷密度高，产物的水溶性好，分子质量适中，具有絮凝和消毒的双重性能，可作为主絮凝剂和助凝剂使用，对水的澄清有明显的效果。与传统使用的无机絮凝剂（如硫酸铝、碱式氯化铝等）相比，ST 絮凝剂具有产生淤泥量少、沉降速度快、水质好，成本低等特点，可直接过滤除去。

由于高分子絮凝剂为高分子聚合物，其与原水的混合过程不能过于剧烈，否则会因剪断聚合物分子而降低 ST 的絮凝作用。目前，絮凝剂的投加常采用计量泵精确计量、管道式混合器均匀混合的方式。

二、机 械 过 滤

原水絮凝沉降后，可进入机械过滤工序。机械过滤系统由多介质过滤器、活性炭过滤器、除铁过滤器等设备组成。

机械过滤器是机械过滤系统的核心部件。机械过滤器也称为压力式过滤器。因滤器填充介质不同，用途与作用各有区别。填充介质一般为石英砂、活性炭、锰砂等。不同的填充介质可以分层填充于同一个过滤器中，也可以分别单独装填。混合填充的可称为多介质过滤器，单独填充的可分别称为石英砂过滤器（砂滤器）、活性炭过滤器（炭滤器）、除铁锰过滤器（锰砂过滤器）等。按照进水方式的不同，分为单流式过滤器、双流式过滤器等。

机械过滤器通常由钢制衬胶或不锈钢材质做外壳，内部结构同填料塔，底部为多孔支撑板，其上填充填料。如果是多介质填料，通常是分层装填，上层填料为无烟煤或锰砂，下层填料为精制石英砂。这些填充介质在过滤中分别发挥不同的作用：

(1) 石英砂 石英砂具有拦截、沉淀及吸附等作用，可以截留去除水中的悬浮微粒、胶体、泥沙和铁锈等杂质，降低水的浑浊度。石英砂填料的过滤阻力小、通量大，常用于原水预处理，也可以用作水质要求不高的工业给水粗过滤、循环冷却水、污水及中水的处理。也有的用无烟煤或颗粒多孔陶瓷来替代石英砂。

(2) 锰砂 天然锰砂的主要成分是二氧化锰（MnO_2），是二价铁氧化成三价铁的良好催化剂。当原水 pH > 5.5 时，天然锰砂可将 Fe^{2+} 氧化成 Fe^{3+} 并生成 $Fe(OH)_3$ 沉淀，经锰砂滤层后可除去沉淀物。一般来说，原水中铁、锰含量不大时，滤料使用石英砂即可；当水体中铁、锰含量大于 0.3mg/L 时，滤料改用锰砂，可有效除去水中超标的铁、锰离子，去除率高达 90%。锰砂可直接将高含铁地下水处理成可饮用水，也可用于水的脱色、除臭、除味等。

（3）活性炭　水处理用活性炭通常是由椰壳、核桃壳、花生壳等精制而成，颗粒大小约为$\phi2mm\times5mm$，内部有大量的毛细孔，比表面积大，吸附能力强。活性炭是一种非极性强力吸附剂，可吸附、去除水中的色素、有机物、余氯、胶体、重金属离子等，对水中氯离子的吸附可达99%以上。活性炭过滤器见图11-2。

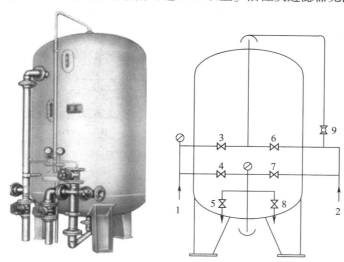

图 11-2　活性炭过滤器

1—进水　2—进压缩空气　3—进水阀　4—反洗进水阀　5—取样阀
6—反洗排水阀　7—正洗排水阀　8—出水阀　9—排气阀

活性炭的使用过程通常包括以下步骤：预处理、正常运行、反洗、更换。

① 预处理：新购的活性炭需要进行预处理，可用清水、盐酸和氢氧化钠交替浸泡，最后用水冲洗至中性备用。

② 正常运行。

③ 反洗：活性炭使用一段时间后，因截留了大量悬浮物，进出水压差增大。当压力差达到0.08MPa时，须用清水反冲洗，或用压缩空气反吹后再用水清洗，以提高反冲洗效果。反冲洗时须密切注意：排出水中不得有大量颗粒活性炭出现，否则应立即关小输气阀门。

经过反洗后的活性炭柱即可投入生产运行，操作方法是先关闭反洗阀，再打开进水阀、下排阀，然后关闭上排阀，待出水水质合格后，打开出水阀、关闭下排阀，即进入正式运行生产水。

[课堂互动]

想一想　为什么机械过滤器要进行反冲洗？

④ 更换：活性炭在水中主要吸附的是余氯和有机化合物，也可吸附部分重金属离子，当运行一段时间后（一般设计为6个月），活性炭吸附容量已达到饱和，此时应立即更换活性炭，操作方法是打开上部人孔和下部手孔，放出原来的

活性炭,装入新的活性炭。

[能力拓展]

活性炭过滤器的一般操作过程如下(表11-2):

(1)开机准备 检查过滤器本体及附属阀门、管路、仪表、水泵等附件是否完好,确认排放、正洗、反洗等阀门均已关闭,过滤器排气阀见水后关闭。

(2)操作流程

排气→冲洗→反冲洗(一)→正洗→制水→反冲洗(二)→排水

注:长时间停运后开车,应从反冲洗(二)工序开始。

(3)排气冲洗 由于设备内部存有空气,初次调试时需先排气。打开进水阀、排气阀,至排气阀出水后,关闭排气阀,打开正洗排放阀备用。

设备初始运行时各过滤层的过滤效果不佳,需先进行冲洗步骤。打开过滤器进水阀、正洗排放阀运行至出水浊度≤2mg/L。

在后面的正常运行中不再进行步骤(3)。

(4)运行周期 开进水阀、出水阀,启动水泵。当运行至进出口压差≥0.07~0.1MPa或设定制水量时,结束运行,设备需反洗。可根据现场实际情况来修正。

(5)反冲洗 目的在于使滤层松动,冲走截留物,清洁过滤层。反冲洗时间长短和滤层的截污量及反冲洗流速有关。反冲洗排水中不应含有正常颗粒过滤介质。反冲洗时关闭进水阀、出水阀,开反冲洗排水阀,缓慢开启反冲洗进水阀,反冲洗时间以反冲洗排水浊度而定,一般至排水浊度<3mg/L,且不少于20min。

(6)正洗 打开进水阀、正洗排水阀,运行至出水浊度≤1mg/L,按正洗至排水浊度≤1mg/L,且不少于30min。

(7)排水 打开排气阀和正洗排水阀,把过滤器内的积水排至滤料层上200mm处,时间应根据具体情况而定。

表11-2　　　　　　　　　　　活性炭过滤器阀门状态

序号	工作状态	排气阀	进水阀	出水阀	反冲洗进水阀	反冲洗排水阀	正洗排水阀
1	排气	○	○				
2	冲洗		○				○
3	运行		○	○			
4	反冲洗(一)				○	○	
5	排水						○
6	反冲洗(二)				○	○	
7	正洗		○				○

注:○表示阀门调节开启;空格表示阀门关闭。

三、精 密 过 滤

精密过滤可去除水中的微细悬浮物或胶体粒子，在制水生产中用于拦截从活性炭过滤器脱落下来的炭颗粒，所使用的设备为精密过滤器，又称为保安过滤器（图 11 – 3）。过滤器的主体为圆筒金属壳，内部嵌有中空的滤芯，分别构成水处理前后的壳层和管程流道。其中壳体的结构有卡箍式、法兰式、吊环式等多种形式；滤芯有陶瓷滤芯、聚丙烯（PP）纤维熔喷滤芯、线绕滤芯、折叠式微孔滤芯、钛合金过滤棒等，每种滤芯都有多种型号，可根据需要选择不同孔径的滤芯，截留不同粒径的微粒。视壳体的大小，单个壳体内可以有单个或多个滤芯，通常多个滤芯都是采用并联的形式插入壳体中。

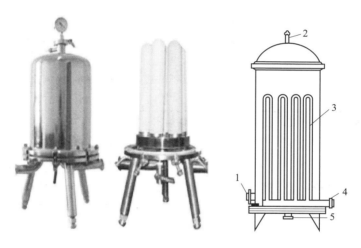

图 11 – 3　精密过滤器

1—进水　2—排气　3—微孔滤芯　4—出水　5—排污

一般情况下，经过絮凝、机械过滤和精密过滤得到的水，基本上可以去除原水中绝大部分的杂质与微粒，包括微生物、病原菌等，达到饮用水的标准。必要时还需要进行消毒或灭菌处理，如紫外杀菌器等（详见"灭菌与清洗"内容）。如果水的离子含量较高，还需要进行水的软化、去离子处理等。水的去离子操作可用离子交换、电渗析、蒸馏等方法（详见"纯化水制备"内容）。

项目三　纯化水制备

纯化水的制备是以饮用水为原料，经离子交换、电渗析、反渗透及蒸馏等多种分离技术获得的，应符合制药用水的相关标准，见表 11 – 3。

表 11 – 3   **纯化水质量标准**

	项目	法定标准 [《中国药典》(2010 版) 二部]	企业内控标准
	性状	无色的澄清液体；无臭，无味	无色的澄清液体；无臭，无味
	酸碱度	应符合规定	应符合规定
	硝酸盐	不得超过 0.000006%	不得超过 0.000006%
	亚硝酸盐	不得超过 0.000002%	不得超过 0.000002%
	氨	不得超过 0.00003%	不得超过 0.00003%
检查	电导率	应 ≤ 4.3μS/cm（20℃）	应 ≤ 3.0μS/cm（20℃）
	总有机碳	不得超过 0.50mg/L	不得超过 0.50mg/L
	易氧化物	应符合规定	应符合规定
	不挥发物	遗留残渣不得超过 1mg	遗留残渣不得超过 1mg
	重金属	不得超过 0.00001%	不得超过 0.00001%
	微生物限度	细菌、霉菌和酵母菌总数应≤100CFU/mL	细菌、霉菌和酵母菌总数应≤80CFU/mL
	细菌内毒素	—	应 <0.25EU/mL

注："总有机碳"和"易氧化物"两项任做一项。

一、离子交换法

利用离子交换树脂可除去水中的阴、阳离子，同时对细菌和热原也有一定的清除作用。有关离子交换树脂的原理与操作，详见"吸附与交换"内容。

二、电渗析法

电渗析法是根据带电荷的阴、阳离子在直流电场中做定向运动的原理而进行的。电渗析器由整流器、正负直流电极、离子膜、隔板和贮槽等部件组成。整流器可提供稳定的直流电压，电压通过设置在贮槽两端的正、负电极作用于贮槽内的原水中。贮槽被隔板沿电场方向分隔成若干个仓室，隔板上有若干小孔，其两侧覆盖有离子膜。离子膜具有选择透过性，可有选择性地透过阴阳离子，如阳离子膜只能透过阳离子，阴离子膜只能透过阴离子，如图 11 – 4 所示。

在直流电场的作用下，各仓室原水中的阴、阳离子分别穿过阴、阳离子交换膜向阳极板和阴极板方向移动，而由于仓室两侧阴、阳离子交换膜的选择透过性，总会有一种阳离子或阴离子透过膜，而另一种阴离子或阳离子则无法透过而留在该仓室内，这样就形成了一个仓室中是没有阴、阳离子的淡水，而相邻仓室中则是富集了阴、阳离子的浓盐水，在正、负两个电极端的仓室中是只富集了一种阴离子或阳离子且不为电中性的水，称为极水。将淡水引出，即为去离子水。

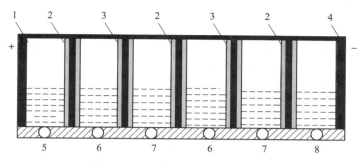

图 11-4　电渗析仪工作原理示意图

1—阳极板　2—阳离子膜　3—阴离子膜　4—阴极板　5—阳极水　6—浓盐水　7—淡水　8—阴极水

　　在安装电渗析仪时，要注意膜的安装顺序，一般第一张和最后一张膜均为阳离子交换膜，其余按照阴离子膜、淡水室、阳离子膜、浓盐水室的顺序安装即可。在启动时要先通水后通电，关闭时要先停电后停水，并且，在开车或停车的同时，要缓慢开启或关闭浓盐水、淡水和极水的阀门，以保证膜两侧受压均匀。在阀门操作过程中不要突然开启或关闭，以免膜堆变形。工作中要注意进行维护与保养，如经常性地调换电极、定期进行化学清洗、做好工作状况记录等。

　　电渗析法具有能耗低、产水量大、脱盐率高等特点，主要作用是除去水中的离子，适用于含盐量较高的原水，但制得的纯化水电导率高，可和离子交换等方法配合使用，来减轻离子交换树脂的负担。

三、反渗透膜法

1. 反渗透膜法原理

　　利用反渗透膜只能通过水分子而不能透过溶质的选择透过性，可将原水中的悬浮物、有机物、胶体、细菌、病毒、盐类和离子化状态的其他物质等除去。

[课堂互动]

　　想一想　用盐腌制的黄瓜为什么会蔫？

　　反渗透膜法制备纯化水是从海水淡化中发展起来的，是基于反渗透机理的制水技术。渗透现象如图 11-5（1）所示，由于渗透压的存在，纯水会穿过 U 形管中间的半透膜进入盐水中，一段时间后，两端液面压力相等，此过程即为渗透。当在盐水一侧施

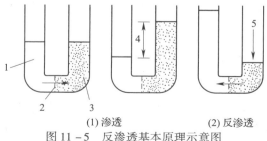

图 11-5　反渗透基本原理示意图

1—纯水　2—半透膜　3—盐水　4—渗透压　5—反渗透压

加高于渗透压的压力时，则盐水中的水穿过半透膜进入纯水一侧，即水从盐溶液中分离出来，两端液面的压力更大，此过程与渗透方向相反，称为反渗透，如图11－5所示。反渗透过程必须借助于性能适宜的半透膜，常用的半透膜有醋酸纤维素膜和聚酯酰胺膜等。相关内容请参阅"膜分离"内容。

[知识链接]

膜是具有选择性分离功能的材料。利用膜的选择性分离实现料液不同组分的分离、纯化、浓缩的过程称作膜分离。它与传统过滤的不同在于膜可以在分子范围内进行分离，并且这一过程是一种物理过程，不需发生相的变化和添加助剂。膜的孔径一般为微米级，依据其孔径（或称为截留分子质量）的不同，可将膜分为微滤膜、超滤膜、纳滤膜和反渗透膜，根据材料的不同可分为无机膜和有机膜，无机膜主要还只有微滤级别的膜，主要是陶瓷膜和金属膜。有机膜是由高分子材料做成的，如醋酸纤维素、芳香族聚酰胺、聚醚砜、聚氟化合物等。

2. 反渗透膜组件

反渗透膜法的关键设备是膜分离装置。关于膜分离请参阅"膜分离"内容。常见的膜分离装置有板框式、管式、螺旋卷式或中空纤维式等多种形式。目前，中空纤维超滤膜装置应用最为广泛。这类装置的结构原理如图11－6所示，使用醋酸纤维素或尼龙做成的 U 形空心纤维管作为膜丝，集结成束后安装于圆形耐压容器中，两侧用环氧树脂管板固定，构成中空纤维超滤膜组件，膜丝内为水流动的管程，膜丝外为壳程。操作时，含盐原水从壳程流入，纯水透过膜管壁渗透到管程，从管板的一端引出。

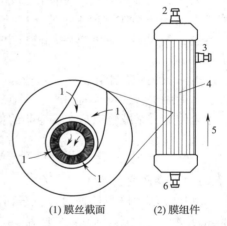

(1) 膜丝截面　　　(2) 膜组件

图 11－6　中空纤维超滤膜过滤原理图
1—水流　2—产水　3—冲洗
4—膜丝　5—水流方向　6—给水

由于反渗透膜的孔径非常小（约1nm），能够有效去除水中的溶解盐类、胶体、微生物和有机物等，去除率高达97%～98%，目前已经广泛应用于水的净化处理中。

四、蒸馏水器法

蒸馏水器法是利用蒸发原理，通过加热自来水制备纯水。自来水受热蒸发，而水中的杂质、胶体物、金属离子等留在蒸发后的浓缩液中，收集产生的水蒸气并冷凝，获得纯净的蒸馏水。蒸馏水广泛应用于食品、制药等生产和生活的各个领域。

有关蒸发操作的原理和设备参见《生物工程基础单元操作技术》的相关内容，在稍后的叙述中，将着重介绍几种常见的蒸馏水制备装置。

五、纯化水制备工艺流程

1. 二级反渗透制备纯化水工艺流程

反渗透膜法制备纯化水过程是以饮用水为水源，一般采用两级反渗透系统。一级反渗透能除去90%～95%的一价离子和98%～99%的二价离子，同时能除去病毒等微生物，但除去氯离子的能力较差。二级反渗透装置能彻底地除去氯离子。如果采用二级反渗透装置结合离子交换树脂处理，就可稳定地制得符合要求的高纯水。常见的二级反渗透制备纯化水工艺流程如图11-7所示。

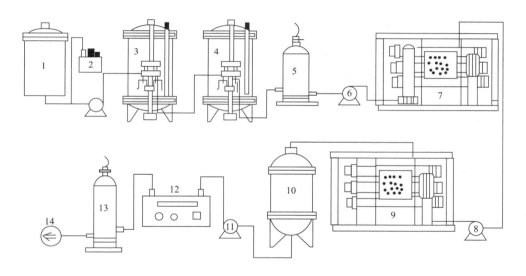

图 11-7　二级反渗透制备纯化水工艺流程

1—原水箱　2—加药装置　3—机械过滤器　4—活性炭过滤器　5—精滤器　6—高压泵
7—一级反渗透装置　8—增压泵　9—二级反渗透装置　10—终端水箱　11—终端水泵
12—紫外灭菌器　13—精滤器　14—用水点

原水通过增压泵输送到机械过滤器（内含双层石英砂）、活性炭过滤器、精密过滤器进行预处理后，先后送入一级反渗透主机和二级反渗透主机进行反渗透处理，所得反渗透水可暂时贮存于终端水箱中；使用前，再经紫外线杀菌、精密过滤器过滤后送入用水点。

由于反渗透过程需要较高的压力才能进行，所以反渗透系统使用了能提高压力的增压泵。从二级反渗透装置出来的水经紫外线杀菌器杀菌，是防止纯水中有活的微生物存在。有的工艺流程还在紫外线杀菌器后设计了臭氧灭菌器，旨在对纯化水进行二次灭菌，以保证纯化水的洁净度。

2. 离子交换法制备纯化水工艺流程

机械过滤可以降低水中的阴阳离子浓度，但金属阳离子和非金属阴离子含量仍然会超标，工业上常采用离子交换法进一步脱盐，将这部分离子去除，其工艺流程如图 11－8 所示。相关的原理与操作详见"吸附与交换"内容。用离子交换法制得的纯化水离子浓度很低，电导率可达 $15M\Omega \cdot cm$ 以上，称为去离子水。

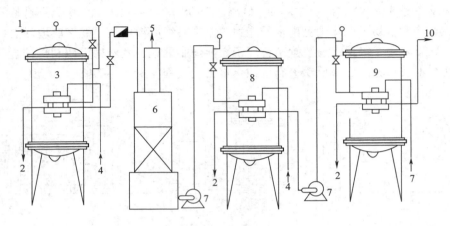

图 11－8　离子交换法制备纯化水工艺流程

1—原水　2—污水　3—阳离子交换柱　4—反洗水　5—排空　6—脱炭塔
7—中间泵　8—阴离子交换柱　9—混合柱　10—软化水

项目四　蒸馏水器

注射用水与纯化水的最主要区别就在于热原。热原能引起人体发热、微循环障碍、休克及播散性血管内凝血等病症，严重者昏晕、呕吐甚至危及生命。在制药领域中，注射用水是直接进入人体内的，比如肌肉注射或静脉注射，都是直接进入血液系统的，没有经过消化系统的防御，因此对制药用水的要求更加严格，尤其是对热原的控制。

热原是指能引起恒温动物体温异常升高的致热物质，包括细菌性热原、内源性高分子热原、内源性低分子热原及化学热原等。这里所说的热原，主要指的是内毒素，这是革兰阴性细菌细胞壁中的脂多糖成分，当细菌死亡溶解或用人工方法破坏细菌细胞后会释放出来，所以内毒素是细菌性热原。内毒素体积微小，粒径为 $1\sim5nm$，通常认为其分子质量在 1000 以上，具有水溶性、不挥发性，不显电性。内毒素不是蛋白质，非常耐热，在 100℃ 的高温下加热 1h 也不会被破坏，只有在 160℃ 下加热 $2\sim4h$，或用强碱、强酸或强氧化剂加热煮沸 30min 才能破坏其生物活性。

因此，在注射用水的质量标准中有一项非常重要的指标，即每 1mL 中内毒素含量不得超过 0.5EU（EU，内毒素单位）。制备注射用水时，要严格控制内毒素的含量。

注射用水质量标准见表 11 - 4。

表 11 - 4　　　　　　　　　　注射用水质量标准

	项目	法定标准 [《中国药典》（2010 年版）二部]	企业内控标准
检查	性状	无色的澄清液体；无臭，无味	无色的澄清液体；无臭，无味
	pH	5.0 ~ 7.0	5.0 ~ 7.0
	硝酸盐	不得超过 0.000006%	不得超过 0.000006%
	亚硝酸盐	不得超过 0.000002%	不得超过 0.000002%
	氨	不得超过 0.00002%	不得超过 0.00002%
	电导率	应 ≤ 1.1μS/cm（20℃）	应 ≤ 1.0μS/cm（20℃）
	总有机碳	不得超过 0.50mg/L	不得超过 0.50mg/L
	不挥发物	遗留残渣不得超过 1mg	遗留残渣不得超过 1mg
	重金属	不得超过 0.00001%	不得超过 0.00001%
	微生物限度	细菌、霉菌和酵母菌总数应 ≤10CFU/mL	细菌、霉菌和酵母菌总数应 ≤8CFU/mL
	细菌内毒素	应 < 0.25EU/mL	应 < 0.25EU/mL

注："总有机碳"和"易氧化物"两项任做一项。

研究发现，纯化水经过蒸馏后可完全除去微生物和热原，所产生的蒸馏水作为注射用水安全可靠。注射用水生产工艺的最后工序就是蒸馏，所使用的设备称为蒸馏水器。蒸馏制水所依据的原理是蒸发，如前述，可参阅相关资料。

一、单级塔式蒸馏水器

单级塔式蒸馏水器的结构与工作原理与单效蒸发器相似（图 11 - 9）。工作时，蒸发室内的纯化水被换热器内的加热蒸汽所加热，产生的二次蒸汽经隔沫器除掉泡沫，再进入 U 形管冷凝器（第一冷凝器）被冷凝成液体，再进入第二冷凝器冷却至规定温度后进入贮存罐，为成品水。换热器内的加热蒸汽则在换热后冷凝成液体，不凝气体由废气排除器排空。

在 2000 年之前，大多数制剂生产厂都采用塔式蒸馏水器生产注射用水。塔式蒸馏水器的结构有可能产生进水、蒸汽和浓缩液之间的交叉污染，所以制得的注射用水质量不稳定。现在，《中国药典》（2010 年版）已经明确规定，必须使用多效蒸馏水器制备注射用水。

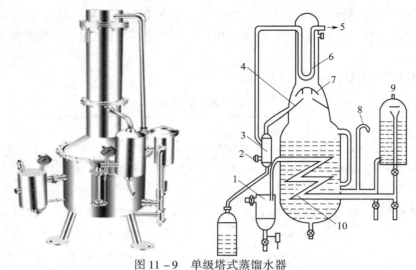

图 11-9　单级塔式蒸馏水器

1—汽水分离器　2—进冷却水　3—第二冷凝器　4—集液器　5—出冷却水
6—第一冷凝器　7—隔沫器　8—溢流管　9—排废气　10—换热器

[课堂互动]

想一想　为什么单级塔式蒸馏水器在制水时会使得成品水和原料水之间产生交叉污染？

二、多效蒸馏水器

多效蒸馏水器是基于多效蒸发的原理而设计的一类蒸馏水器，通常由多个单效蒸发器组合而成，每个单效蒸发器均包括加热、蒸发、冷凝等部件，多个单效蒸发器可按照不同的方式组装成垂直串接式或水平串接式的多效蒸发器。

1．单元蒸发器

多效蒸发器并不是多个单效蒸发器的简单组合，而是按照多效蒸发的原理，将各单效蒸发中的加热、蒸发、冷凝、排出二次蒸汽的过程重新设计，形成相对独立的蒸发器结构，称为单元蒸发器，再将多个这样的结构组合起来，完成多效蒸发。

图 11-10 所示为常见的一种降膜式单元蒸发器的结构示意图，由塔体、加热器、水分布器、蒸发室和汽液分离器等组成。塔体通常呈圆筒形，分上下两段。上部是进水预段，下部是蒸发段。蒸发段的塔体上设计有加热蒸汽入口、二次蒸汽出口、加热蒸汽冷凝水出口、浓缩液出口。对于列管式多效蒸馏水器，塔体内壁与蒸发室外壁之间的螺旋板构成了由下向上的二次蒸汽螺旋通道。将加热器、汽液分离器、蒸发室筒体、蒸馏塔体组装在端板上，连接上蒸馏水冷却器，即构成多效蒸馏水器的单元蒸发器。

工作时，纯化水经液体分布器后贴加热列管的管壁向下流动；下流过程中被加热至沸点，在塔体下部的蒸发室内蒸发，产生二次蒸汽；从蒸发室出来的二次蒸汽经由螺旋通道向上流出塔体，进入冷凝器，冷凝后成为产品水。

这种单元蒸发器的特殊之处在于汽液分离。二次蒸汽中常携带有大量的液滴，液滴中容易混有原料水中的内毒素、热原等杂质。只要将液滴与蒸汽分离，即可获得无热原等杂质的二次蒸汽，冷凝后可获得符合要求的注射用水。液滴的分离常使用重力沉降、丝网除沫、旋风分离、导流板撞击等方式。图 11 – 10 同时使用了重力沉降、旋风分离和导流板撞击分离技术，称为三分离技术。

（1）重力沉降 从蒸发器列管底部流出的二次蒸汽，经 180°转而向上流动，液滴因重力作用从蒸汽流中沉降下来。重力沉降可使蒸汽流中的液滴残留量降至 3% 以下，但重力沉降只适用于分离直径 >50μm 的液滴。

（2）旋风分离 因旋风分离产生的离心力远远大于重力（据测算约 2500 倍左右），足以以将蒸汽流中的液滴分离出去。旋风分离也分为多种形式。这里采用的是螺旋板式旋风分离，螺旋板起导流作用。自螺旋板式分离器使用以来，尚未发现因设备结构带来的热原污染现象。

（3）导流板撞击 当带有液滴的蒸汽流经过通道时，液滴会和挡板发生碰撞并残留在上面，最后以液膜的形式经排液管排走。

国产的多效蒸馏水机大多采用了这种三分离技术。

2．垂直串接多效蒸馏水器

垂直串接多效蒸馏水器又称为塔式多效蒸馏水器，由多个单元蒸发器垂直串接而成，工艺流程如图 11 – 11 所示。

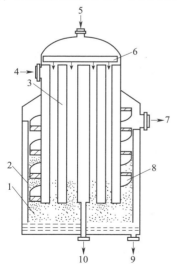

图 11 – 10 降膜式单元蒸发器的结构
1—蒸发室 2—夹套 3—加热列管 4—进加热蒸汽
5—进纯化水 6—液体分布器 7—出二次蒸汽
8—螺旋板 9—出浓缩水 10—出加热蒸汽冷凝水

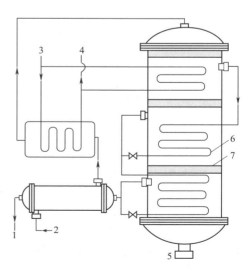

图 11 – 11 垂直串接多效蒸馏水器工艺流程
1—出成品水 2—进纯化水
3—进加热蒸汽 4—出冷凝水
5—出浓缩水 6—蛇管换热器 7—液体分布板

工作时，加热蒸汽进入第一效的加热器中，对纯化水加热后冷凝成液体水排出；纯化水在蒸汽冷凝器中被预热，经液体分布板进入第一个单元蒸发器，被加热汽化生成二次蒸汽；二次蒸汽进入第二个单元蒸发器的加热管，释放潜热后进入冷凝器成为成品水；从第一个单元蒸发器流出的浓缩水被液体分布板重新分布后进入第二个单元蒸发器，被加热汽化后生成的二次蒸汽再进入第三个单元蒸发器，继续与第二个单元蒸发器出来的浓缩水进行热交换，释放潜热后进入冷凝器，冷凝为成品水；而汽化后的浓缩水则弃去。

3. 水平串接多效蒸馏水器

水平串接多效蒸馏水器是近年来发展起来的制备注射用水的主要设备，具有产量高、耗能低、质量优及自动化程度高等优点，使用较为广泛。我国使用的多为列管式多效蒸馏水器，采用螺旋分离的汽液分离方式，一般将四至五个单元蒸发器呈水平方式串接使用，其装置工艺流程见图 11 – 12。

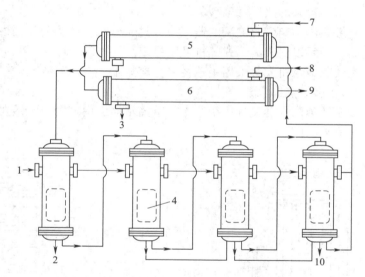

图 11 – 12　水平串接多效蒸馏水器工艺流程

1—加热蒸汽　2—冷凝水　3—冷却水　4—换热器与汽液分离器

5—冷凝器　6—冷却器　7—纯化水　8—冷水　9—成品水　10—废液

工作时，纯化水先进入冷凝器预热后，再依次进入各级单元蒸发器内；在每一级单元蒸发器内产生的二次蒸汽都引入下一级蒸发器，作为加热源对上一级蒸发器出来的浓缩液进行加热，而加热蒸汽仅在第一级单元蒸发器中使用；最后一级蒸发器出来的二次蒸汽引入冷凝器中，与待蒸发的纯化水进行换热，二次蒸汽被冷凝为较高温度的水，而纯化水则被预热；被冷凝的较高温度的水在冷却器中被冷却为符合温度要求的成品水；没有蒸发的浓缩液作为废弃液从最后一级蒸发器底部流出。

多效蒸馏水器的工作性能主要取决于加热蒸汽的压力和效数。压力越大则产量越高，一般效数越多，热利用率越高。

多效蒸馏水器流程能有效杜绝纯化水、冷却水、浓缩液、成品水、加热蒸汽和二次蒸汽之间的交叉污染，能彻底分离微生物和热原，保证成品水的质量，具有良好的可靠性。另外，多效蒸馏水器流程将水蒸气的冷凝与纯化水的预热有机结合起来，使热量能综合利用，降低能源成本，经济指标较好。

三、热压式蒸馏水器

热压式蒸馏水器又称为气压式蒸馏水器，是近年来新开发的一种蒸馏水器，由自动进水器、热交换器、加热室、列管冷凝器及蒸汽压缩机和泵等组成，其结构及工作原理如图 11 – 13、图 11 – 14 所示。

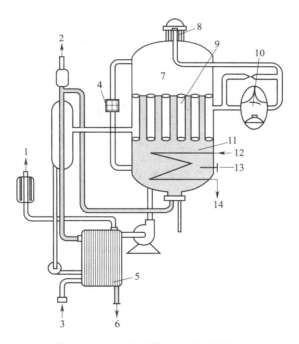

图 11 – 13 热压式蒸馏水器工作原理

1—成品水 2—不凝气 3—纯化水 4—液位控制器 5—换热器 6—浓缩水 7—蒸发室
8—除沫器 9—加热列管 10—压气机 11—加热室 12—加热蒸汽 13—电加热器 14—冷凝水

工作时，纯化水先经换热器预热，由泵送入加热室；在加热室中，纯化水被加热蒸汽或电加热器加热至沸点（蒸发室温度约为 105℃），在蒸发室内汽化产生二次蒸汽；二次蒸汽经除沫器去除其中夹带的液滴、雾沫等杂质，进入容积式压气机，在压气机的作用下被加压升温，成为高温高压水蒸气（约为 120℃）后进入加热室内的加热列管，作为加热蒸汽，释放出潜热对加热室内的纯化水进行加热，同时冷凝为蒸馏水；蒸馏水流出加热列管后，再次与从加热室流出的浓缩液进行间壁换热，随后被泵入换热器，与待加热的纯化水进行热量交换；在换热器中，纯化水被预热，而蒸馏水被降温，即为成品水；另一方面，由加热室流出的浓缩液在换热器中也与纯化水换热，被冷却后排出。

热压式蒸馏水器生产蒸馏水的优点是：不需要冷凝水，通过列管换热器可回收余热对纯化水进行预热，从而降低能耗，节约了能源开支；二次蒸汽经过压缩、净化、冷凝等过程后，在高温下已停留了相当长时间，可以保证生产出的蒸馏水无菌、无热原，符合 GMP 的要求。这种类型的蒸馏水器运转正常后可实现自动控制，产水量大，能满足制药、食品生产等多方面的需求。

图 11 – 14　热压式蒸馏水器

[能力拓展]

注射用水的纯度极高，性质很不稳定，极容易染菌。为了避免水质下降，生产出的注射用水必须保温和保持流动，且避免容器污染。因此，贮罐中的注射用水不能长期保存，一般规定 24h 为一周期，否则需要回流到蒸馏水器中重新制备。同时，贮罐应有加热装置，以使此罐内水温在 80℃ 以上。贮罐一般采用 316L 型不锈钢材料制成，可避免阴阳离子溶出而产生污染。

[技能要点]

从事生物工程产品和药品的生产，必须制备符合要求的饮用水、纯化水和注射用水。制药工艺用水的要求最高，按照水质标准的不同，分为原水、饮用水、纯化水和注射用水。制水工艺流程是多种单元操作过程的集合，涉及过滤、离子交换、膜分离和蒸发等。学习中可参阅前述的相关内容。

不同的制水工艺流程，需要不同的设备装置。无论采用何种工艺流程，其目的都是制得符合要求的工艺用水。常用的方法是用二级反渗透法或离子交换法制备纯化水，而用蒸馏水器来制备注射用水。其中，多效蒸馏水器是应用较广、比较安全的制水装置。

[思考与练习]

1．名词解释

原水预处理，絮凝，电渗析，热原，三分离技术

2．填空题

（1）原水预处理的工艺流程一般包括_____、_____、_____三个工序。

（2）经过原水预处理的水称为_____，纯化水与注射用水的主要区别是注射用水中不得检出_____。

（3）纯化水制备中，常使用三种物质来作为机械过滤器的填充介质，分别是_____、_____、_____。其中_____的作用是去除水中的铁离子。

（4）活性炭过滤器的使用步骤通常包括_____。

（5）电渗析仪中膜的安装顺序是：电极板两端为_____，中间按照_____、淡水室、_____、浓盐水室的顺序安装。

3．选择题

（1）在原水预处理中广泛使用的絮凝剂是_____。

A　壳聚糖　　　　　B　明矾　　　　　C　氧化铝　　　　D　聚合硫酸铁

（2）除去原水中铁的方法是_____。

A　石英砂过滤　　　B　活性炭吸附　　C　锰砂过滤　　　D　陶瓷膜过滤

（3）电渗析两极室的水_____。

A　带正电性　　　　B　带负电性　　　C　呈电中性　　　D　称为极水

（4）以下设备中，哪一个不是二级反渗透生产制药工艺用水所采用的设备？

A　微孔滤膜器　　　B　板框压滤机　　C　抛光树脂柱　　D　紫外杀菌器

（5）热原不具有的特征是_____。

A　耐热性　　　　　B　水溶性　　　　C　不挥发性　　　D　电负性

（6）多效蒸馏水器最常用的蒸发加热方式是_____。

A　板式换热　　　　B　真空加热　　　C　列管换热　　　D　电加热

4．简答题

（1）原水是用什么方法除菌除杂的？

（2）简述电渗析仪脱盐的工艺流程。

（3）简述二级反渗透制纯化水的工艺流程。

（4）简述水平串接式多效蒸馏水器的工艺流程。

附　录

通用式发酵罐设计参考资料

项目		公称容积														备注
		100L	400L	1000L	1800L	5m³	10m³	15m³	20m³	30m³	40m³	50m³	60m³	70m³	1000m³	
罐体	全容积/m³	0.123	0.410	1.004	1.895	5.20	10.75	15.80	21.34	32.60	38.27	56.39	61.46	73.60	103.60	
	罐体内径 φ/mm	400	600	800	1000	1400	1800	2000	2200	2600	2800	3000	3200	3200	3800	
	头套内径 φ/mm	500	700	900	1100	1500	—	—	—	—	—	—	—	—	—	
	筒体高度/mm	800	1200	1650	2000	2800	3600	4300	4800	5200	6040	6900	6500	8000	7800	
	H/D值	2.0	2.0	2.06	2.0	2.0	2.0	2.15	2.18	2.0	2.16	2.3	2.03	2.5	2.05	
	筒体壁厚/mm	5	6	8	10	12	10	12	12	14	14	12	10	12	16	
	封头壁厚/mm	6	8	10	10	12	12	14	14	16	16	14	12	14	18	
	人、手孔规格	φ125	φ125	椭圆400×300	椭圆400×300	φ400	φ500	φ500	φ550	φ600	φ600	φ700	φ600	φ600	φ700	
冷却蛇管	盘管直径 φ/mm	—	—	—	—	—	51×3.5	51×3.5	51×3.5	57×3.5	57×3.5	57×3.5	89×4.5 半剖	57×3.5	57×3.5	
	传热面积/m²	传热面积与装料高度有关				—	8	10	24	32	48	50	外蛇管58	60	90	内蛇管54m² 外蛇管36m²

280

搅拌装置	搅拌转速/(r/min)	400	350	250	220	210	200	180	200	180	140~170	135	90~150	130	90
	轴径/mm	30	35	40	45	55	65	80	85	95	95	125	130	130	130
	中间轴承数	—	1	1	1	1	1	2	2	2	2	2	2	2	2
	搅拌器形式	6-6 平叶	6-6 平叶	6-6 弯叶	6-6 弯叶	6-6 弯叶	6-6 弯叶	6-6 弯叶	6-6-6-6 弯叶	6-6-6-6-3 弯叶	8-6-6-6 弯叶	6-6-6 弯叶	6-6-6-6 弯叶	6-6-6-6-3- 弯叶	6-6-6-3-3 平叶
	搅拌器直径/mm	160	250	300	400	500	600	670	700	850	840	1000	1100	1200	1250
	搅拌器层数	2	2	2	2	2	2	2	3	3	4	3	4	3	3
电机	型号	Y90S-6	Y112M-6	Y132M₁-6	Y132M₂-6	Y180M-8	Y200L-8	Y225M-8	Y280S-8	Y280S-8	Z₂-111	Y280M-8	JZTL10-89	YJL130-12	YJL128-10
	功率/kW	0.75	2.2	4	5.5	11	22	30	55	55	75	75	120	130	130
	转速	940	940	960	960	725	730	730	740	740	额定750	730	460~470	480	580
减速装置	V带型号和根数	0×2根	A×3根	B×3根	B×4根	B×4根	C×4根	C×6根	D×6根	D×8根	D×8根	D×8根	D×12根	E×9根	E×1根
	小带轮直径φ/mm	70	100	115	125	148	200	200	300	315	315	335	315	440	426
	大带轮直径φ/mm	165	270	440	545	510	730	711	1100	1295	1170	1860	1450	1620	2620
	进气及排料管规格	DN20	DN25	DN40	DN40	DN50	DN65	DN80	DN100	DN100	DN100	DN125	DN125	DN150	DN150
	视镜规格	DN80	DN80	DN80	DN80	DN125	DN125	DN100	DN125	DN125	DN150	DN150	DN150	DN150	DN150
	支座形式	耳式支座				支脚	支座	支座	支座	裙座	支座	裙座	裙座	裙座	支脚

参 考 文 献

[1] 王伟武等. 化工工艺基础（第二版）. 北京：化学工业出版社，2010.

[2] 高平等. 生物工程设备. 北京：化学工业出版社，2006.

[3] 冷士良等. 化工基础. 北京：化学工业出版社，2007.

[4] 罗合春等. 生物制药设备. 北京：人民卫生出版社，2009.

[5] 张裕萍等. 流体输送与过滤操作实训. 北京：化学工业出版社，2006.

[6] 潘文群等. 传质与分离操作实训. 北京：化学工业出版社，2006.

[7] 潘学行等. 传热、蒸发与冷冻操作实训. 北京：化学工业出版社，2006.

[8] 刘书志等. 制药工程设备. 北京：化学工业出版社，2008.

[9] 郑裕国等. 生物工程设备. 北京：化学工业出版社，2007.

[10] 路振山. 生物与化学制药设备. 北京：化学工业出版社，2005.

[11] 毛忠贵. 生物工业下游技术. 北京：中国轻工业出版社，1999.

[12] 欧阳平凯. 生物分离原理及技术. 北京：化学工业出版社，2010.

[13] 张雪荣. 药物分离与纯化技术. 北京：化学工业出版社，2011.

[14] 国家医药管理局. 中华人民共和国工人技术等级标准. 北京：中国医药科技出版社，2007.

[15] 国家食品药品监督管理局. 药品生产质量管理规范. 2010.

中国轻工业出版社生物专业教材目录

高职高专教材

高职制药/生物制药系列

药品营销原理与实务（第二版）（"十二五"职业教育国家规划教材）	40.00 元
药物制剂技术（第二版）（"十二五"职业教育国家规划教材）	39.00 元
生物制药技术	34.00 元
药物合成	40.00 元
临床医学概要（第二版）	32.00 元
人体解剖生理学	38.00 元
生物制药工艺学	26.00 元
生物制药技术专业技能实训教程	28.00 元
药理毒理学	42.00 元
药理学	32.00 元
药品分析检验技术	38.00 元
药品营销技术	24.00 元
药品质量管理	28.00 元
药事法规管理	40.00 元
药物质量检测技术	28.00 元
药物制剂技术	40.00 元
药物分析检测技术	32.00 元
制药设备及其运行维护	36.00 元
中药制药技术专业技能实训教程	22.00 元
动物医药专业技能实训教程	23.00 元

高职生物技术系列

氨基酸发酵生产技术（第二版）（"十二五"职业教育国家规划教材）	28.00 元
植物组织培养（"十二五"职业教育国家规划教材，国家级精品课程配套教材）	
	28.00 元
发酵工艺教程	24.00 元
发酵工艺原理	30.00 元
发酵食品生产技术	39.00 元
化工原理	37.00 元
环境生物技术	28.00 元
基础生物化学	39.00 元
基因工程技术（普通高等教育"十一五"国家级规划教材）	25.00 元
麦芽制备技术	25.00 元
啤酒过滤技术（国家级精品课程配套教材）	15.00 元

啤酒生产技术	35.00 元
啤酒生产理化检测技术	28.00 元
啤酒生产原料	20.00 元
生物分离技术	25.00 元
生物化学	30.00 元
生物化学	38.00 元
生物化学	34.00 元
生物化学实验技术（普通高等教育"十一五"国家级规划教材）	22.00 元
生物检测技术	24.00 元
生物再生能源技术	45.00 元
微生物工艺技术	28.00 元
微生物学	40.00 元
微生物学基础	36.00 元
无机及分析化学	28.00 元
现代基因操作技术	30.00 元
现代生物技术概论	28.00 元
白酒生产技术（第二版）	30.00 元
过程装备及维护	30.00 元
酒精生产技术	36.00 元
发酵调味品生产技术	36.00 元
生物工程基础单元操作技术	32.00 元
中国酒文化概论	24.00 元
黄酒酿造技术	28.00 元
黄酒工艺技术	30.00 元
黄酒品评技术	34.00 元

公共课和基础课教材

检测实验室管理	30.00 元
无机及分析化学	28.00 元
现代仪器分析	28.00 元
化学实验技术	14.00 元
基础化学	27.00 元
有机化学	39.00 元
化验室组织与管理	16.00 元
有机化学	39.00 元
无机及分析化学	30.00 元
化学综合——无机化学	26.00 元
化学综合——分析化学	20.00 元
仪器分析应用技术	25.00 元

现代仪器分析技术	32.00 元
仪器分析	39.00 元
基于 MATLAB 的化工实验技术（汉－英）	20.00 元
大学生安全教育	26.00 元
大学生职业规划与就业指导	34.00 元

中 职 教 材

啤酒酿造技术	28.00 元
微生物学基础	30.00 元
生物化学	36.00 元

职业资格培训教程

白酒酿造工教程（上）	26.00 元
白酒酿造工教程（中）	22.00 元
白酒酿造工教程（下）	38.00 元
白酒酿造培训教程（白酒酿造工、酿酒师、品酒师）	120.00 元

购书办法：各地新华书店，本社网站（www.chlip.com.cn）、当当网（www.dangdang.com）、亚马逊（www.amazon.cn）、京东（www.jd.com），我社读者服务部（联系电话：010－65241695）。